2020年

重点行业环境评估报告

生态环境部环境工程评估中心　编著

中国环境出版集团·北京

图书在版编目（CIP）数据

重点行业环境评估报告. 2020年/生态环境部环境工程评估中心编著. —北京：中国环境出版集团，2022.7

ISBN 978-7-5111-5176-6

Ⅰ. ①重… Ⅱ. ①生… Ⅲ. ①企业环境管理—研究报告—中国—2020 Ⅳ. ①X322.2

中国版本图书馆CIP数据核字（2022）第102882号

出 版 人 武德凯
责任编辑 孔 锦
责任校对 薄军霞
封面设计 岳 帅

出版发行 中国环境出版集团
（100062 北京市东城区广渠门内大街16号）
网 址：http://www.cesp.com.cn
电子邮箱：bjgl@cesp.com.cn
联系电话：010-67112765（编辑管理部）
010-67112735（第一分社）
发行热线：010-67125803，010-67113405（传真）

印 刷 北京中科印刷有限公司
经 销 各地新华书店
版 次 2022年7月第1版
印 次 2022年7月第1次印刷
开 本 787×1092 1/16
印 张 15.75
字 数 320千字
定 价 128.00元

《重点行业环境评估报告（2020年）》

编委会

主　编： 谭民强

副主编： 王亚男　邢文利

编　委：（以姓氏拼音为序）

蔡　梅　曹晓红　陈　帆　杜蕴慧　郭二民　胡　征

李时蓓　刘大钧　刘　磊　刘　殊　吕　巍　吕晓君

莫　华　沙克昌　赵惠娴　赵瑞霞　周　炯　周申燕

前　言

为深入贯彻落实习近平生态文明思想，完整、准确、全面贯彻新发展理念，动态掌握行业环境保护发展趋势，提升重点行业环境管理水平，落实精准治污、科学治污、依法治污，助力深入打好污染防治攻坚战，协同推进降碳、减污、扩绿、增长，推动经济社会高质量发展和生态环境高水平保护，生态环境部环境工程评估中心开展了2020年度重点行业环境评估研究工作，依托全国环境影响评价管理信息平台、全国排污许可证管理信息平台和生态环境执法综合监控平台，梳理我国重点行业发展现状，全面评估重点行业环境政策标准、环保技术、环境绩效，总结行业环境保护形势和存在的问题，从完善行业管理、促进绿色发展的角度提出针对性对策建议。

本书包括煤炭、铁路、火电、石化、钢铁、水泥6个重点行业环境评估报告及水泥行业超低排放脱硝技术评估报告。主要编写人员为：煤炭行业，李佳、李敏、康浩、王临清、安广楠，审核人员，曹晓红；铁路行业，孙捷，审核人员，刘殊；火电行业，帅伟、吴家玉、於华、王培强、杨雾晨，审核人员，曹晓红、莫华；石化行业，冉丽君、吴琼慧、赵风杰、沈海蓉，审核人员，蔡梅；钢铁行业，张承舟、田源、韩明爽、王宇航、赵章，审核人员，沙克昌；水泥行业，许红霞、袁方、冷阳、于文超，审核人员，沙克昌；水泥行业超低排放脱硝，许红霞、袁方，审核人员，沙克昌。统稿工作由刘磊、赵瑞霞、周炯、赵惠娴、胡征、周申燕完成。

因时间紧迫和工作经验、知识领域的局限，本书还存在许多不足之处，旨在抛砖引玉，书中不当之处，恳请读者批评指正。

编写组

2022 年 4 月

目录

第一章　煤炭行业环境评估报告

第一节　煤炭行业发展现状

一、煤炭产量与消费量

1.“十三五”期间煤炭产量持续增长

我国能源资源具有富煤、贫油、少气的特点，煤炭占我国一次能源资源的 90%以上，全国煤炭查明资源储量约为 1.67 万亿 t，主要分布在晋陕蒙宁新 5 省（区），约占全国煤炭资源储量的 80%。我国煤种类型齐全，但其分布不均衡，以中、低变质烟煤和褐煤为主，无烟煤储量较少，仅占全国煤炭资源储量的 13%左右。

全国煤炭产量经历了缓慢增长、快速增长、起伏振荡等阶段。1978 年煤炭产量由 6.2 亿 t 缓慢增至 2001 年的 13.8 亿 t；其后经历了十余年持续高速提升，2013 年产量达到历史最高的 39.7 亿 t。“十三五”期间，随着国家能源结构深入调整、大气污染防治政策和行业去产能政策的实施，2016 年全国煤炭产量降至 34.1 亿 t，但随后受东北地区冬季供暖保障等因素影响，自 2017 年开始反弹，2020 年增至 39 亿 t，接近历史最高水平。2001—2020 年我国煤炭产量变化情况如图 1-1 所示。

2.“十三五”期间煤炭消费占比下降 5.2 个百分点

一直以来，煤炭资源是我国能源消费的主体，“十一五”期间煤炭在一次能源消费中的占比为 70%左右，进入“十二五”后，煤炭消费占比逐步下降，2018 年首次降至 60%以下，2020 年降至 56.8%，较 2016 年的 62%下降了 5.2 个百分点，但比国际 27%的平均值仍高出近 30 个百分点。“十三五”期间，我国煤炭消费占比变化情况如图 1-2 所示。

根据中国煤炭工业协会发布的《2020 煤炭行业发展年度报告》，2020 年全国煤炭消费总量约为 39.6 亿 t，其中火电、钢铁、建材、化工四大行业耗煤总量约为 36.64 亿 t，同比各行业均略有增长，分别达到 23.08 亿 t、6.71 亿 t、3.81 亿 t、3.04 亿 t，其他行业耗煤量约为 2.96 亿 t。2020 年我国主要耗煤行业煤炭消费占比情况如图 1-3 所示。

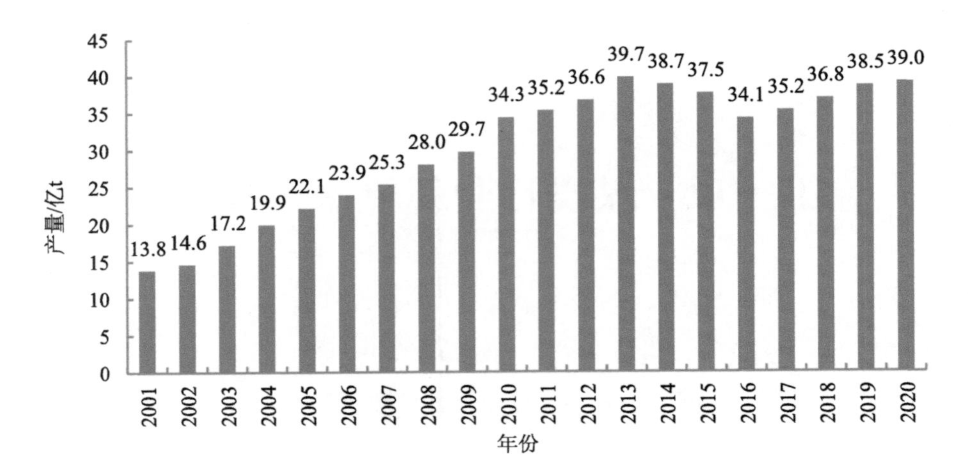

图 1-1　2001—2020 年我国煤炭产量变化情况

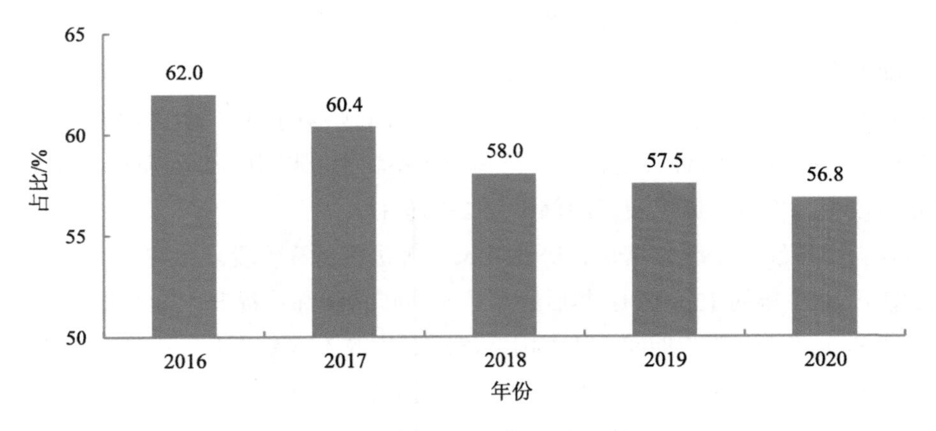

图 1-2　“十三五”期间我国煤炭消费占比变化情况

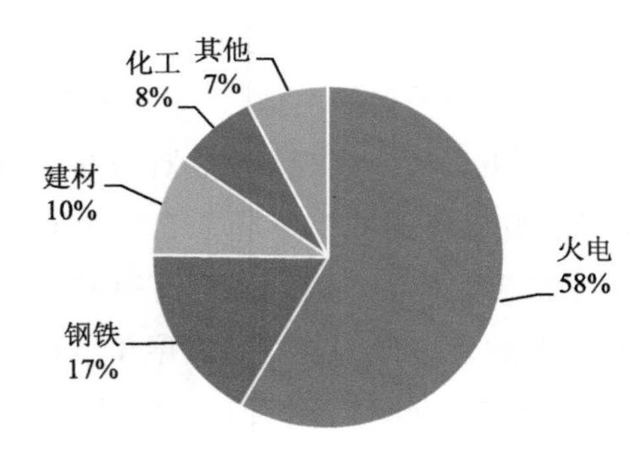

图 1-3　2020 年我国主要耗煤行业煤炭消费占比情况

二、煤炭产能

1. 煤炭产能集中在 14 个大型煤炭基地

我国煤炭产能分布不均衡，东部地区受资源枯竭的影响产量逐年降低，生产重心已稳定在晋陕蒙 3 省（区），并逐步向资源禀赋较好的新疆集中。根据《2020 煤炭行业发展年度报告》，2020 年，国家批准建设的 14 个大型煤炭基地原煤产量已占全国产量的 96.6%，较 2015 年提高了 3.6 个百分点。

原煤产量达到亿吨级省（区）共 8 个，分别为山西、内蒙古、陕西、新疆、贵州、山东、安徽、河南，煤炭产量合计为 34.3 亿 t，占全国的 89.1%，同比提高了 1.2 个百分点。其中，晋陕蒙新 4 省（区）煤炭产量为 29.6 亿 t，占全国的 76.9%，同比提高了 1.7 个百分点，山西和内蒙古煤炭产量均超过了 10 亿 t。2020 年主要产煤省（区）原煤产量占比情况如图 1-4 所示。

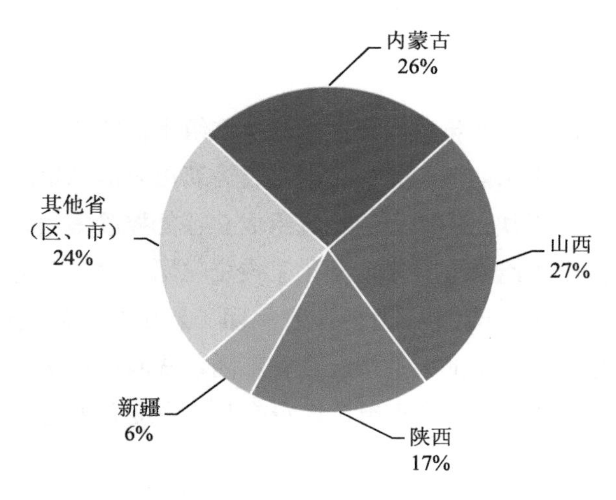

图 1-4　2020 年主要产煤省（区）原煤产量占比情况

2. “十三五”期间退出一半煤矿，去产能目标达成

自 2016 年以来，按照党中央、国务院关于供给侧结构性改革的决策部署，各地区、相关部门开展去产能工作，完成《国务院关于煤炭行业化解过剩产能实现脱困发展的意见》（国发〔2016〕7 号）中“从 2016 年开始，用 3 至 5 年的时间，再退出产能 5 亿 t 左右、减量重组 5 亿 t 左右”的目标。截至 2020 年年底，全国累计退出煤炭落后产能超过 10 亿 t、退出煤矿 5 500 余处，全国煤矿数量减少至 4 700 处左右，平均产能提高至 110 万 t/a 以上；全国建成年产 120 万 t/a 以上的大型煤矿约 1 200 处，产量占全国的 80%左右。

三、煤炭开发方式与洗选情况

1. 井工矿煤炭产量占全国八成以上

受煤炭资源赋存条件限制，我国煤炭开发方式以井工矿为主，占全国煤矿总数量的94.1%，占全国总产量的83%；露天煤矿仅占全国煤矿数量的5.9%，约占全国总产量的17%。其中，生态环境部审批的露天煤矿40座，生产规模为5.58亿t，主要分布在内蒙古、山西、新疆、云南等省（区）。

2."十三五"期间原煤入选比例提高8.2个百分点

根据《2020煤炭行业发展年度报告》，2020年全国煤炭入选率为74.1%，同比提高了0.9个百分点，较2015年提高了8.2个百分点。选煤技术以湿法重介选煤技术为主，大型复合干法和块煤干法分选技术、细粒级煤炭资源的高效分选技术、大型井下选煤排矸技术和新一代空气重介干法选煤技术也得到了应用。

四、煤矿企业

"十三五"期间，尤其是2020年煤炭企业战略性重组步伐加快。神华集团与国电集团合并重组为国家能源集团，山东能源与兖矿集团重组为新山东能源集团，中煤能源兼并重组国投和中铁等企业的煤炭板块，山西省战略重组成立晋能控股集团和山西焦煤集团，甘肃省、贵州省、辽宁省分别重组成立甘肃能源化工投资集团、盘江煤电集团、辽宁省能源集团。战略性重组后，国家能源集团、晋能控股集团、新山东能源集团、中煤能源集团4家企业成为煤炭产量超过2亿t的大型煤炭企业集团，陕西煤业化工集团、山西焦煤集团成为煤炭产量1亿t级企业。经战略重组，煤炭产业集中度大幅提升。

第二节 环境影响

一、生态影响

煤炭资源井工开采的地表沉陷和露天开采的地表挖损、占压土地会对生态环境造成破坏。

1. 生态影响总体情况

一是生态影响面积大。据统计，全国采煤沉陷区面积超过2万km^2，部分资源型城市采煤沉陷面积超过城市总面积的10%；每年仍新增沉陷面积700 km^2，预计到2030年我国采煤沉陷区面积将达到28 000 km^2。

二是生态影响复杂。我国不同区域采煤引发的生态影响及问题差别较大，如东部地区的地表积水、黄土高原区的水土流失、草原区的草原退化及土地沙化、戈壁荒漠区地表砾幕层和结皮破坏引发的扬尘污染等。

三是生态恢复难度大。我国大型煤矿主要分布在生态脆弱、水资源匮乏、草原退化、荒漠化日益严重的内蒙古、山西、陕西、新疆 4 省（区），生态恢复难度较大。

四是生态恢复欠账多。我国煤矿开发历史久、生态欠账多，“十三五”期间，国家和地方加大土地复垦配套资金投入，积极推进生态恢复工作，土地复垦率由 2016 年的 48% 提升至 2020 年的 52%，但生态恢复任务依然较重。

2．典型区域生态环境影响突出

我国幅员辽阔，煤炭资源分布相对广泛，不同区域、不同地质开采条件、不同开采方式引发的沉陷形式、生态影响特点也不尽相同。典型区域采煤生态影响特点见表 1-1。

表 1-1　典型区域采煤生态影响特点

典型区域	采煤生态影响特点
东部高潜水位区	主要包括安徽、山东、河南、江苏等省份，沉陷后形成大面积地表积水，改变土地利用类型和生态系统，造成耕地资源大量损失；同时形成的大量季节性地表积水区进一步加剧了土壤盐渍化，影响耕地质量
蒙东草原区	主要包括内蒙古东部等地，该区域多露天开采，采煤造成草地面积减少，草原植被退化；同时露天开采在草原区的景观影响也十分突出
黄土高原和毛乌素荒漠区	主要包括山西、陕西和内蒙古中西部地区，采煤沉陷加剧水土流失和土地荒漠化，引发滑坡等地质灾害
戈壁荒漠区	主要包括新疆哈密、准东等地区，露天煤矿较多，采煤破坏地表结皮、砾幕层，破坏区域生态系统，并引发扬尘污染等
西南山地区	主要包括云南、贵州、四川、重庆等省（市），采煤导致水田受损退化为旱地，并引发崩塌滑坡等地质灾害

（1）东部高潜水位地区采煤地表积水破坏大量耕地

我国安徽、山东、河南、江苏等省份地下水潜水水位较高，且水资源相对丰富，采煤后浅层地下水出露地表，形成了大面积地表积水区，改变土地利用类型和生态系统，造成耕地资源大量损失，“农民”变“渔民”现象普遍存在。截至 2020 年年底，安徽省淮南市和淮北市采煤沉陷面积已超过 460 km^2。

安徽省淮北市是一座“因煤而建、缘煤而兴”的煤炭资源型城市，自 1960 年建市以来，累计生产原煤 10 亿 t，2020 年原煤产量维持在 3 000 万 t 左右。根据安徽省地质矿产勘查局的相关调查结果，截至 2020 年年底，淮北市涉及 44 个采煤沉陷区，沉陷面积超过

200 km²，其中地表积水区面积超过 80 km²，受影响耕地面积超过 100 km²。同时，采煤沉陷造成大面积季节性地表积水，进一步加剧了土壤盐渍化，严重影响了耕地质量，生态问题突出。安徽省某煤矿开采前后沉陷对比情况如图 1-5 所示。

图 1-5　安徽省某煤矿开采前后沉陷对比情况

（2）蒙东草原区露天煤矿多，草原生态破坏问题突出

蒙东草原区露天煤矿相对集中，生态环境部审批的 40 个露天煤矿中有 13 座位于该区，这 13 座煤矿的批复规模为 18 700 万 t/a，占批复总规模的 43%。蒙东草原区生态系统以典型草原为主，兼有草甸草原和半荒漠草原，防止草原退化是生态保护的重点。该区露天煤矿开发时间久，露天开采地表剥离、土地占压对地表植被、景观格局、地下水等方面的影响十分突出。

2018 年，霍林河露天煤矿被中央环境保护督察"回头看"点名批评，该煤矿有违法侵占破坏草原、生态破坏问题突出、相关部门监管不到位等情况。霍林河露天煤矿土地占压、损毁面积高达 44.9 km²，近 6 年来的高强度开发造成的土地损毁面积超过 50 km²，投资仅为 419 万元，生态恢复面积不足 1 km²，排土场大面积裸露，大风天气扬尘污染严重。其后，霍林河煤矿委托中国环境科学研究院编制了《一号露天矿排土场生态修复专项治理方案》，采取"工程措施为辅，生物措施为主"的技术路线，实施"覆土整形、供水系统、水土保持、土壤改良、植被重建以及浇灌系统"六大修复治理工程。两年内累计投资 4.16 亿元，完成了 7.32 km² 排土场生态恢复，绿化率提高到 97%，植被覆盖度由原来的 35%以下提高到 51.5%，矿山复垦效果初步显现，水土流失得到控制，生态功能得到了一定程度的恢复。霍林河露天煤矿排土场生态恢复前后对比情况如图 1-6 所示。

图 1-6　霍林河露天煤矿排土场生态恢复前后对比情况

（3）黄土高原和毛乌素荒漠区煤炭开发强度大，生态影响大、恢复任务重

我国黄土高原和毛乌素荒漠区煤矿集中，开发强度大。采煤形成的地表沉陷进一步加剧了水土流失和土地荒漠化，还易引发滑坡等地质灾害。山西省煤炭资源长期高强度开采后，采煤沉陷造成大量居民住宅受损，水土流失加剧，各种地质灾害、生态环境问题凸显，山西省因采煤造成的采空区面积约为 5 000 km^2，沉陷区面积约为 3 000 km^2。黄土高原区采煤后极易形成较大的地表裂缝、沉陷台阶等，黄土高原典型煤矿采煤沉陷情况如图 1-7 所示。

图 1-7　黄土高原典型煤矿采煤沉陷情况

该区域煤矿开发历史相对较长，生态破坏问题凸显，生态恢复治理相对滞后。同时，部分关闭煤矿结束开采后遗留的生态破坏未得到有效治理，历史欠账较多。山西阳泉露天煤矿闭矿后遗留的生态破坏情况如图 1-8 所示。

图 1-8　山西阳泉露天煤矿闭矿后遗留的生态破坏情况

（4）戈壁荒漠区生态环境脆弱，采煤扬尘污染严重

新疆地处我国西北干旱、半干旱地区，大部分地区降水较少，多年平均降水量小于 200 mm，植被覆盖度极低，大面积为裸地。该区域地表砾幕层和结皮对保持区域生态功能十分重要，地表砾幕层厚度为 7～8 cm，存量极少，一旦破坏很难恢复，并将引发扬尘污染。新疆戈壁荒漠区及露天煤矿如图 1-9 所示。

图 1-9　新疆戈壁荒漠区及露天煤矿

（5）西南山地区

西南山地区主要包括云南、贵州、四川、重庆等省（市），该区域地形起伏大、岩溶发育，生态系统囊括农田生态系统、森林生态系统和草原生态系统，主要生态功能为水源涵养—水土保持。采煤沉陷形式以地表裂缝和沉陷台阶为主，沉陷极易引发山体崩塌、滑坡等地质灾害。煤矿沉陷后一般以自然恢复为主，较少开展生态恢复工作。

二、矿井水排放影响

1．矿井水处理处置总体情况

矿井水污染物成分简单，主要是煤尘和少量石油类。相关研究显示，我国煤矿生产每年矿井水产生量约 80 亿 t，排放量在 20 亿 t 以上。尽管我国大部分地区煤矿矿井水水质较简单，但部分地区存在酸性矿井水、高矿化度矿井水、含氟矿井水等。其中，酸性矿井水主要分布在鲁西南、山西、云贵等地的高硫矿区，高氟矿井水主要分布在两淮、山西晋城及内蒙古部分地区，高矿化度水主要分布在两淮、鲁西南、山西、陕西、蒙东、河南、宁东以及新疆等地区。

2．矿井水处理中的典型问题

高矿化度矿井水处理处置问题突出。尽管高矿化度矿井水处理技术成熟，但因其处理费用高、浓盐水处置难等问题，处理比例较低。如我国宁夏回族自治区，矿井水多为高矿化度苦咸水，大部分煤矿高矿化度的矿井水并未得到处理，一般选择低洼地带或修建蓄水池进行储存，加剧了区域土壤盐碱化。

我国关闭煤矿环境管理相对薄弱，关闭后矿井水因管理不善持续排放，易造成地下水和地表水水体污染，如顶板导水裂隙串层污染、封闭不良钻孔串层污染、断层或陷落柱串层污染、“老窑水”溢出污染地表水体等。贵州省含铁酸性废水排放、山西省酸性矿井水通过地表裂缝渗出污染地表水体等情况突出。关闭煤矿矿井水污染地表水体情况如图 1-10 所示。

图 1-10　关闭煤矿矿井水污染地表水体情况

三、煤矸石堆存影响

1．煤矸石处理处置总体情况

煤矸石是我国排放量最大的工业固体废物，占全国固体废物的 40%以上。目前，我国拥有煤矸石山 2 600 余座，煤矸石累积堆存量约为 56 亿 t，每年新增煤矸石堆存量为 3.0 亿～3.5 亿 t。虽然我国煤矿企业通过掘进矸石充填井下、填筑路基，洗选矸石发电、用于建筑材料生产等多种方式进行综合利用，但目前煤矸石仍以堆存为主。

2. 煤矸石堆存中的典型问题

煤矸石堆存场地扬尘污染、自燃引发的大气污染、淋溶液污染地下水等环境问题不容忽视，煤矸石堆存场占地的生态影响及生态恢复也是环境保护需关注的重点。

目前，煤矿企业多以填沟造地的名义处置煤矸石，实际并未按《土地复垦条例》（国务院令 第 592 号）等有关规定、相关技术规范、质量控制标准和环保要求执行。在平原地区矸石山普遍存在，部分煤矿采取了水土保持和生态恢复措施，主要产煤大省也逐步开展了矸石山整治工作，在防自燃、控制扬尘方面取得了一定的效果。但部分煤矿仍存在煤矸石随意排放的问题，甚至出现煤矸石堆存占用河道的现象，如图 1-11 所示。部分煤矿因自燃防治措施不到位，出现污染大气环境等问题，如图 1-12 所示。

图 1-11　煤矸石随意排放占用河道

图 1-12　煤矸石自燃污染环境空气

四、瓦斯排放影响

1．煤矿瓦斯排放总体情况

甲烷既是清洁的天然气资源，也是一种短寿命、强效温室气体，20 年水平的增温潜势是二氧化碳的 80 多倍；加之甲烷排放量已占全球温室气体排放总量的 16%，对气候变暖的贡献率已达到 25%。我国 60%的甲烷排放来自煤炭和石油天然气等资源的开采，以及牲畜、稻田、垃圾填埋场等。

我国煤矿瓦斯排放量大，在我国甲烷排放量中占比高。根据最新甲烷排放数据，我国甲烷排放量约占全国温室气体排放总量的 10%，其中超过 1/3 来自煤炭开采，《世界能源展望 2019》估算我国煤炭开采过程中的甲烷排放量超过 2 000 万 t。

煤矿瓦斯排放环节杂而多。甲烷赋存于煤层中，以煤层气（煤矿瓦斯）形式存在。在煤炭开采过程中的甲烷排放主要来自井工矿瓦斯抽采和通风，露天矿和关闭煤矿甲烷逃逸以及矿后活动等环节。

2．煤矿瓦斯排放控制中存在的问题

一直以来，瓦斯抽采以灾害治理、保障矿井安全生产为目的，企业对瓦斯资源利用、温室气体减排的认识不够、重视不足。监管部门缺少监管手段和标准，还存在多部门管理盲区，如谁来监管、怎么监管等问题。例如，《煤层气（煤矿瓦斯）排放标准（暂行）》（GB 21522—2008）早在 2008 年便规定“高浓度瓦斯禁止排放”，但企业反映日常监管中“环保局、能源局都不管”。目前监管体系未建立，甲烷排放实地监测机制尚未形成，也未形成不同层级的甲烷排放清单数据与数据库，不利于甲烷减排监管。

我国煤矿瓦斯排放具有以下特点：一是我国煤矿瓦斯抽采率为 40%左右，在煤炭开采过程中大量甲烷未经捕集，直接经通风系统进入大气；二是部分煤矿企业通过增大通风量稀释甲烷浓度后将瓦斯从通风系统中排出，进一步加大了瓦斯逃逸量；三是通过瓦斯抽放系统进行抽采的瓦斯中，约 60%未经利用直接排放，浪费清洁能源的同时，加剧了温室效应；四是关闭矿井残余瓦斯通过地表裂缝等逃逸，因关闭煤矿残余瓦斯的探测及后续开发利用工作仍处于探索阶段，逃逸情况尚不清楚。由于甲烷是近地面臭氧的前体物，在一定程度上也加重了大气环境污染。

第三节　环境管理

一、环境管理政策

2020 年，生态环境部联合国家发展改革委、国家能源局发布了《关于进一步加强煤炭资源开发环境影响评价管理的通知》（环环评〔2020〕63号），从规范规划环评管理、优化项目环评管理、解决行业突出环境问题、加强事中事后监管4个方面提出了全过程环境管理要求。明确了规划环评责任主体，规范了管理程序，强化了规划环评约束，严格了规划调整的环评管理；聚焦煤炭资源开发行业环境影响特点，深化"放管服"改革，突出生态恢复、污染防治和资源高效利用，调整了矿井水管理思路，完善了环境管理要求，强化了温室气体排放管控；明确了环评"未批先建"违法行为从严处罚的情形和加强管理的要求，统一了产能核增项目环评管理要求；从竣工环境保护验收、环境影响后评价、信息公开等方面明确了事中事后监管要求。

二、环评审批

1．规划环评审查

根据2016年国务院批复的《全国矿产资源规划（2016—2020年）》，我国批准建设的14个大型煤炭基地共规划162个国家规划矿区，其中新疆和蒙东（东北）2个煤炭基地的国家规划矿区数量最多，共67个，占总数的41.4%。在实际实施中，一些矿区分区、分期实施（如榆神矿区分为四期实施，榆横矿区分北区、南区实施等）。我国14个煤炭基地内国家规划矿区分布情况如图1-13所示。

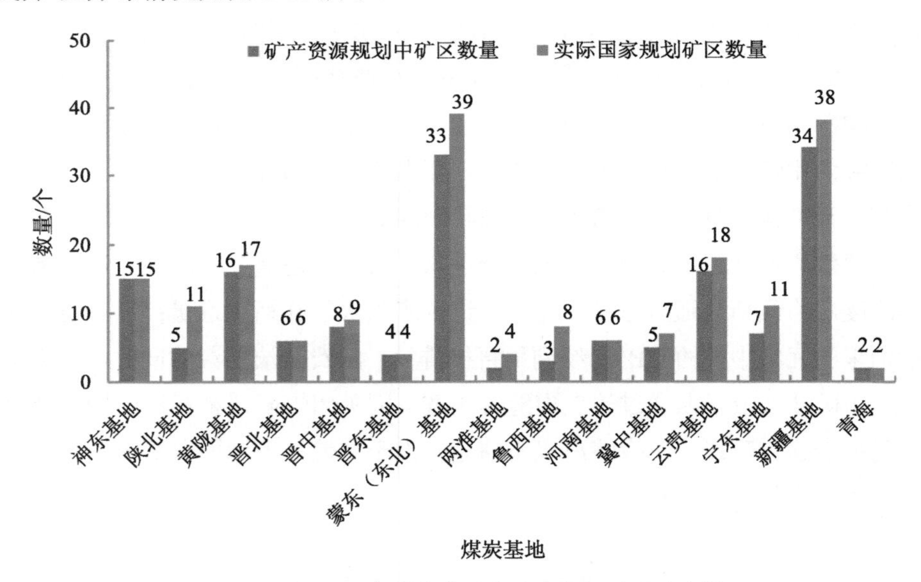

图1-13　我国14个煤炭基地内国家规划矿区分布情况

（1）煤炭矿区规划环评起步早

2006年出台的《关于加强煤炭矿区总体规划和煤矿建设项目环境影响评价工作的通知》

（环办〔2006〕129 号）便提出，将煤炭矿区规划环评作为项目环评受理和审批的前置条件，很大程度上推动了煤炭矿区规划环评的开展。2009 年《规划环境影响评价条例》实施后，煤炭矿区规划环评工作得到进一步规范和完善，并出台了《规划环境影响评价技术导则　煤炭工业矿区总体规划》（HJ 463—2009），对煤炭矿区规划环评编制工作起到了较强的指导作用。

（2）国家规划矿区规划环评执行率较高

截至 2020 年年底，生态环境部已对 123 个煤炭矿区总体规划环评出具审查意见，占矿产资源规划中 162 个国家规划矿区总数的 75.9%。已出具审查意见的矿区规划生产总规模约为 45.51 亿 t/a，规划总面积超过 17 万 km^2。神东、陕北、黄陇、晋北、晋中、晋东等煤炭基地矿区规划环评执行率较高，但鲁西基地因开发较早，规划矿区从未开展过规划环评。内蒙古、山西、陕西和新疆 4 省（区）共 80 个矿区已取得规划环评审查意见，规划总规模为 39.48 亿 t，占 86.7%；其中新疆 27 个矿区已取得规划环评审查意见，规划总规模为 11.66 亿 t，占 25.6%。国家规划矿区及规划环评开展情况详见表 1-2、图 1-14、图 1-15。

表 1-2　国家规划矿区及矿区规划环评开展情况

煤炭基地	矿产资源规划中矿区数量/个	实际国家规划矿区数量/个	已取得规划环评审查意见的矿区数量/个	取得审查意见的矿区规划规模/（万 t/a）
神东基地	15	15	12	81 870
陕北基地	5	11	11	36 520
黄陇基地	16	17	11	23 751
晋北基地	6	6	6	42 181
晋中基地	8	9	6	31 593
晋东基地	4	4	4	18 360
蒙东（东北）基地	33	39	16	43 880
两淮基地	2	4	3	15 405
鲁西基地	3	8	0	0
河南基地	6	6	3	10 435
冀中基地	5	7	5	5 715
云贵基地	16	18	13	18 390
宁东基地	7	11	4	8 380
新疆基地	34	38	27	116 610
青海	2	2	2	1 990
合计	162	195	123	455 080

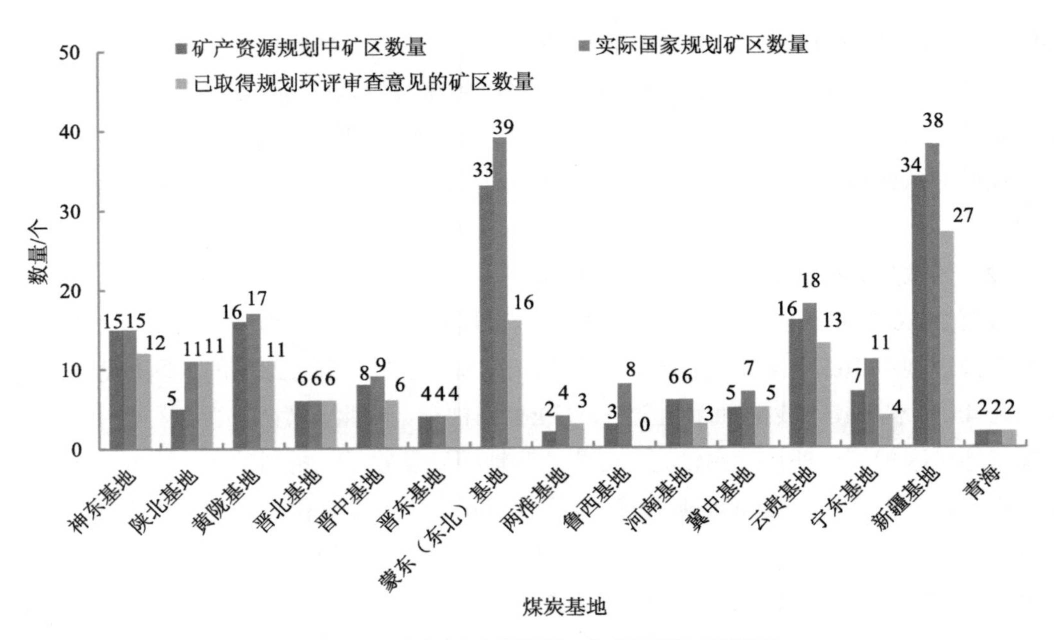

图 1-14 国家规划矿区数量及规划环评开展情况

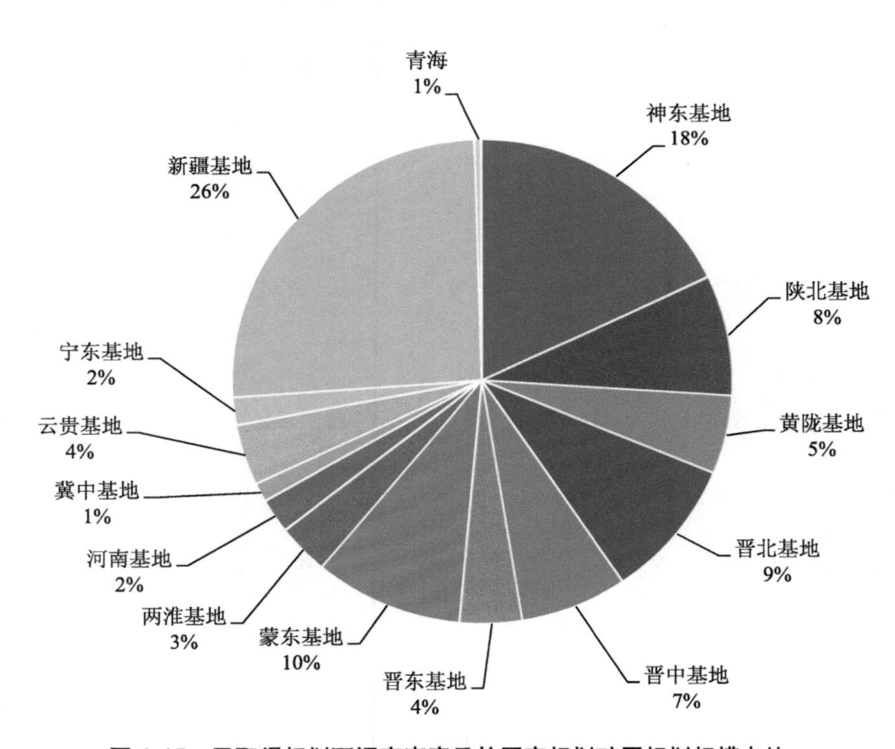

图 1-15 已取得规划环评审查意见的国家规划矿区规划规模占比

（3）2020 年国家规划矿区规划环评执行情况

2020年，生态环境部对4处矿区总体规划环评出具了审查意见，规划规模为6 100万t/a，其中甘肃省2处、内蒙古和新疆各1处。煤炭矿区规划环评为减缓矿区规划实施可能产生的不良环境影响，推动煤炭行业绿色发展，从生态环境保护角度优化了矿区开发布局、规划规模和开发时序。

2．项目环评审批

（1）生态环境部煤矿项目环评审批情况

2000—2020 年，生态环境部共批复煤炭采选建设项目 380 个，批复建设总规模约为 21.26 亿 t/a，工程总投资约为 7 509.9 亿元，其中环保投资约为 183.64 亿元，占工程总投资的 2.45%。开发方式以井工矿为主，井工矿数量占 87.37%，批复规模占 76.82%；露天矿数量仅占 12.11%，但因露天矿开发规模较大，露天矿批复规模占总规模的 22.15%，详见表 1-3。

表 1-3　2000—2020 年生态环境部审批的煤矿项目开发方式对比情况

开采方式	批复项目数/个	项目数量占比/%	批复规模/（亿 t/a）	批复规模占比/%
井工矿	332	87.37	16.33	76.82
露天矿	46	12.11	4.708	22.15
井工、露天联合开采	2	0.52	0.22	1.03
合计	380	100.00	21.26	100.00

建设性质以新建为主，占 66.1%，其次为技改煤矿和兼并重组整合煤矿，分别占 16.8%和 10.8%。项目主要分布在山西、内蒙古、陕西和新疆 4 省（区），共批复 278 个项目，占批复项目总数的 73.16%；批复规模为 18.143 亿 t/a，占批复项目总规模的 85.35%。其中，批复项目数量最多的省份为山西省，共批复 124 个项目，占 32.63%；批复规模最大的省份为内蒙古自治区，批复规模为 7.44 亿 t/a，占 35.01%，详见表 1-4 和图 1-16。

表 1-4　2000—2020 年生态环境部审批的煤矿项目分布情况

地区	项目数量/个	项目数占比/%	批复规模/（万 t/a）	批复规模占比/%
安徽	25	6.58	7 570	3.56
贵州	10	2.63	2 170	1.02
甘肃	6	1.58	2 930	1.38
河北	4	1.05	810	0.38
河南	14	3.68	2 760	1.30

地区	项目数量/个	项目数占比/%	批复规模/（万 t/a）	批复规模占比/%
黑龙江	2	0.53	1 220	0.57
江苏	2	0.53	390	0.18
辽宁	5	1.32	1 340	0.63
内蒙古	85	22.37	74 420	35.01
宁夏	13	3.42	6 960	3.27
青海	2	0.53	520	0.24
山西	124	32.63	54 440	25.61
山东	11	2.89	2 070	0.97
四川	5	1.32	630	0.30
陕西	51	13.42	36 430	17.14
新疆	18	4.74	16 140	7.59
云南	3	0.79	1 780	0.84
合计	380	100.00	212 580	100.00

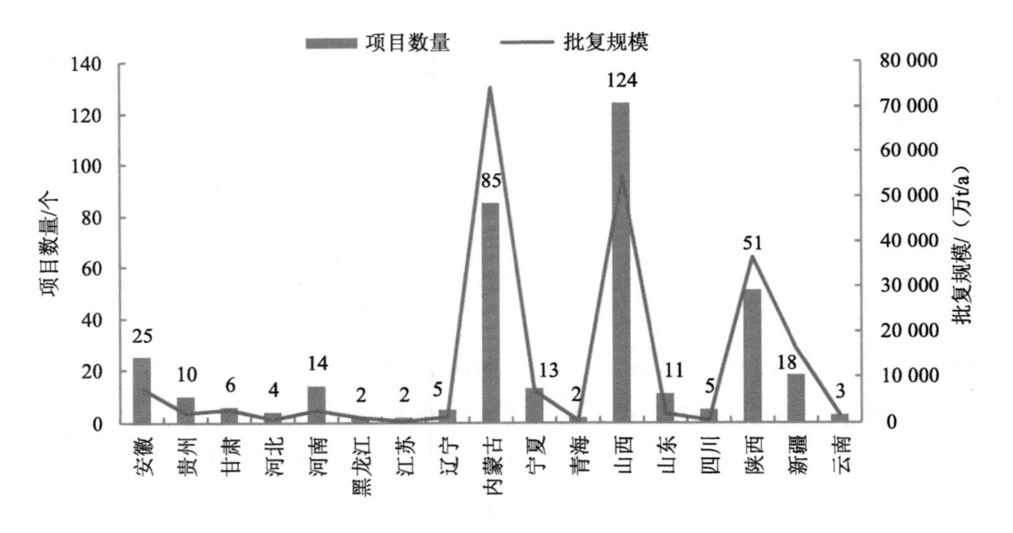

图 1-16 2000—2020 年生态环境部审批的煤矿项目分布情况

（2）2020 年全国煤矿项目环评审批情况

2020 年全国共审批煤炭采选建设项目 336 个，建设规模为 23 837 万 t/a。其中，生态环境部审批项目 12 个，批复规模为 5 400 万 t/a，工程总投资 543.83 亿元，其中环保投资 17.2 亿元，占总投资的 3.16%；地方各级生态环境主管部门共审批煤矿项目 324 个，批复规模为 18 437 万 t/a，工程总投资 726.84 亿元，其中环保投资 27.99 亿元，占总投资的 3.85%。

生态环境部批复的 12 个项目涉及新疆、山西、宁夏、内蒙古、陕西、青海和安徽等省（区）；除安徽 1 处煤矿为变更项目以外，其余 11 个煤矿均为新建项目；除新疆 1 处煤矿为露天开采以外，其余 11 个煤矿均为井工开采；高瓦斯、煤与瓦斯突出矿井各 1 处，其余均为低瓦斯矿井。2020 年生态环境部审批煤矿项目分布情况详见图 1-17。

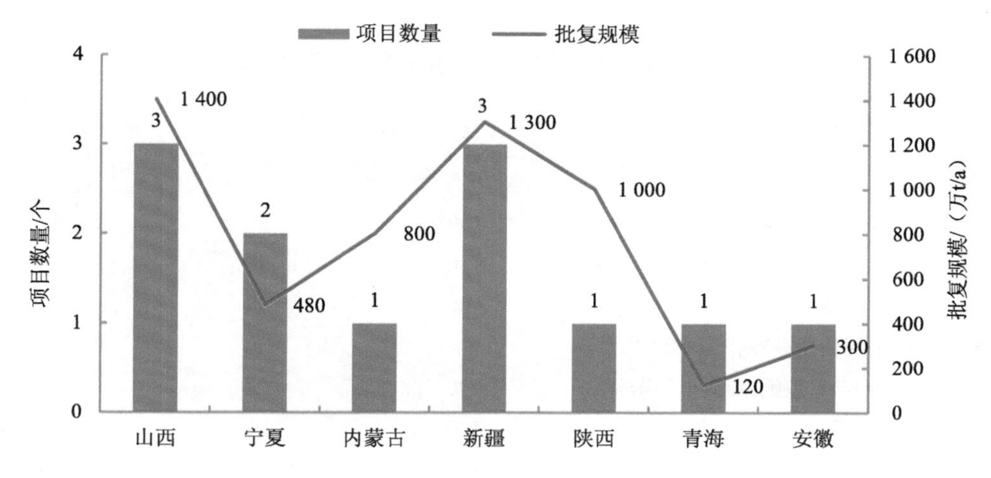

图 1-17　2020 年生态环境部审批煤矿项目分布情况

地方生态环境主管部门批复的 324 个项目主要集中在黑龙江、贵州、山西 3 省，3 省共批复 237 个项目，占 73.2%；批复规模为 12 345 万 t/a，占 67%。其中，黑龙江省批复项目数量最多，共 134 个，占 41.4%；山西省批复规模最大，共 5 100 万 t/a，占 27.7%。建设性质以改扩建和资源整合为主，分别占 75%、17.9%，新建项目仅占 5.9%。开采方式以井工矿为主，占 98.5%，露天开采项目仅 5 个。高瓦斯、煤与瓦斯突出矿井共 99 个，占 31%；主要集中在贵州、山西、云南、湖南 4 省，分别占 50.5%、14.1%、14.1%、11.1%。2020 年地方生态环境主管部门煤矿项目审批情况详见图 1-18。

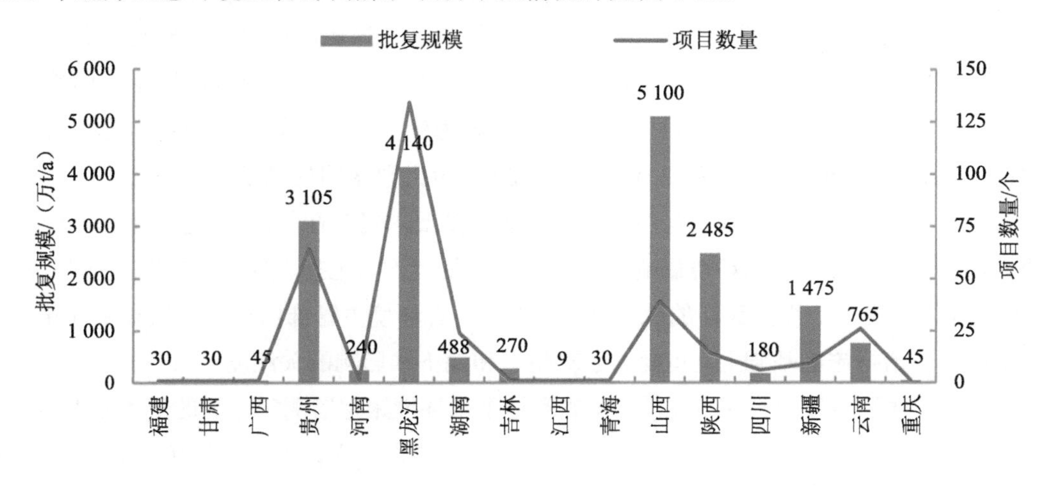

图 1-18　2020 年地方生态环境主管部门煤矿项目审批情况

（3）各级生态环境主管部门项目环评审批尺度不一

生态环境部与地方生态环境主管部门的审批要求对比情况见表1-5。

表1-5 生态环境部与地方生态环境主管部门环评审批要求对比

对比内容	2020年生态环境部审批的煤矿项目占比/%	2020年地方生态环境主管部门审批的煤矿项目占比/%	2019年地方生态环境主管部门审批的煤矿项目占比/%
配套建设选煤设施或依托其他选煤厂	100	85	49
井工矿地表岩移观测	100	92	76
矿井水自身回用	100	98	79
富余矿井水用于周边企业或作为农灌用水等	67	6	6
配套选煤厂的项目煤泥水可闭路循环	100	100	95
建设生活污水处理设施	100	99	90
煤炭场内全封闭储存	100	76	49
煤炭场内全封闭转运	100	82	38
井工矿洗选矸石井下充填	92	1	12
高瓦斯、煤与瓦斯突出矿井抽采瓦斯进行综合利用	67	81	52
地下水跟踪计划	100	97	74

一是地方生态环境主管部门审批要求逐步提升。地方生态环境主管部门审批中逐步重视煤炭资源开发环保政策、污染防治、资源综合利用以及运行期跟踪监测等。与2019年相比，2020年的审批要求有明显提升，如拟开展井工矿地表岩移观测项目占比由76%提高至92%、煤炭全封闭储存项目占比由49%提高至76%、煤炭场内全封闭转运项目占比由38%提高至82%、瓦斯利用项目占比由52%提高至81%。原煤入选项目占比由49%提高至85%，但其中配套选煤设施的项目仅占21%，其余为依托周边选煤厂，原煤入选仍存在不确定性。地方生态环境主管部门2019年与2020年审批要求对比情况详见图1-19。

二是地方生态环境主管部门与生态环境部的审批要求仍存在差距。生态环境部在煤炭采选建设项目审批中重视生态环境影响及相关生态恢复措施，生态、地下水跟踪监测与观测，以及煤矸石、矿井水、煤矿瓦斯的综合利用。地方生态环境主管部门在关注煤炭采选建设项目环境污染防治措施的基础上，也提高了对生态和地下水影响的关注度，但在原煤入选、矿井水利用、洗选矸石处理与井下充填、生态和地下水环境跟踪监测等方面的要求不严。地方生态环境主管部门审批的项目中仍有15%的项目既未建设选煤设施也未依托其他选煤厂，原煤没有进行洗选，矿井水综合利用率也仍维持在6%左右，洗选矸石井下充填的比例仅占1%

等。2020 年国家与地方生态环境主管部门审批煤炭项目要求对比情况如图 1-20 所示。

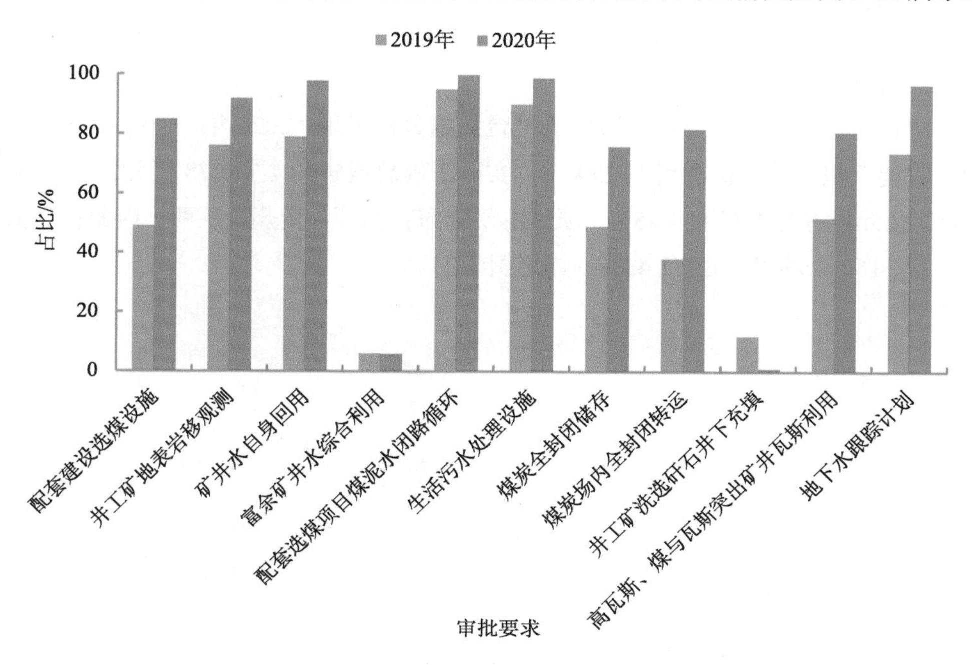

图 1-19　地方生态环境主管部门 2019 年与 2020 年审批要求对比情况

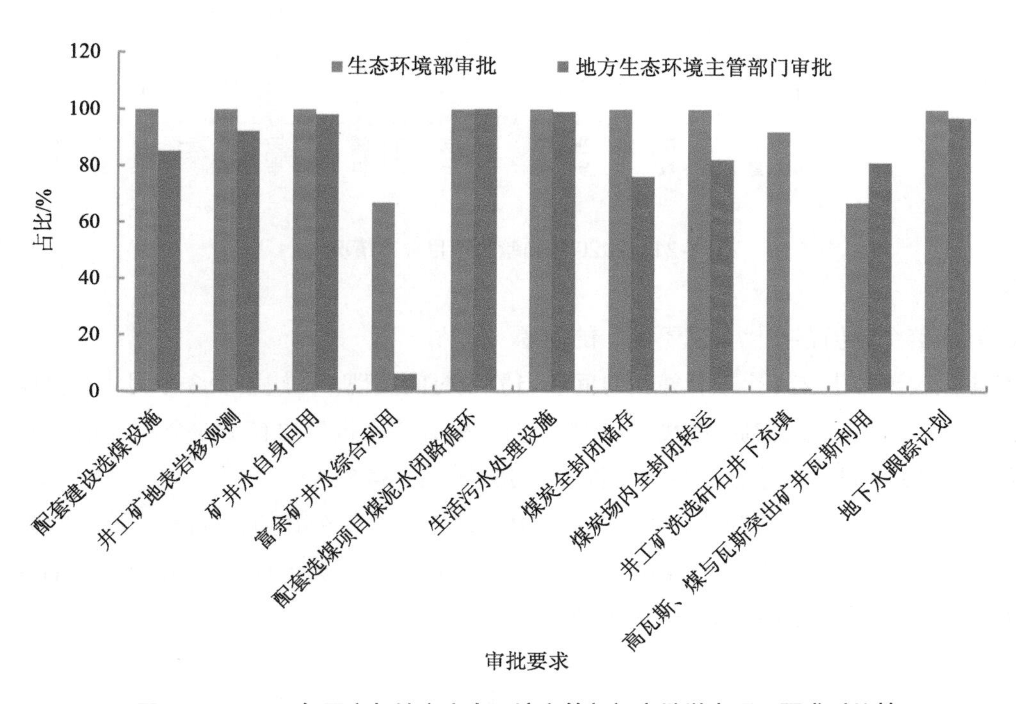

图 1-20　2020 年国家与地方生态环境主管部门审批煤炭项目要求对比情况

三、事中事后监管

1．企业自主验收

全国建设项目竣工环境保护验收信息平台数据分析发现，2020 年，平台上公布竣工环境保护验收调查报告的煤矿项目共 224 个，实际工程总投资约 1 771.78 亿元，实际环保投资约 78.85 亿元，占总投资的 4.45%。项目主要分布在山西、贵州、陕西、内蒙古和云南 5 省（区），共 160 个项目，占 71.43%，详见图 1-21。

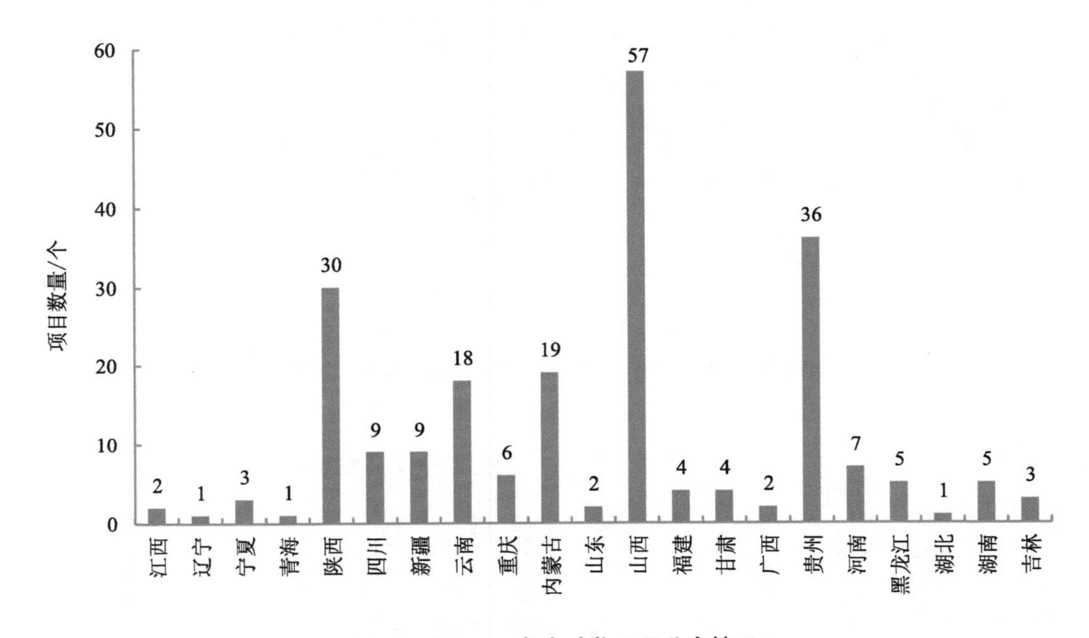

图 1-21　2020 年自验收项目分布情况

（1）煤矿企业仍存在“久试不验”的问题

对比验收平台上 224 个项目竣工时间和自验收时间发现，在竣工后 3 个月内公开验收报告的有 70 个，占 31.25%；在竣工后 12 个月内公开验收报告的有 146 个，占 65.18%；而在竣工后 12 个月以上才公开验收报告的有 78 个，占 34.82%。

竣工后 12 个月以上公开验收报告的项目中，竣工后 2 年公开的有 33 个、竣工后 25～48 个月公开的有 19 个，竣工后 4 年及以上公开的有 26 个，甚至有 18 个项目竣工后 5 年才公开验收报告，如表 1-6、图 1-22 所示。

表 1-6　验收时限履行情况

验收时间	项目数量/个	占比/%
竣工 3 个月及以下	70	31.25
竣工 4～6 个月	35	15.63
竣工 7～12 个月	41	18.30
竣工 13～24 个月	33	14.73
竣工 25～48 个月	19	8.48
竣工 49～60 个月	8	3.57
竣工 61 个月及以上	18	8.04

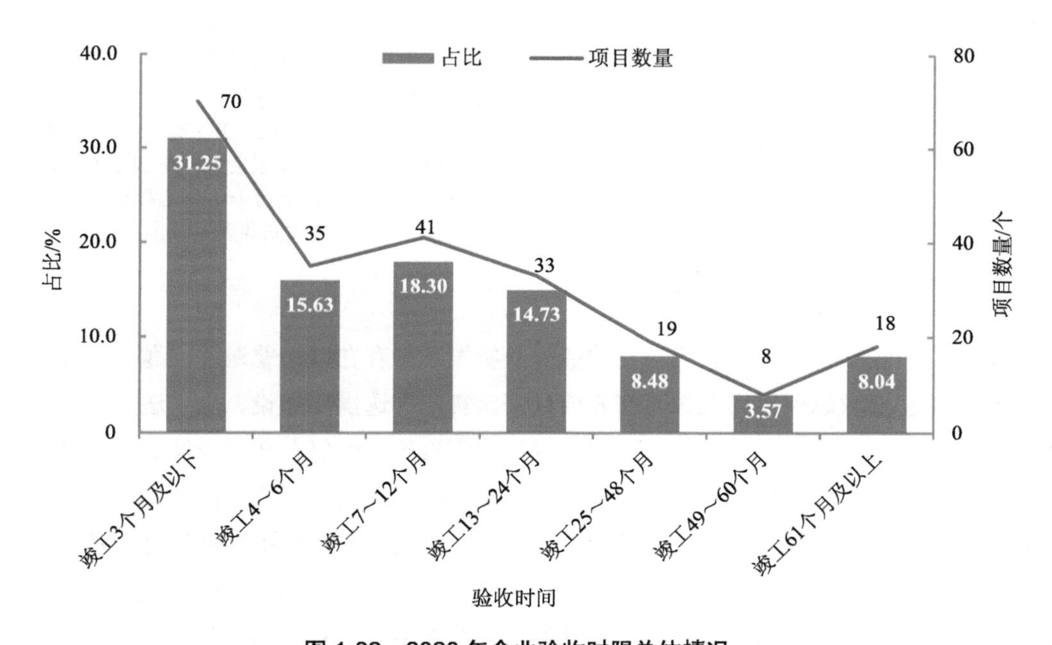

图 1-22　2020 年企业验收时限总体情况

（2）自主验收检查发现问题项目中煤矿占比高

2021 年 3 月，生态环境部发布了《关于“十三五”以来生态环境部审批部分重点建设项目环境保护“三同时”和竣工自主验收工作检查发现问题的通报》（环办执法函〔2021〕136 号），存在问题的 25 个建设项目中 5 个为煤炭项目，占 20%；发现的问题主要包括发生重大变动未履行相关手续、环评及批复要求的主要环保措施未落实到位、自主验收不规范、超总量排污、环境保护设施建设进度明显落后于主体工程施工进度等，如表 1-7 所示。

表 1-7　生态环境部审批的煤炭建设项目“三同时”及自主验收监督检查中发现的问题

项目名称	存在的问题
山西煤炭进出口集团河曲旧县露天煤业有限公司兼并重组整合项目变更	项目建设过程中发生变动未履行相关手续。矸石综合利用措施变动
山西小回沟煤业有限公司小回沟矿井 3.0 Mt/a 新建工程变更项目	项目建设过程中发生变动未履行相关手续；原煤破碎筛分系统除尘设施变动；未按照环评要求建成矸石井下充填系统；企业自主验收监测报告核算矿井水量 576 m^3/d，与环评文件中矿井水处理站设计规模 7 200 m^3/d 差距较大
中煤新集能源股份有限公司板集矿井及选煤厂变更项目	环评要求措施未落实到位。厂区雨污分流不彻底
榆林神华能源有限责任公司青龙寺煤矿工程变更	1. 自主验收不规范。自主验收平台上信息填报不规范。 2. 超总量排污。污染物排放总量超过排污许可证规定的量
陕西小保当矿业有限公司小保当二号矿井建设工程	1. 项目建设过程中发生变动未履行相关手续。项目建设规模由年产原煤 800 万 t 变动为 1 300 万 t；开采煤层由 7 层变动为 9 层；增加一台 10 t/h 燃煤锅炉，建设回风井乏风余热回收系统。 2. 环境保护设施建设进度明显落后于主体工程施工进度。矿井水处理站外送输水管道工程建设进度滞后

（3）自主验收质量需全面提升

通过对验收平台上自主验收项目的梳理分析发现，存在以下普遍性问题：一是未按环评批复或管理要求确保原煤入选，部分项目未落实配套选煤厂建设、也未送至周边选煤厂选煤；二是部分项目尽管建设了煤仓等全封闭储煤设施，但仍存在露天储煤等问题；三是部分项目变更矿井水、煤矸石综合利用，未能做到高效利用，部分煤矿未按环评批复要求建设矸石井下充填系统，未能实现矸石井下充填；四是高瓦斯煤矿瓦斯浓度不稳定，部分项目的瓦斯综合利用工程未实施；五是验收阶段大部分煤矿生态影响尚未充分显现，尚未实施生态恢复措施，生态恢复效果尚不掌握，也存在生态恢复滞后等问题；六是地表岩移观测系统、地下水跟踪监测开展不规范，难以利用监测数据分析影响情况等。

2. 环境影响后评价

2010—2020 年，生态环境部共批复 172 个煤矿项目，对其中 126 个项目提出了开展环境影响后评价的要求，这 126 个项目中 52 个项目已完成竣工环境保护验收。依据项目环评批复时间节点要求，其中 14 个项目应启动环境影响后评价工作，实际均未开展。

目前，生态环境部批复的煤矿项目中已完成环境影响后评价，并报送生态环境部的项目共 17 个。其中，潘三煤矿、单侯煤矿作为煤炭采选建设项目环境影响后评价研究课题典型案例开展，大佛寺矿井一期工程因采煤沉陷引发信访问题由生态环境部要求开展，伊敏露天矿作为后评价研究试点项目由生态环境部委托开展；胜利一号露天矿、鄂尔多斯市中北煤化工有限公司色连二号矿井、元宝山露天矿等5个项目超规模生产，因保供等因素通过环境影响后评价完善了环评手续；其余项目多存在超规模生产问题，企业试图通过后评价备案代替环评手续以解决手续合法性问题，这背离了环境影响后评价初衷。总体而言，环境影响后评价执行情况不理想，也未能发挥其在事中事后监管中应有的作用。

3．关闭煤矿环境管理

作为传统能源行业，我国煤炭资源开发历史久远，开发较早的东部地区因资源枯竭矿井逐步关闭，同时近年来党中央、国务院深入实施供给侧结构性改革，煤炭行业资源整合、化解过剩产能，大量煤矿退出。据统计，“十三五”期间，全国累计退出煤炭产能10亿t，关闭煤矿高达5 500座左右，“十四五”期间煤矿数量还将进一步压缩。党的十九届五中全会提出了我国能源资源配置更加合理，生态环境持续改善，加快推动绿色低碳发展的要求，习近平总书记也在联合国大会上宣布我国的碳减排目标。未来一段时间，我国关闭煤矿数量将会持续增多。

关闭煤矿环境管理存在缺位现象：一是关闭煤矿环境保护与污染防治管理缺位。关闭煤矿遗留生态影响、“老窑水”排放污染、矸石堆存污染等现象普遍，环境保护监管压力凸显。但全过程环境管理对煤矿关闭阶段关注不够，尚未明确关闭（废弃）煤矿环境保护监管程序、责任主体与相关要求。二是关闭煤矿资源化利用政策缺位。据统计，关闭（废弃）矿井中遗留煤炭资源量高达420亿t，残余煤矿瓦斯近5 000亿m^3，废弃矿井地下空间资源丰富（约60万m^3/矿），在抽水蓄能、空气压缩储能、遗留煤层气地面抽采、遗留煤炭地下气化、二氧化碳地质封存等方面利用潜力巨大。但相关研究薄弱，相关管理政策也处于空白状态。

第四节 主要生态环境保护措施

一、生态恢复措施

1．井工矿生态恢复

井工矿采煤沉陷引发地形地貌和土地利用类型发生变化并对地表植被造成破坏，但在不同地区沉陷的影响方式与程度存在差异，如以安徽、山东为代表的东部地区，浅层地下水丰富、埋深浅、地势平坦，采煤后形成大面积的地表积水区，彻底改变了原有地形地貌和土地利用类型；以山西、内蒙古、陕西、宁夏等省（区）为代表的中部地区，黄土高原区、草原区、毛乌素沙地区的水土保持、防风固沙生态功能较为重要，煤矿开采后沉陷形式主要表现为地表裂缝、沉陷台阶等，会加剧区域水土流失、土地沙化；以新疆为代表的戈壁荒漠区生态脆弱，采煤破坏地表结皮、砾幕层后极易引发扬尘污染等问题；以云贵川为代表的西南地区采煤沉陷易引发地质灾害。因此，我国采煤沉陷区生态恢复本着因地制宜的原则，按宜农则农、宜草则草、宜渔则渔的方式进行了生态恢复。

根据中国煤炭加工利用协会统计的数据，我国采煤沉陷区土地复垦率已由2016年的48%提升至2020年的52%。近几年来，我国在18个省（区）的47个市（县）开展了采煤沉陷区综合治理工程试点，一些地区探索了治理模式。如江苏省徐州市贾汪区国家4A级景区——潘安湖湿地公园，就是由原来的采煤沉陷区治理而成，治理面积达46 km^2，由此也探索了“基本农田整理、采煤沉陷区复垦、生态环境修复、实地景观开发”的新模式（图1-23）。

图 1-23 江苏省徐州市采煤沉陷区治理成潘安湖湿地公园

2. 露天矿生态恢复

我国露天煤矿主要分布在蒙东煤炭基地、神东煤炭基地、新疆煤炭基地、晋北煤炭基地四大煤炭基地，其露天煤矿产能约占全国露天煤矿总产能的89%。生态恢复主要涉及北方草原区，黄土高原区，西北干旱、半干旱区3个类型，生态恢复技术主要包括地貌重塑、土壤重构、植被重建和配套设施建设，但不同区域的恢复目标与技术差异较大，恢复效果也明显不同。

北方草原区中的草甸草原区，因其特有的草甸草原植被、表土之下深厚的沙砾，生态恢复的重点为表土剥离、保存、利用，以及排土场的土壤重构。北方草原区的森林草原与典型草原区，因土壤类型主要为栗钙土，黄土高原区因土层深厚、土壤剖面差异性较小，生态恢复的重点均为区域生态功能的恢复。西北干旱、半干旱区的毛乌素沙地区，生态恢复的重点为防风固沙；戈壁荒漠区，则是尽可能减少地表扰动，以减缓因地表结皮和砾幕层破坏导致的扬尘污染。

如内蒙古呼伦贝尔市伊敏露天矿1983年开工建设，历经3次扩建产能达到2 200万t/a。

建设单位将外排土场边坡削坡至 12°～15°，再重塑地形；覆盖 20～60 cm 腐殖土、敷设草帘等进行土壤重构；初期种植紫花苜蓿、披碱草、沙棘等植被，结合降水情况建设排土场拦截、疏排水和灌溉工程，目前紫花苜蓿和披碱草等初期植被已基本退化，沙棘覆盖度达到 80%。排土场植被不断向自然植被演替，沿帮排土场经过近 20 年的恢复，生物多样性已达到周边天然植被水平，植被净初级生产力已达到 1985 年背景值的 80%，达到未受影响区历年植被净初级生产力的 90%（图 1-24～图 1-27）。

图 1-24　伊敏露天矿排土场放坡前后对比

图 1-25　伊敏露天矿土壤重构情况

图 1-26　伊敏露天矿沿帮排土场植被恢复情况

2005 年沿帮排土场遥感影像图　　2013 年沿帮排土场遥感影像图

图 1-27　伊敏露天矿沿帮排土场遥感影像

二、矿井水处理处置措施

1. 矿井水处理技术总体情况

矿井水中的主要污染物为悬浮物，部分地区存在酸性矿井水、高矿化度矿井水，极少部分地区的矿井水含有害元素。各类型矿井水处理工艺发展情况见表 1-8。

表 1-8　各类型矿井水处理工艺发展情况

矿井水类型	基本工艺	处理原理	技术成熟度		
			成熟	部分应用	研究推广阶段
含悬浮物矿井水	混凝沉淀	添加混凝剂促进悬浮物沉淀	√		
	氧化塘	利用自然条件下的生物处理法		√	
	加载絮凝	添加加载材料加快絮凝沉淀			√
酸性矿井水	中和法	石灰石中和	√		
	生化法	氧化亚铁硫杆菌的氧化作用			√
	人工湿地	自然系统的物理化学生物三重协同作用		√	
	PRB 法	采用物理、化学或生物处理技术分离流经墙体的污染成分		√	
高矿化度矿井水	蒸馏淡化	热力脱盐淡化处理		√	
	电渗析	使用特殊的半透膜		√	
	反渗透	使用反渗透膜	√		

矿井水类型	基本工艺		处理原理	技术成熟度		
				成熟	部分应用	研究推广阶段
含有害元素矿井水	含重金属	沉淀法	使溶解态变为沉淀物	√		
		浓缩和分离	反渗透、电渗析、蒸发浓缩		√	
	含放射性	化学沉淀	处理高盐量溶液		√	
		离子交换	处理悬浮固体含量低、含盐量低的矿井水		√	
		蒸发法	处理洗涤剂含量低的废水		√	
	含氟	混凝法	添加漂白粉、石灰乳、铝盐等，形成絮花	√		

含悬浮物矿井水处理多采用混凝沉淀工艺，酸性矿井水处理多采用中和法，高矿化度矿井水处理多采用反渗透法，高氟矿井水处理多采用混凝法。

2．矿井水处理技术实施情况

“十三五”期间，生态环境部批复的已投产煤矿均建设了矿井水处理站，处理工艺主要为混凝沉淀+过滤消毒，部分项目针对矿井水主要因子特征，在混凝沉淀+过滤消毒的基础上增加了深度处理、除氟等工艺（表 1-9）。

表 1-9　“十三五”期间生态环境部批复的已投产煤矿矿井水处理工艺

矿井水处理工艺	占比/%
旋流澄清+磁分离+活性炭	5
混凝沉淀+过滤消毒	45
混凝沉淀+无阀过滤+深度处理	5
混凝+高密度迷宫斜板沉淀+无阀、精密过滤+消毒	5
混凝沉淀+超磁过滤	5
混凝沉淀+高效旋流	5
混凝沉淀+过滤消毒+纳滤	5
混凝沉淀+过滤+除氟	10
超磁分离	5
混凝沉淀+反渗透	5
混凝沉淀+破乳除油+过滤消毒，化学软化+过滤超滤+反渗透预浓缩+DTRO 再浓缩+MVR 蒸发结晶	5

三、综合利用措施

1. 矿井水

根据《2020 煤炭行业发展年度报告》，2020 年矿井水利用率达到 78.7%，较 2015 年提高了 11.2 个百分点，利用途径仍以工业企业生产用水为主，周边无工业企业的煤矿和“大水”矿区的矿井水综合利用率普遍较低。

从“十三五”期间生态环境部批复的已投产煤矿调研情况来看，矿井水处理后全部利用的项目占 75%；不能全部利用，矿井水部分外排的项目占 25%，详见表 1-10。

表 1-10 矿井水利用情况

矿井水利用情况		煤矿项目数量占比/%
综合利用比例	100%综合利用的	75
	利用量为 50%～100%的	5
	利用量为 30%～50%的	10
	利用量不足 30%的	10
需要外排矿井水		25

2. 煤矸石

根据《2020 煤炭行业发展年度报告》，2020 年煤矸石利用率达到 72.2%，较 2015 年提高了 8 个百分点。利用途径主要包括矸石发电、生产建筑材料（制砖、生产水泥）、土地复垦（以填沟造地居多）、筑路、井下充填等。2020 年煤矸石及低热值煤综合利用发电装机达 4 200 万 kW，年利用矸石量达到 1.5 亿 t。

“十三五”期间，生态环境部积极引导煤矿企业采取井下充填方式处置煤矸石，但因影响煤矿生产效率、增加生产成本等原因，实施情况并不理想。调研发现，“十三五”期间生态环境部批复中要求井下充填处置煤矸石的项目中，仅有 30%的煤矿建设并初步开展了矸石井下充填。矸石处置仍是企业面临的难题。

3. 煤矿瓦斯

根据《2020 煤炭行业发展年度报告》，2020 年煤矿瓦斯利用率达到 44.8%，较 2015 年提高了 9.5 个百分点。

煤矿瓦斯排放主要来自开采过程中抽采瓦斯、通风瓦斯排放，露天煤矿和关闭煤矿瓦斯逃逸，以及矿后活动瓦斯逃逸等。不同矿井、不同环节产生的煤矿瓦斯中甲烷浓度差异较大。瓦斯利用技术与瓦斯中甲烷浓度密切相关，其中高浓度瓦斯（甲烷体积分数≥30%）可用于发电、提纯、燃气锅炉等，利用技术成熟；低浓度瓦斯（甲烷体积分数＜30%）利用技术在“十三五”期间得到快速发展，其中甲烷体积分数为 8%～30%的低浓度瓦斯发电技术相对成熟；而通风瓦斯因其甲烷体积分数低，仅为 0.2%～0.6%，主要利用技术为通风瓦斯蓄热发电，但蓄热发电示范工程运行能耗高、经济效益不佳，限制了该部分瓦斯的有效利用。瓦斯利用技术发展及应用情况见表 1-11。

表 1-11　瓦斯利用技术发展及应用情况

瓦斯分级	甲烷体积分数/%	来源	利用途径	利用率/%	利用技术成熟程度
高浓度瓦斯	30～80	抽采瓦斯	瓦斯发电、民用、提纯制 CNG	≥60	技术成熟，已进行工业应用
低浓度瓦斯	8～30		瓦斯发电及余热利用、提纯后民用	20～30	
	1～8		蓄热氧化发电	≤2	开展示范工程，尚未广泛推广
通风瓦斯	≤1	矿井通风	蓄热氧化后供热、制冷、发电，助燃空气	≤2	

我国高瓦斯矿井主要分布的山西、贵州、安徽、河南、重庆 5 省（市）建设了煤炭行业低碳技术创新及产业化示范工程，通过实施通风瓦斯氧化发电示范工程，将甲烷氧化生成二氧化碳时产生的热量经热交换器提取用于供热，很多煤矿的燃煤锅炉被替代。

第五节　问题及建议

一、面临的生态环境保护形势

在“碳达峰、碳中和”目标愿景下，“十四五”时期我国能源资源配置将更加合理，利用效率将大幅提高，主要污染物排放总量将不断减少，生态环境质量将持续改善，绿色低碳发展将加快推进。未来一段时间，煤炭资源将进行全过程、全方位清洁，高效、低碳、绿色开发与消费，为实现我国能源安全发挥兜底保障作用。

煤炭行业环境保护既面临绿色转型发展的新挑战，也面临历史遗留生态环境问题深入整治的压力。一是全过程环境管理能力与水平仍需持续提升，大量关闭煤矿退出后的生态环境保护与监管工作或将成为未来一段时间环境管理重点。二是采煤生态破坏区生态修复需持续加强，需要“因地制宜”全面开展采煤破坏区生态修复，稳步提升生态修复率，逐步恢复区域生态功能。三是资源的高效综合利用成为行业绿色低碳发展的必要条件，煤矿瓦斯高效利用、矿井水区域资源化利用、煤矸石井下处置等需要不断强化。

二、问题

1. 全过程环境管理仍需加强

（1）环评管理水平仍需提升

一是煤炭项目环评手续履行状况不佳。煤矿企业擅自变更、“批小建大”问题仍普遍存在，分析国家发展改革委和国家安监局产能核增清单发现，全国共 336 个煤矿核定产能超过环评批复产能，或从未履行过环评手续。

二是基层部门的环评审批水平仍需提高。煤炭项目环评由地方审批为主，2020 年地方审批数量占全国的 96.4%。基层部门对矿区规划环评重视不够，以 2020 年地方生态环境主管部门审批为例，在规划矿区内的煤矿项目中，约有 57.8%的项目在未取得所在矿区规划环评审查意见的情况下取得项目环评批复，仍存在规划环评缺位问题。同时，还存在未配套选煤设施、开采高硫煤、煤矸石永久堆存、矿井水利用率低、跟踪监测不完善等把关不严的问题。

三是矿区跟踪评价开展不力。尽管《环境影响评价法》《规划环境影响评价条例》均提出了跟踪评价的要求，2019 年 3 月生态环境部还出台了《规划环境影响评价跟踪评价技术指南（试行）》，但矿区规划环境影响跟踪评价进展依然缓慢。截至 2020 年年底，仅有内蒙古白音华矿区和陕西榆神矿区三期 2 个矿区开展了跟踪评价。老矿区开发历史久、强度高，生态环境影响与生态环境问题已充分显现，更需要开展矿区开发和环境影响的跟踪评价，掌握规划实施的实际环境影响、总结经验，对已造成的生态环境影响采取补救措施，解决历史遗留生态环境问题，为完善全过程环境管理提供依据和技术支撑。

（2）事中事后监管需强化

一是企业自验程序不规范、质量不高。分析竣工环境保护验收信息平台 2020 年数据发现，竣工后 3 个月内公开验收报告的煤矿仅占 31.3%，约 11.5%的煤矿甚至在竣工 4 年后才公开验收报告，“久试不验”问题突出。还存在重大变动未履行环评手续、环评要求落实不到位、超总量排污、环保设施建设进度滞后等问题。

二是环境影响后评价推进缓慢。后评价是加强以生态、地下水影响为主的煤炭项目事中事后监管的重要手段，但 2016 年《建设项目环境影响后评价管理办法（试行）》实施以来，极少有煤矿企业开展后评价。环评批复中要求开展的后评价，绝大多数也未开展；个别开展的后评价，多为超规模生产应依法重新环评的项目，企业企图通过后评价备案代替环评手续。

三是闭矿期环境管理政策缺位。随着供给侧结构性改革，大批煤矿退出，关闭矿井生态修复缺失、“老窑水”排放和矸石堆存污染问题突出。据统计，关闭矿井遗留煤炭资源约为 420 亿 t，残余瓦斯近 5 000 亿 m^3，地下空间丰富（约 60 万 m^3/矿），利用潜力大，但相关管理和研究薄弱。

2．生态环境影响突出，保护水平有待提升

（1）生态破坏严重，恢复水平不高

一是生态破坏严重，生态恢复率不高。“十三五”期间，国家和地方积极推进煤矿生态恢复，土地复垦率提升了 4 个百分点，达到了 52%。中央环保督察也将生态恢复纳入督察重点，通过问题项目的通报、“回头看”等手段在一定程度上促进了煤矿企业主动开展生态恢复，但我国煤矿企业生态恢复历史欠账多、生态恢复普遍滞后的情况仍未改变。尤其是资源逐步枯竭的城市，财政保障能力有限，煤炭企业逐步退出、关闭或是减产等因素均影响了企业开展土地复垦的积极性，生态恢复资金不足，难以支撑生态恢复措施实施。

二是生态恢复效果有待提升。煤矿企业编制矿山地质环境保护与恢复治理方案、土地复垦方案，并据此执行生态恢复与土地复垦工作，但生态恢复滞后和生态恢复效果不佳等问题仍普遍存在。部分煤矿企业对生态恢复的认识还停留在“生态恢复”便是“复绿”和应付检查水平，对生态恢复效果的稳定性关注不够，对矿区生态系统及其生态功能的恢复考虑不足。

（2）矿井水排放造成局部污染

矿井水排放量大，处理处置需规范。我国煤矿每年产生约 80 亿 t 矿井水，排放 20 亿 t 以上。矿井水相对洁净，但酸性、高盐、含氟矿井水排放存在环境风险。因处理费用高、浓盐水处置难等原因，高矿化度矿井水进行深度处理的比例较低，部分煤矿企业为节约处理成本，选择低洼地带排放高矿化度矿井水，引起区域土壤盐碱化；有的酸性矿井水处理不规范造成局部污染。

（3）矸石堆存污染问题突出

我国现有矸石山 2 600 余座，堆存量约 56 亿 t，每年新增矸石约 3.5 亿 t。矸石堆存损毁植被，自燃、淋溶引发环境污染，有的甚至占用河道。因矸石违规堆存监管和处罚不严，加上矸石发电消耗量有限、矸石建材受市场影响大、井下充填成本高，矸石利用率低，仍以堆存为主。

3．资源综合利用有待突破

（1）矿井水利用水平不高

一是大部分地区未将矿井水作为水资源进行高效利用。从我国煤炭资源分布来看，全国 14 个大型煤炭基地中 11 个位于干旱、半干旱地区，79%的矿区位于缺水地区，40%的矿区位于严重缺水地区，大型煤炭基地建设与下游需水量巨大的耗煤行业发展密不可分，区域水资源承载力面临巨大压力，矿井水的高效利用具有减少环境污染与补充水资源的双重意义。但受区域矿井水综合利用规划缺失、矿区规划中的用水企业实施不同步、区域生态用水工程尚未建设等诸多因素影响，矿井水尚未得到高效利用，亟须将矿井水作为宝贵的水资源充分开发利用，并将其作为优化区域水环境和用水结构的重要水源纳入用水计划和管理。

二是矿井水除煤矿自身利用以外，综合利用主要依靠外部条件，在外部条件不具备的情况下，利用较难。同时矿井水产生量变化较大，在超长运营期综合利用途径可能发生变化，存在不确定性。

（2）矸石综合利用不畅

一是发电作为煤矸石大宗利用的发展空间有限。由于原煤洗选技术的提高，洗选矸石发热量大幅下降，难以满足发电最低发热量要求，大多数矸石电厂主要利用煤泥和洗中煤等低热值煤，煤矸石掺烧量十分有限，甚至不掺烧矸石。同时随着大气污染防治政策趋严，煤矸石发电机组执行常规燃煤电厂环保排放标准，其污染治理成本远高于常规燃煤发电机组，导致中、小型煤矸石发电项目无力承担环保改造成本，多数面临关停。

二是生产建材是煤矸石综合利用的重要途径之一，但市场需扶持培育。矸石在建材领域的综合利用主要是生产矸石砖和作为水泥生产原料。国家出台了限制黏土砖和鼓励优先选用矸石建材制品等政策，但因落实不到位等原因，多数生产矸石建材企业处于产能利用不足甚至停产状态。加上目前部分矸石制砖企业生产工艺落后，污染防治设施不达标，面临关停。

三是井下充填可大量消纳矸石，控制地表沉陷影响，同时可提高煤炭资源利用率。但因增加生产成本、影响采煤效率，目前尚未广泛应用。但随着煤炭资源的逐渐减少和环保要求趋严，充填开采应用前景看好。

（3）瓦斯利用水平较低

一是高浓度瓦斯发电、液化、民用的技术相对成熟，但其利用率仅在 60%左右，需进一步提高。

二是尽管甲烷体积分数大于 8%的低浓度瓦斯发电技术成熟，但该部分瓦斯利用率仅为 20%～30%，体积分数小于 8%的低浓度瓦斯和乏风瓦斯利用率更低，约为 2%。低浓度瓦斯和乏风瓦斯利用技术亟须突破。

三、建议

1. 完善环境管理政策，提升环境管理水平

一是完善煤炭行业温室气体排放控制政策。针对我国煤矿瓦斯排放量大、关闭煤矿瓦斯逃逸情况不清、瓦斯利用率不高、8%以下低浓度瓦斯利用技术尚不成熟等现状，应尽快开展我国煤矿瓦斯排放、利用情况调查摸底，评估各类瓦斯利用技术和乏风销毁技术减排

效果，结合《煤层气（煤矿瓦斯）排放标准（暂行）》修订，研究制定煤矿行业温室气体排放控制标准及瓦斯分级利用政策。鼓励企业研究 8%以下的低浓度瓦斯和乏风瓦斯利用技术，探索关闭煤矿残余瓦斯探测、抽采与利用技术，全面促进煤炭行业甲烷排放控制和瓦斯高效利用。

二是尽快出台关闭煤矿环境管理政策。“十三五”期间全国退出 5 500 余座煤矿，退出落后产能 10 亿 t，在“碳达峰、碳中和”目标下，未来一段时间必然还有一定数量的煤矿陆续退出，关闭煤矿的环境管理将成为监管重点，亟须研究、出台相关管理政策。在摸清关闭煤矿基本情况的基础上，从生态恢复、矸石堆场治理、矿井水及“老窑水”处理、地下水污染防治、环境风险防控等方面开展研究，制定环境管理政策，明确关闭矿井遗留环境问题治理的责任主体以及资金配套政策。

2. 强化全过程环境管理，提升事中事后监管能力

一是积极推进煤炭国家规划矿区跟踪评价。系统梳理国家规划矿区实施情况，选择开发强度高、生态影响严重、区域环境问题突出的国家规划矿区列入跟踪评价的建议清单，有序推进煤炭矿区跟踪评价，总结区域突出生态环境问题，研究提出补救措施，指导区域后续煤炭资源科学、合理开发。

二是建议尽快完善建设项目环境影响后评价配套政策、标准。修订《建设项目环境影响后评价管理办法（试行）》，制定建设项目环境影响后评价备案管理文件，明确备案程序、时间节点要求、违规处罚规定，规范各级生态环境主管部门环境影响后评价管理。出台《煤炭采选建设项目 环境影响后评价技术导则》，规范环境影响后评价文件的编制，保证后评价文件质量，充分发挥环境影响后评价的监管效能。

三是制定煤矿项目环境影响后评价建议清单。结合项目环评批复要求、项目开发情况，综合考虑生态环境影响，梳理形成近期应开展环境影响后评价的项目建议清单，督促企业尽快开展环境影响后评价。掌握煤矿项目生产中重要环保措施落实情况及实施效果，剖析存在的问题及原因，提出后续改进措施；反馈项目环评，优化项目环评管理，形成环境管理闭环。

四是建立生态环境保护监测监控体系。结合环境管理平台整合工作，建立项目全过程监管系统，加强重点区域重大煤矿项目环境保护日常监管。建议煤矿企业采用航测、无人机监测等手段定期调查采煤生态破坏实际影响程度及范围，以及生态恢复与修复实施效果，并开展污染物排放监测、地下水跟踪监测和井工矿导水裂缝带发育高度监测，将相关数据分析结论纳入环境管理平台，为事中事后环境保护监管提供依据和支撑。真正实现对项目环评、竣工环境保护验收、环境影响后评价、生态影响与修复跟踪的全过程管理。

3．完善联合管理模式，提升生态环境保护效果

一是建立煤矿生态环境保护与监管指标体系。兼顾自然资源部门关于煤矿土地复垦、绿色矿山建设相关指标要求，结合煤矿生态影响特点，研究提出分区域、分类型的煤矿生态环境保护与监管指标体系，加快推动煤炭行业生态恢复，尽快解决历史遗留问题。

二是与自然资源部门建立生态恢复基金计提和生态恢复效果挂钩机制。为保证生态修复效果，建议在矿山地质环境治理恢复基金制度的执行中，充分关注生态修复后续养护和生态修复效果，并与基金计提、联动监管挂钩。

三是地方统筹，解决区域性综合利用问题。鉴于煤炭资源开发相对集中的区域也是耗煤产业集中布局区，同时存在上游煤矿开采因环境敏感、矿井水量大排放难和下游耗煤行业因区域水资源匮乏用水难的问题，建议地方人民政府牵头组织制定、实施区域矿井水综合利用规划，将矿井水作为优化区域水环境和用水结构的重要水源纳入用水计划和管理，解决矿井水排放难和工业用水紧张的问题。针对煤矸石排放量大、矸石堆存引发的环境污染问题，建议地方人民政府充分调研区域矸石产生、堆存情况，结合当地实际情况，按照因地制宜的原则，积极拓宽矸石综合利用途径，尽可能地减少地面堆存。

4．加强基础研究，促进行业环保技术进步

一是跟踪煤炭行业关键环境保护技术发展情况。重点跟踪保护性开采技术、典型生态恢复技术、矸石井下充填处置技术、瓦斯低碳利用技术、关闭矿井污染防治和环境风险防范技术的发展情况，推进环保先进技术推广应用。

二是评估关键环境保护措施实施效果。在典型区域选择代表性项目开展保护性开采技术、沉陷区生态修复技术、露天矿生态修复技术、地下水资源保护技术、特殊矿井水处理技术、矸石充填技术、矿井水和煤矿瓦斯综合利用技术实施效果评估，掌握各类技术实施效果。

三是评估典型区域或煤矿企业甲烷减排能力。选择典型区域或煤矿企业调查（估算）煤矿甲烷直接排放量、回收利用量、未利用燃烧的二氧化碳排放量，以及抽采、利用要求的落实情况，评估甲烷减排空间与能力，为下一步推进煤矿温室气体减排奠定基础。

参考文献

[1] 李国超. 采煤沉陷区生态修复治理措施初探[J]. 环境生态学，2021，3（7）：63-67.

[2] 胡炳南. 采煤沉陷区土地治理利用技术标准体系框架构建研究[J]. 煤炭工程，2021，53（7）：114-118.

[3] 胡振琪. 关于煤炭工业绿色发展战略的若干思考——基于生态修复视角[J]. 煤炭科学技术，2020，48（4）：35-42.

[4] 胡振琪. 黄河下游平原煤矿区采煤塌陷地治理的若干基本问题研究[J]. 煤炭学报，2021，46（5）：

1392-1403.

[5] 李海滨. 淮北市采煤沉陷区基本情况调查与分析[J]. 西部资源，2021（3）：89-91.

[6] 李树志. 我国采煤沉陷区治理实践与对策分析[J]. 煤炭科学技术，2019，47（1）：36-43.

[7] 耿建军. 基于环境治理的关闭煤矿瓦斯和水资源利用探讨[J]. 中国煤炭地质，2019，31（4）：35-37.

[8] 谭杰. 我国煤矿瓦斯综合利用发展现状及建议[J]. 煤炭加工与综合利用，2018（8）：59-61.

第二章　铁路行业环境评估报告

第一节　铁路行业发展现状

2020 年，铁路行业聚焦“交通强国、铁路先行”，坚持强基达标、提质增效要求，克服新型冠状病毒肺炎（以下简称新冠肺炎）疫情影响，路网规模持续扩大，客货运优势逐步发挥，电气化进程稳步推进，高铁建设向高质量发展方向迈进，国际合作项目顺利推进。智能高铁技术全面实现自主化，铁路总体技术水平迈入世界先进行列，年度工作目标任务全面实现。

一、全国铁路路网规模持续扩大

根据行业统计数据，2020 年全国铁路营业里程达到 14.63 万 km，较上年增加 5.3%；全国铁路路网密度达 152.3 km/万 km^2，较上年增加 4.7%。

“十三五”期间全国铁路营业里程和路网密度稳步增长，分别从初期的 12.4 万 km 和 129.2 km/万 km^2，升至末期的 14.63 万 km 和 152.3 km/万 km^2，全国铁路营业里程较“十二五”末期增加 20.9%，全国铁路路网密度较“十二五”末期增加 20.8%，基本覆盖了 94.7% 的城区人口 100 万人以上的城市。“十三五”期间全国铁路营运里程和路网密度均呈现稳步增长的趋势（图 2-1）。

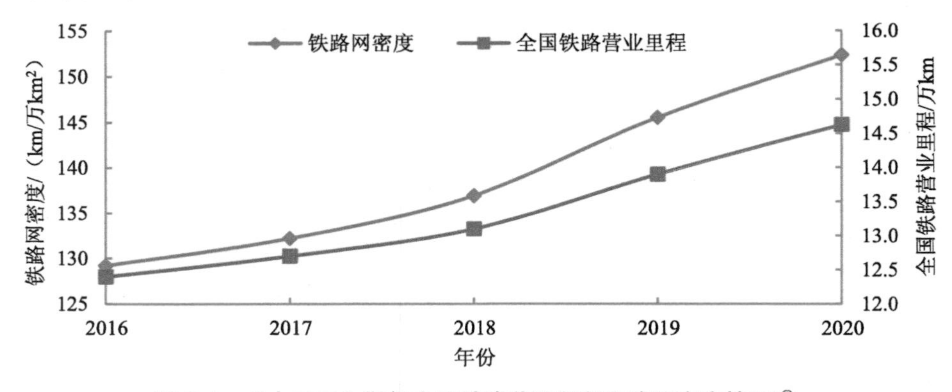

图 2-1　“十三五”期间全国铁路营运里程和路网密度情况*[①]

① 本章中带“*”图件基础数据均来源于历年《铁道统计公报》、历年《交通运输行业发展统计公报》、历年《中国环境噪声污染防治报告》。

二、客货运优势逐步发挥

根据行业统计数据，2020 年全国铁路旅客发送量完成 22.03 亿人，受新冠肺炎疫情影响，较上年下降约 39.8%。全年全国铁路货运总发送量完成 45.52 亿 t，较上年增长 3.2%。

“十三五”期间的全国铁路旅客发送量除在 2020 年受新冠肺炎疫情影响有明显降幅以外，总体呈上升趋势。全国货运发送量稳步增加，“十三五”末期全国铁路货运总发送量较“十二五”末期增长 36.6%，从初期的 33.32 亿 t/a 增长至 45.52 亿 t/a（图 2-2）。

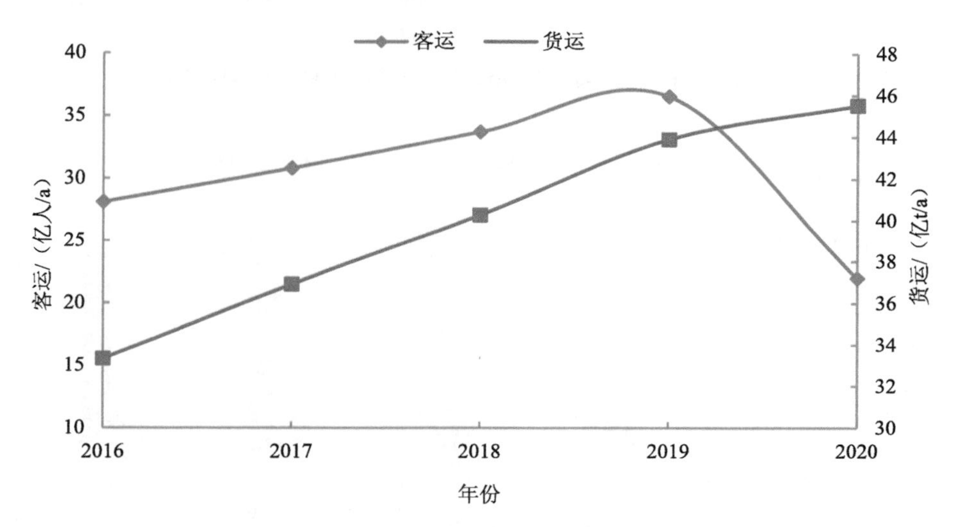

图 2-2 “十三五”期间全国铁路客货运情况*

“十三五”期间，在包括公路、水运和机场等各交通运输行业的总客运量中，铁路客运量占比持续增高，从初期的 14.8%提升至 2020 年的 22.8%，较“十二五”末期的占比 13%有较大提升。随着“十三五”期间高铁的快速发展，铁路运输方式在客运方面的便利优势不断凸显。

与此同时，全国铁路货运量在交通行业中占比也逐步增加，从初期的 7.7%升至 2020 年的 9.8%，较“十二五”末期的占比 8.2%有所增加，但增幅相对较缓，铁路货运量占交通行业的比重由 2016 年的 7.7%提高到 2020 年的 9.9%，铁路货运量和货运周转量双双位居世界第一。随着货运结构调整不断深化，大宗货物“公转铁”“公转水”推进实施，以化石燃料为主的公路货运量占比将持续下降，为交通行业碳排放控制提供助力。全国铁路运输量在交通行业内占比情况如图 2-3、图 2-4 所示，交通行业货运量占比在“十三五”期间的对比情况如图 2-5 所示。

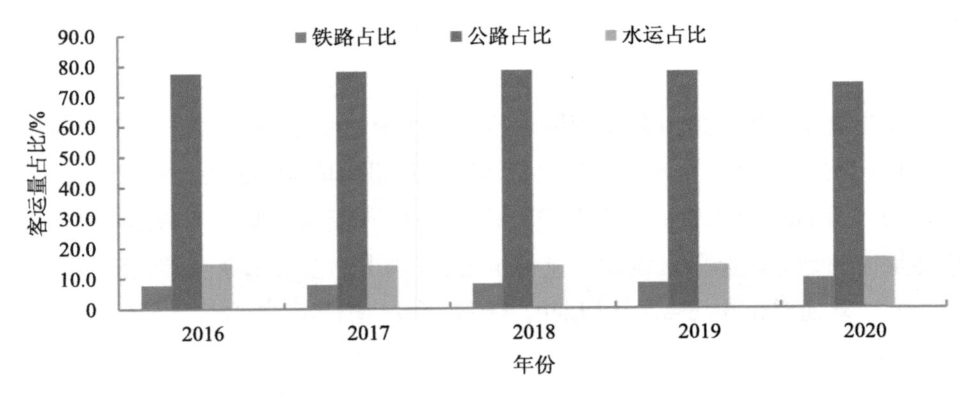

图 2-3 “十三五”期间铁路和其他交通行业客运量占比情况*

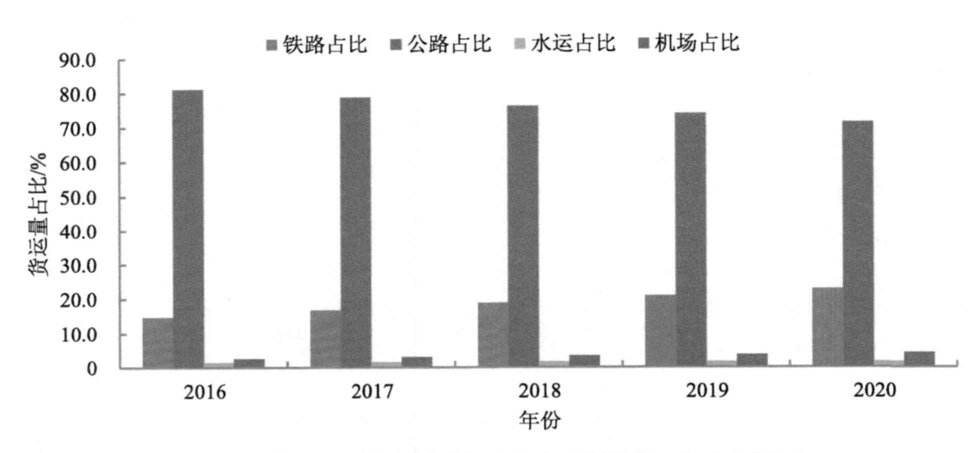

图 2-4 “十三五”期间铁路和其他交通行业货运量占比情况*

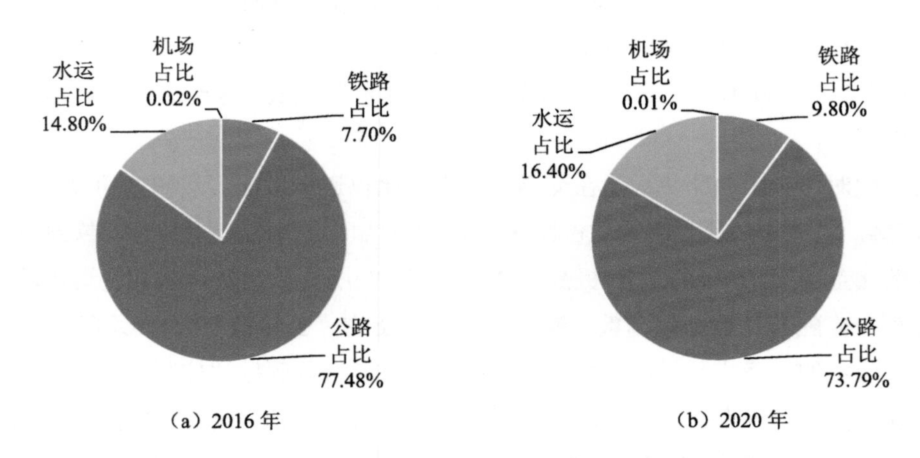

图 2-5 “十三五”期间交通行业货运量占比对比情况*

三、电气化进程稳步推进

根据行业统计数据，2020 年全国铁路电气化率为 72.8%，较上年增长 0.9%。

“十三五”期间，全国电气化里程较“十二五”末期增加约 44%，从“十三五”初期的 8 万 km 升至末期的 10.65 万 km，电气化总里程保持世界第一；全国铁路电气化率较“十二五”末期增加约 20%，从初期的 64.8%升至末期的 72.8%，增加约 12%。“十三五”期间全国铁路电气化里程和电气化率变化情况如图 2-6 所示。

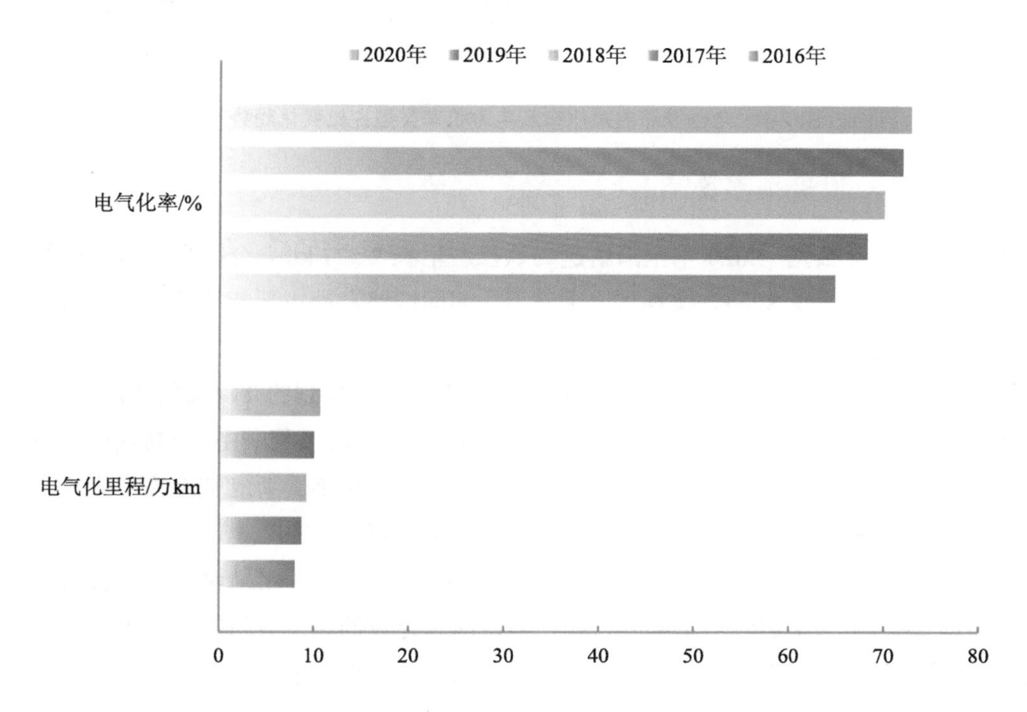

图 2-6　“十三五”期间全国铁路电气化里程和电气化率变化情况*

全国机车保有情况中，“十三五”期间电力机车占比不断提高，较“十二五”末期增加约 12%，从初期的 58.1%升至 2020 年的 63.8%，占比提高约 10%（图 2-7）。2020 年国家铁路能源消耗折算标准煤 1 548.83 万 t，比“十二五”末期的 1 569.47 万 t 减少 1.3%，单位运输工作量综合单耗 4.39 t 标准煤/10^6 t·km，较“十二五”末期的 4.71 t 标准煤/10^6 t·tkm 减少约 0.7%，铁路行业能源消耗结构持续由燃煤向耗电转化，有助于进一步减缓行业的大气污染压力。

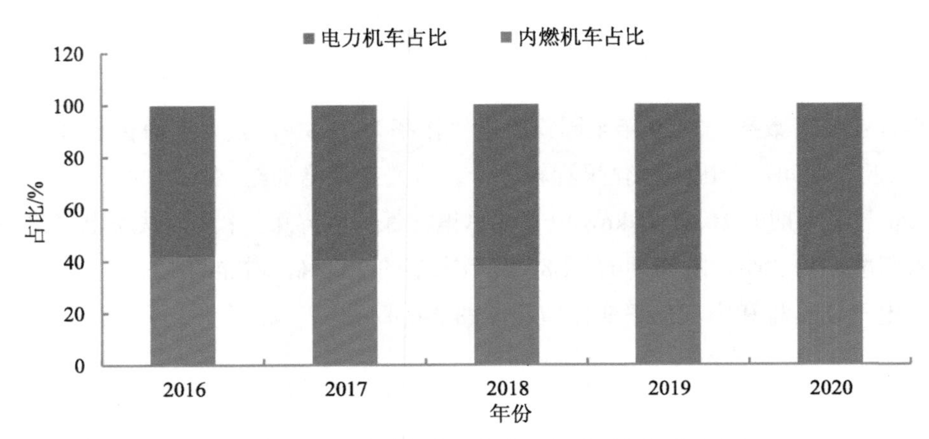

图 2-7　全国铁路内燃机车及电力机车类型占比变化趋势*

四、高铁建设进入平稳期

根据行业统计数据，2020 年全国新建高铁投产里程 2 521 km，全国高铁营业里程达到 3.8 万 km，较上年增长 8.6%，实现了“十三五”期间铁路发展主要指标“高速铁路营业里程达 3 万 km”的规划目标。

“十三五”期间，高速铁路营业里程年均增长率超过了规划的 11.6%预期，“十三五”期间全国高铁营业里程较“十二五”末期（1.9 万 km）实现“翻一番”。高铁投产新线占全年铁路投产新线里程比例总体保持在 60%以上，到 2020 年受新冠肺炎疫情影响，全国铁路总营业里程和高铁新线里程数量较往年均有较大下降。

“十三五”期间，高铁营业里程在全国铁路投产里程中的占比呈现出先增长后逐步回落的趋势，经历了一个达峰后下降的过程，高铁高速建设的速度有所放缓（图 2-8）。随着“八纵八横”高铁网加密成型，覆盖城市不断增加，高铁建设进入平稳期。

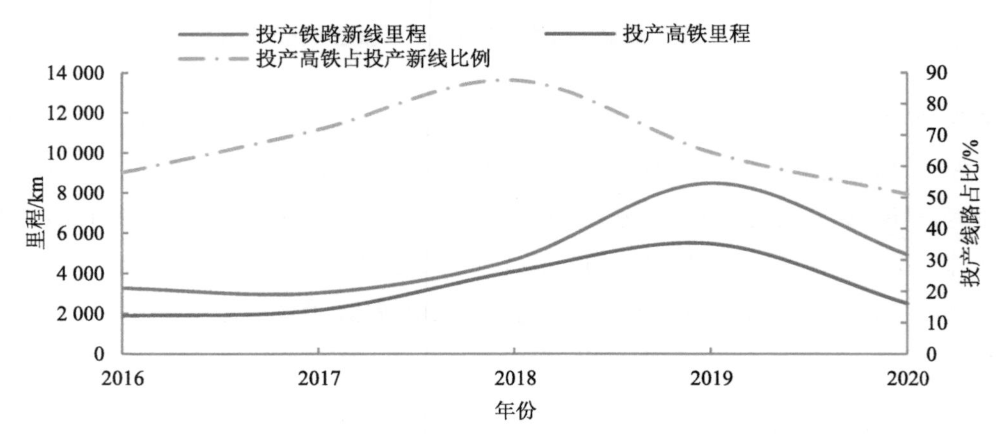

图 2-8　“十三五”期间全国高铁投产里程在投产铁路中占比变化趋势*

五、铁路国际合作进展顺利

铁路行业“走出去”战略深入实施，不断推动铁路绿色发展，推进生态文明建设。

境外铁路项目推进迅速。2020 年年底，中老铁路土建工程主体基本完成，老挝境内万象至琅勃拉邦段完成铺轨，加快泛亚铁路建设和“一带一路”沿线国家设施联通的进度。境外首条采用中国标准和技术合作建设的时速 350 km 的高速铁路印度尼西亚雅加达—万隆高铁全线 237 处工点全部开工，关键控制性工程 1 号隧道贯通。中泰铁路一期有序推进，将有效地提升泰国本地区的基础设施建设和互联互通水平。匈塞铁路作为中国与中东欧国家合作的旗舰项目，其塞段泽蒙—巴塔吉尼卡段左线也于 2020 年 11 月顺利通车运营。

中欧班列开行质量提升。2020 年中欧班列开行 1.24 万列，年开行数量持续突破《中欧班列建设发展规划（2016—2020 年）》确定的年开行目标（5 000 列/a），中欧间已形成西、中、东三大铁路运输通道，班列开行范围已拓展到欧洲 21 个国家。

第二节　环境影响

一、“八纵八横”高铁网主要环境影响

高铁网主要环境影响评估根据铁路建设项目的工程特点和环境影响特点开展，重点分析了干线通道项目的噪声影响和生态影响，一方面分析截至 2020 年批复环评的干线通道项目环境影响；另一方面分析“十三五”期间路网主要环境影响的变化情况或发展趋势。

根据《国家中长期铁路网规划》（2016 版），结合历年全国批复环评的铁路项目情况，更新“八纵八横”高速铁路主通道中具体建设项目环评样本。截至 2020 年，统计路网中有项目 162 个（部分项目在不同通道中有重叠，重复计列）。结合“十三五”期间“八纵八横”高铁网中建设项目前期推进情况，评估基于高铁网中干线通道 69 个项目批复后的环评文件，分析“十三五”期间“八纵八横”干线通道噪声和生态影响预测情况。

1．噪声影响

基于研究的铁路建设项目环评数据，根据运输功能和列车设计运行速度，结合机车噪声影响特点，区分设计速度目标值 200 km/h 及以下的客货共线铁路、设计速度目标值 300 km/h 以下客运专线（主要为 200～250 km/h）和 300 km/h 及以上的客运专线三个类别统计分析。统计的线路类型为路基和桥梁形式。4b 类区达标距离估算的标准按昼间 70 dB、夜间 60 dB 计。“八纵八横”干线通道噪声影响统计情况见表 2-1。

表 2-1 “八纵八横”干线通道噪声影响统计

线路条件＼统计结果		线路长/km	30 m 处声级范围/dB		昼间 70 dB、夜间 60 dB 影响面积/km^2		4b 类区达标距离/m	
			昼间	夜间	昼间	夜间	昼间	夜间
设计速度目标值 200 km 及以下（客货混）	路基	3 092.2	59.7～71.5	56.0～70.1	117.5	250.3	<30	110
	桥梁		55.9～66.0	53.3～65.6	60.1	200.2	<30	120
	小计		—	—	177.6	450.5	<30	120
设计速度目标值 300 km 以下客专	路基	6 315.0	56.4～72.8	52.6～66.9	329.5	1 110.8	44	>200
	桥梁		55.5～74.0	49.4～70.5	353.7	1 143.9	69	>200
	小计		—	—	683.2	2 254.7	69	>200
设计速度目标值 300 km 及以上客专	路基	7 727.2	69.1～75.9	63.1～72.4	615.7	1 447.7	128	>200
	桥梁		62.8～79.0	59.8～76.0	689.3	1 452.9	192	>200
	小计		—	—	1 305	2 900.6	192	>200
合计		17 134.4	—	—	2 165.8	5 605.8	—	—

注：1. 依托环境影响评价智慧监管平台，收集了路网规划出台后，批复环评的 69 个“八纵八横”铁路项目环境影响评价文件，用于提取统计的基础数据。重点包括噪声专题对达标距离进行明确核算的项目数据。

2. 高铁网中项目数量为基于环评批复情况的统计数据，立项项目的官方数据以行业部门公布数据为准。

评估预测运营近期（2030 年），“八纵八横”干线通道昼间 70 dB 声级环境噪声影响面积约为 2 165.8 km^2，300 km/h 以上速度客专昼间 70 dB 声级环境噪声影响面积增至 1 305 km^2，其在干线通道总的昼间声级环境噪声影响占比约 60.3%。统计样本的夜间 60 dB 声级环境噪声影响面积约为 5 605.8 km^2，300 km/h 以上客专夜间 60 dB 声级环境噪声影响面积约为 2 998 km^2，占比为 51.7%。从主要噪声贡献单元的影响变化来看，干线通道主要噪声贡献单元 300 km/h 以上客专的声级环境噪声影响面积占比，昼间与 2019 年总体持平，保持在 60%左右，夜间增加 1.7%。

评估分析，经过“十三五”时期的发展，高铁网干线通道噪声影响主要特点：一是干线通道噪声影响面积成倍增长，影响范围扩大迅速。根据评估中心 2018 年铁路行业评估的统计预估，“十三五”初期“四纵四横”铁路网的运营近期预测，昼间 70 dB 声级影响面积约为 717.48 km^2，夜间 60 dB 声级影响面积约为 2 495.18 km^2，“十三五”末期的“八纵八横”高铁网噪声影响面积预测昼、夜间数据分别为初期的 3.0 倍和 2.2 倍。“十三五”期间，高铁网中仅国家审批环评的铁路项目噪声影响范围内，每年增加人口规模为 1 万～14 万人，随着路网项目的推进，高铁噪声影响范围将扩大迅速。

二是边界噪声问题突出，行业噪声污染防治工作亟待关注。铁路 4b 类区标准限值达标距离和 30 m 处边界达标情况较 2019 年预测情况变化不大，昼间 70 dB 达标距离最大为距铁路外轨中心线外 192 m，夜间 60 dB 达标距离最大超出了铁路外轨中心线外 200 m；外轨中心线 30 m 处昼间最大预测值为 79 dB，夜间最大预测值为 76 dB，350 km/h 级的高铁两侧边界噪声排放值在不采取措施的情况下普遍超标，影响趋势与 2019 年一致。

经对比，“八纵八横”干线通道项目昼、夜间达标距离分别是“十三五”初期“四纵四横”路网的 4.9 倍和 2.2 倍。目前的行业管理中对边界噪声达标未强化管控，对边界噪声超标处是否设置声屏障等措施尚无统一要求。随着“八纵八横”高铁网不断加密，高速铁路线路不断增加，尤其是在噪声敏感建筑集中分布区域，铁路两侧区域的噪声超标问题会愈加突出。

结合合肥—蚌埠客专、武汉—广州客专、郑州—西安客专、深茂铁路、厦深铁路、沪昆铁路客专杭州—长沙段、上海—杭州铁路客运专线、石济铁路、青连铁路、天津—秦皇岛客运专线 10 个已投运的项目竣工环境保护验收监测情况或现场实测结果分析，铁路边界噪声排放和铁路两侧区域噪声问题与评估预测情况总体一致。

2. 生态影响

结合“八纵八横”路网中 69 个项目环评的生态影响评价，评估分析路网的生态影响主要特点：一是路网建设对沿线经过的自然生态系统和生态功能区产生扰动。相较 2019 年新增了对西南地区的区域自然生态系统影响，2020 年路网新增线路主要分布于内蒙古高原、晋北山地丘陵盆地、东北平原等地，主要涉及内蒙古高原中东部草原生态区、晋北山地丘陵盆地温带半干旱草原生态区、土壤保持生态功能区、水源涵养与生物多样性保护生态功能区，未涉及主导功能为生物多样性的重要生态功能区；新增线路主要涉及全国生态系统空间分布中的森林、草地类生态系统。

评估分析，“十三五”期间高铁路网的线路加密会加剧对所经区域生态功能和生态系统的扰动，因高铁路网密度分布不均匀，对生态系统和生态功能区影响有区域差异。

一是西部生物多样性生态功能区受通道线路切割影响相对小，中部地区（湖北、湖南）和东部地区（福建、浙江）生物多样性生态功能区则受各横纵通道线路影响相对大；从路网与全国生态系统空间分布格局关系来看，路网涉及森林、草地、农田各类用地。部分新增批复环评的项目实施会对重要动植物物种栖息地产生影响，需通过局部优化选线选址、设计优化以及强化环保措施等方式，尽可能地减缓不利影响，避免影响物种的迁徙、交流等活动。

二是对自然保护区等特殊生态敏感区影响持续增加。通过对 69 个项目线路所经自然保护区的梳理统计，有 26 条线路经过不同级别的自然保护区共 49 处，其中，11 条线路以全桥梁或全隧道的形式上跨或下穿自然保护区（含 7 条线路同时涉及两个分区），未在保护区范围内设置地表工程；26 条线路以各类形式穿越实验区。69 个项目中，10 个线路涉及国家级自然保护区。

“十三五”期间新批复环评的“八纵八横”通道中项目，其线路无穿越自然保护区核心区或缓冲区的情况。随着环保选线理念不断加深，铁路行业对于涉及自然保护区的项目选线越发严格，尽可能绕避或最大限度地减少穿越长度，减少对保护区的扰动。

“八纵八横”高速铁路网线路穿越的自然保护区主要为自然生态系统类型（包括山地森林生态系统、高原森林生态系统、内陆湿地和水域生态系统、水源涵养与生物多样性保护生态系统、自然景观等）和野生生物类型（野生动植物及其栖息地）。在项目环评过程中，通过选线局部优化调整，绕避保护野生动植物等保护对象的集中栖息地，设计以桥代路、优化桥型增大桥梁跨径等形式减少地表扰动，减缓线路实施的不利生态影响。根据已投运和开展竣工环境保护验收的新建铁路黔江—张家界—常德线、郑州—万州铁路河南段及湖北段、新建铁路郑州—西安客专、新建张家口—呼和浩特铁路、成贵铁路、新建铁路合肥—蚌埠客运专线、合福闽赣段、新建铁路大同—西安铁路、京沈客专、新建铁路武汉—广州客运专线等干线项目的调查情况，在严格落实环评批复措施及要求，做好施工和运营期环境管理后，铁路工程实施对自然保护区的生态影响能够得到一定控制和缓解。

“八纵八横”路网暂未批复环评的规划新线中，仍将会涉及大运河世界文化遗产、衡水湖国家级自然保护区、尕海则岔国家级自然保护区，以及多处国家森林公园和不同级别的湿地公园等自然保护地范围。在具体项目前期推进过程中，需提前考虑环保选线，尽可能地避绕主要保护对象分布集中的区域，将对生态敏感路段的不利影响降至最低。

三是临时占地影响总体得到控制。“八纵八横”（2020 年）临时占地密度均值约为 2.0 km/hm^2，结合评估历史统计数据，“四纵四横”（2017 年）临时占地密度均值约为 1.9 km/hm^2。经对比，高铁网未因线路的加密而随意扩大临时占地。

二、2020 年批复环评铁路项目新增主要环境影响

2020 年全国批复的铁路项目中，长大线路主要以省级及以上批复环评为主，市级及以下批复环评的铁路项目以新建、改建铁路专用线等设计等级较低的线路或枢纽配套工程为主。关于全国批复的铁路项目中的新增环境影响，评估时重点关注了省级及以上批复环评的项目。

1. 噪声影响

（1）2020 年总体情况

在 2020 年省级及以上批复环评的铁路建设项目中，运输功能包括了客运专线、客货混运和货运铁路；铁路等级包括了高速铁路、城际铁路、国铁 I 级、II 级铁路和铁路专用线（IV级）；设计行车速度包括 350 km/h、250 km/h、200 km/h 及 200 km/h 以下类型。

评估分析，2020 年省级及以上已批复环评的 350 km/h 级高铁项目，铁路外轨中心线 30 m 处昼间噪声值为 33.5～72.1 dB，夜间噪声值为 27.5～65.4 dB，夜间噪声预测值超标情况较为普遍的总体趋势较往年无变化。统计样本中，满足 4b 类区昼间标准（70 dB）的距离为铁路外轨中心线 1～58 m 处，满足夜间标准（60 dB）的距离为铁路外轨中心线外 11～124 m，其中考虑对噪声源强的影响因素，铁路设计等级越高、设计速度目标值越高且列流越大的，4b 类区达标距离越远。

评估分析，2020 年新增声环境影响主要特点：

一是高铁项目边界噪声排放超标问题持续。一方面新批复环评的高铁项目逐个实施后，噪声排放实际影响会不断显现；另一方面铁路边界噪声排放管理不完善，包括超标判定、标准执行和防治措施技术上均存在不足，如超标判定以预测还是实测为准，选取测点的代表性及监测方法，边界排放超标后的管理方式等。目前铁路行业对边界噪声排放达标未做硬性要求，控制措施除了声屏障，其他手段（如机车源强降噪、声屏障顶端干涉器、轨道吸声板应用等）技术尚未具备全行业推广的条件，导致高铁边界噪声超标问题累积。

二是噪声影响面积持续扩大，影响人口规模增长，噪声舆情隐患增加。经估算，在 2020 年已批复环评的样本项目中，昼间 70 dB 的铁路噪声影响面积约为 79.36 km^2；夜间 60 dB 的铁路噪声影响面积为 150.62 km^2。设计行车速度目标值 350 km/h 的高铁项目线路总长占比约为 49%，其昼间噪声影响面积占总影响面积的 93.1%，夜间噪声影响面积占总影响面积 82.5%（表 2-2），是噪声影响的主要贡献单元。2020 年全国省级及以上批复环评铁路项目评价范围内人口规模 1 861 处，逾 14 万人，总规模较上年有所减少，但新增受影响人口不断增长的态势仍不容乐观。

表 2-2　2020 年全国批复铁路项目主要噪声影响分析

审批级别	设计等级	线路长度/km	列流/（对/d）	速度/（km/h）	30 m 处预测值/dB		影响面积/km^2		达标距离/m	
					昼间	夜间	昼间	夜间	昼间	夜间
国家级	高速铁路	1 129.1	56～78	350	42.3～71.8	37.6～65.4	49.1	76.46	11～58	27～124
		290.2	36～52	250	49.2～61.5	43.2～55.4	—	—	征地界内	征地界内
省级	高速铁路	838.5	20～82	350	33.5～72.1	27.5～64.8	24.79	47.77	1～42	11～96
		345.1	28～77	250	23.6～66.3	17.7～57.7	0.00	1.10	1～30	1～36
	Ⅰ级铁路	1 053.3	4～86	80～200	43.6～68.0	45.6～66.8	2.67	20.99	1～30	1～79

审批级别	设计等级	线路长度/km	列流/（对/d）	速度/（km/h）	30 m 处预测值/dB		影响面积/km²		达标距离/m	
					昼间	夜间	昼间	夜间	昼间	夜间
省级	Ⅱ级铁路	295.3	5～29	120～160	49.8～65.5	49.8～58.6	2.35	3.67	1～15	1～36
	Ⅲ级铁路	52.1	6～10	80	55.3～67.5	44.7～57.2	0.45	0.63	＜30	＜30
	Ⅳ级铁路	4.5	4	40	＜51.33	—	—	—	征地界内	征地界内
合计		4 008.1	—				79.36	150.62	—	—

注：评估依据环境影响评价智慧监管平台，收集了 2020 年省级及以上批复环评铁路项目 24 个环评样本。

（2）较往年变化情况

评估考虑 30 m 处预测值、4b 类区（昼间 70 dB、夜间 60 dB）影响面积、4b 类区标准限值达标距离 3 个主要噪声影响指标，将 2020 年全国批复铁路主要噪声影响同 2019 年情况进行比较。与往年相比，受不同类型铁路项目长度、设计车速和列车流量影响，4b 类区影响面积变化幅度较大。2020 年批复环评的高铁线路长度约为 2019 年的 68%，在相同速度等级条件下，因国铁Ⅰ级、Ⅱ级铁路的列流相对偏低，4b 类区影响面积有所减少。外轨中心线“30 m”处的预测值超标的趋势无明显变化，列流较大的高铁线路昼、夜间预测值较大，预测值仍普遍超标。

2．生态影响

（1）2020 年总体情况

评估的生态影响分析项目样本中，共有 8 个项目涉及 10 个自然保护区，包括国家级自然保护区 4 处、省级 3 处、市级 2 处、县级 1 处。其中，1 个升级改造工程项目以桥梁形式跨越 1 处自然保护区（河流型）核心区、缓冲区及实验区，在核心区及缓冲区内无涉水工程；其他项目以路基、桥梁或隧道方式穿越自然保护区实验区。穿越自然保护区总长度约为 17.9 km，占线路总长度（2 211 km）的 0.8%，因新建线路占比较大，随着环保选线理念深入贯彻，铁路项目在选线阶段尽可能减少自然保护区等特殊生态敏感区的穿越，2020 年批复铁路穿越自然保护区长度占比较上年减少；从穿越长度比例和穿越形式来看，涉及自然保护区的线路设计大多进行了优化，尽可能减少穿越长度和对敏感目标保护对象的扰动。

评估样本中共有 6 个项目涉及 7 个风景名胜区，其中，国家级 4 处、省级 3 处。线路以桥梁、隧道和部分路基形式穿越风景名胜区内的总长度约为 62.4 km，占线路总长度的 5%。除 1 个项目以隧道形式穿越风景名胜区的二级保护区以外，其他穿越区域主要为三级保护区和外围保护地带。各项目结合穿越生态敏感区的保护对象保护要求，提出了有针对性的保护措施，减缓不利生态影响。

2020 年新批复环评的省级及以上铁路项目基本避开了国家重要生态功能区中的生物多样性区域。新批复环评的铁路项目（长大线路）临时占地共计约 7 536.2 hm^2，临时占地与线路比为 0.02～3.42 hm^2/km，均值为 1.64 hm^2/km，属于“八纵八横”高铁网的临时占地密度范围统计值区间（0.2～4.0 hm^2/km）。各项目中对临时占地的影响控制和对临时工程的设计优化重视程度不断提高，通过全线土石方调配和取弃土场设置调整、加大弃渣综合利用，尽可能“永临结合”减少临时占地等方式，减缓不利生态影响。

（2）较往年变化情况

与 2019 年相比，从穿越自然保护区项目占比、穿越线路长度与占线路总长比例、穿越风景名胜区项目占比、临时（工程）占地密度等影响因子来看，2020 年穿越自然保护区和风景名胜区的铁路项目占比增多，选址选线更加敏感，而穿越线路长度占总线路的比例控制较为严格，穿越形式主要以隧道和桥梁为主，行业内对涉及自然保护区、风景名胜区等生态敏感区的选线和线路形式选择更加慎重。行业内对临时工程环境管理要求不断规范，对永临结合等环保要求持续强化。全国批复铁路项目主要生态影响对比情况如表 2-3 所示。

表 2-3　全国批复铁路项目主要生态影响对比情况

年份	统计样本线路总长度/km	穿越自然保护区		穿越风景名胜区		临时占地密度/（hm^2/km）
		项目占比/%	穿越线路长度占比/%	项目占比/%	穿越线路长度占比/%	
2019	5 895	20	21.6	20	4.8	1.6（均值）
2020	4 008	33.3	0.8	25	5	1.6（均值）

三、主要污染物排放

铁路行业持续强化污染物排放控制。根据行业统计数据，2020 年在大气和水污染物排放方面，排放量持续减少，国家铁路化学需氧量排放量为 1 634 t，较上年降低了 56%；二氧化硫排放量为 3 271 t，较上年降低了 38.1%。

“十三五”期间，铁路行业对水环境污染物化学需氧量和大气污染物二氧化硫排放总体控制较好，较“十二五”末期化学需氧量排放量下降了约 18.4%，二氧化硫总排放量下降了约 88.6%，排放总量呈不断下降趋势（图 2-9），化学需氧量和二氧化硫在“十三五”期间分别下降了 16.8%和 86.3%。

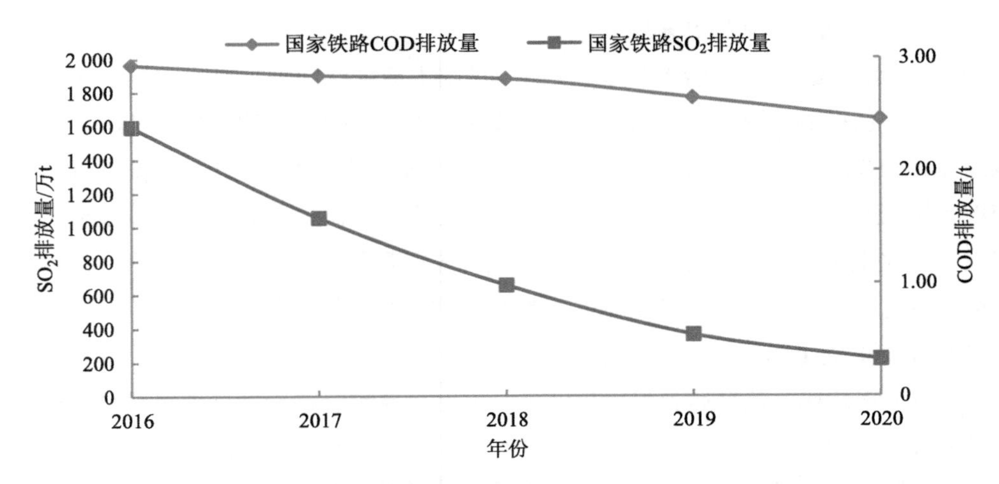

图 2-9 国家铁路主要大气和水污染物排放变化趋势*

在噪声排放方面，城市区域铁路干线两侧区域（4b 类）声环境质量总体稳定。结合 2020 年 311 个地级及以上城市功能区声环境的昼夜达标监测情况，城市 4b 类功能区昼间监测点次达标率为 95.7%，与上年基本持平，夜间监测点次达标率为 81.2%，较上年达标率 83.3%下降了 2.5%。

“十三五”期间，监测点的监测结果表明，全国城市区域铁路干线两侧区域昼间达标率总体维持在 90%以上，昼间达标情况趋势变化较小，较“十二五”末期达标率提升了 1.9%；夜间达标率呈上升态势，达标率提升了 9.1%，较“十二五”末期提高了约 17.1%，铁路两侧区域夜间噪声超标问题仍存在（图 2-10）。

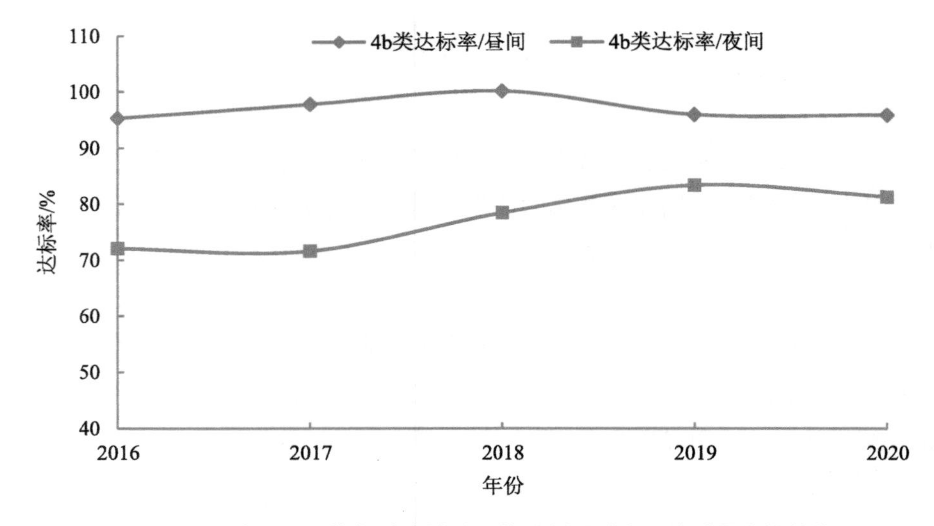

图 2-10 “十三五”期间城市铁路干线两侧区域声环境质量变化趋势*

第三节　环境管理

一、行业环保政策与标准规范、环评管理要求

2020 年，铁路行业环保政策标准体系基础不断夯实。在法律法规方面，《中华人民共和国固体废物污染环境防治法》修订后实施；在环境管理文件和标准规范方面，随着《建设项目环境影响评价分类管理名录（2021 年版）》发布，铁路行业做了部分调整，除了涉及环境敏感区的新建枢纽编制报告表，将环境影响小的环评编制工作进一步简化，减少环评审批数量。各省的分级审批中，河北、吉林、河南、云南、甘肃 5 省制定了 2020 年版分级审批目录，由省级审批环评的划定类型包括“国家铁路网中不跨省的干线”项目、“跨市（区）的铁路项目”以及分类管理名录规定的编制报告书类型的“大型枢纽”项目等，铁路行业环境影响相对较大的线性工程以及编制报告书的项目环评主要在省级及以上管理部门审批。

在相关规划方面，《中长期铁路网规划》阶段性实施，《铁路“十三五”发展规划》和《“十三五”现代综合交通运输体系发展规划》基本收官。《国家综合立体交通网规划纲要》印发，加快建设交通强国，构建现代化高质量国家综合立体交通网，支撑现代化经济体系和社会主义现代化强国建设，规划期为 2021—2035 年，远景展望至 21 世纪中叶。《2021—2050 年铁路网规划方案》和各省（区、市）“十四五”铁路规划编制稳步推进。“十四五”期间，铁路行业规划坚持系统观念，突出完善网络布局和结构优化、准确把握功能定位和建设标准、统筹衔接发展能力和要素保障，深化改革创新和安全环保。

二、环评审批

1．建设项目环评审批

（1）总体情况

根据环境影响评价智慧监管平台数据统计，2020 年全国批复铁路行业建设项目环评 161 个，涉及总投资约 6 381.2 亿元。

按环评审批分级类别划分，由生态环境部批复环评的项目有 3 个，均为高铁（客运专线）；省级生态环境主管部门批复环评的项目有 21 个，以不跨省的高铁干线或连接线、铁路专用线以及部分项目设备补强或电气化改造项目为主；市级批复环评的项目有 67 个、区县级批复环评的项目有 70 个，市级及以下批复环评以铁路专用线、铁路枢纽及配套设施、站场改造等类型为主。省级及以上批复环评项目占 14.9%，市级和区县级批复环评项

目分别占 41.6%和 43.5%。批复环评文件编制类型中报告书 52 个、报告表 109 个，报告表数量约为报告书的 1 倍。

按项目类型划分，新建项目 117 个、改扩建铁路项目 38 个，设备补强等技术改造项目 6 个。

按分布区域划分，全年批复 10 个及以上项目的共 8 个省（区），分别为安徽、河北、黑龙江、内蒙古、山西、山东、新疆及云南。其中安徽各类型铁路项目均有涉及；河北、黑龙江、山西、山东和内蒙古以钢铁、有色、煤炭企业铁路、疏港铁路等专用线为主，有部分车站延长线、翻车机改造工程项目；新疆主要涉及铁路专用线、枢纽改造等项目；云南以专用线、站前配套工程等项目为主，各省（区、市）批复环评的铁路项目类型与所在区域的产业结构相关。

（2）批复项目类型特点

“十三五”期间，国务院印发的《交通强国建设纲要》、国务院办公厅印发的《推进运输结构调整三年行动计划（2018—2020 年）》等多项鼓励铁路专用线建设的政策指导性文件接连出台，逐步明确铁路专用线的规划和建设目标、覆盖重点区域和功能定位。根据平台数据统计，2020 年全国批复铁路专用线建设项目 73 个，占铁路行业的 45.3%；批复环评的铁路专用线总投资 517 亿元，占铁路行业总投资的 8.1%。从审批项目数量情况来看，铁路专用线占比逐渐增加，“十三五”末期审批铁路专用线项目数量约为初期的 1.6 倍。环评审批级别主要在省级以下，2020 年全国批复环评的铁路专用线项目中有 92%为市（区、县）级别批复。

“建设大型工矿企业、物流园区和重点港口铁路专用线，全面实现长江干线主要港口铁路进港”已列入《中华人民共和国国民经济和社会发展第十四个五年规划和 2035 年远景目标纲要》“交通强国建设工程”，随着相关支持政策在“十四五”期间全面发力，作为绿色生态物流体系建设的重要组成，也是“大气污染综合治理攻坚行动方案”中积极调整运输结构的主要手段，铁路专用线将成为铁路行业“十四五”规划的重点和热点。

通过“公转铁”减少以化石燃料为主的公路运输货运周转是交通碳排放控制的关键举措。例如，2020 年江苏省通过铁路专用线建设提升沿海主要港口大宗货物铁路集疏港比例，铁路货物发送量较“十二五”末期增长了 35.5%，公路运营货车碳排放强度较上年下降了 1.3%；山东省临沂市公铁联运枢纽和“公转铁”陆路通道加快建设，引导大型工矿企业和大型物流园区建设铁路专用线，全年二氧化碳减排量约为 74.6 万 t；甘肃省酒泉市全力推进物流园区铁路专用线项目建设，大宗货物铁路运量占比提高，二氧化碳减排量约为 3.51 万 t，铁路专用线对碳减排的正效应明显，环境正效益突出。铁路行业推进专用线建设将积极助力交通运输行业的碳减排。

2．2020 年铁路行业“三本台账”服务情况

根据 2020 年“三本台账”（国家层面重大项目台账、地方层面重大项目台账、外商投资重大项目台账）的项目情况，在开展服务过程中，形成国家层面铁路“三本台账”重大项目调度清单，形成按月调度机制，组建由地方生态环境主管部门、各环评单位、建设单位参与的推进协调群组，按期协调推进。

在“三本台账”机制逐年推进过程中，形成了逐年结转、滚动调度的常态化形式，便于行业重大项目动态跟踪。台账清单的基础信息，服务于管理部门指导和协调项目建设单位、环评编制单位依法依规办理环评手续，同时为技术评估提前参与、主动服务、全程跟踪重大项目，起到了积极的辅助作用。

三、事中事后监管

1．建设项目环评技术复核

在 2020 年交通行业建设项目技术复核中，铁路项目抽取占比约为 18.2%。复核项目类型包括城际铁路、部分辅助工程改造和铁路专用线项目。经报告审核和现场复核，存在问题的项目占复核铁路项目总数的 5.6%，主要问题为声环境预测评价不符合相应环境影响评价技术导则要求等。

2．施工期环境管理

在 2020 年全国批复环评的铁路项目中，尤其是省级及以上批复环评的铁路项目，普遍要求开展施工期环境监理。在开展施工期环境监理的项目环评文件中，明确施工期环境监理计划，包括监理目标、范围、机构、内容、方法、措施效果、程序、实施方案、工作制度等。

在 2020 年新开工的川藏铁路中，探索研究并深入开展全过程环境管理，抓好铁路建设和运营的生态环境保护工作。强化施工期生态环境监督管理，推进绿色施工工艺应用，努力打造绿色工程。

3．项目竣工环保验收

根据全国建设项目竣工环境保护验收信息系统数据，2020 年上传平台的铁路行业竣工环保验收调查报告 74 个，其中由部级、省级和市级及以下审批环评的项目分别占 24.3%、41.9%和 33.8%。在行业全过程环境管理要求不断严格和规范后，“久试不验”问题较 2019 年情况有较大改观。从验收调查报告梳理及调研的情况发现，自验收中存在不同类型问题。

（1）部级审批项目跟踪情况及存在的问题

评估跟踪了由部级审批的 15 个铁路项目生态环保措施“三同时”落实情况以及存在的问题。在跟踪项目中，已投运并完成竣工环保验收的项目有 8 个；2 个部分路段投运和完成验收；5 个在建项目。15 个铁路项目中，350 km/h 设计速度的高铁有 9 个，250 km/h 设计速度的客专项目有 1 个；国铁Ⅰ级客货运线路有 4 个；城际铁路有 1 个。

根据核实情况，跟踪项目总体落实了“三同时”制度，按照环评批复和批复报告书要求采取了有针对性的环保措施。结合各完成竣工环保验收的项目验收调查报告，各项目环保措施落实情况总体较好。

一是设计与环评有效互动，设计中落实环保优化内容。如贵南客专设计中落实荔波漳江世界遗产地内取消捞村车站要求；漳江特大桥、营盘清水大桥主跨调整为 64 m，减少了水中墩，涉水桥墩采用了钢围堰等施工方式，并且避开了 3—5 月鱼类繁殖期；跨越澄江河湿地公园桥梁两侧设置遮光屏障等。

二是声屏障措施总体得到落实。根据验收调查报告，考虑验收阶段局部路段线位微调敏感目标数量变化等情况，设置声屏障的总体数量较环评阶段未减少，部分项目按照环评设置噪声防治措施的原则对沿线新增的敏感目标增设措施。隔声窗、拆迁等噪声防治措施有序推进。

三是施工期环境监理在行业内较为普遍。环境监理对施工期间的污染防治起到了积极作用。

此外，路基边坡绿化因地制宜，弃土渣场按设计要求完成挡护工程、截排水工程、植被复绿等工程措施；沿线各站所的污水处理、大气污染防治以及固体废物处理处置的措施及环保要求得到落实。根据竣工环保验收调查阶段的监测结果，项目的车站污水等污染物排放总体可以满足各要素污染物的排放标准。

与此同时，也存在以下主要问题：

一是部分铁路项目验收时间早，运营现状条件和验收阶段有差异，现状环境影响不明确。现状运营车型和运营速度较验收阶段不同，对沿线噪声影响有变化，未对已设置的声屏障等环保措施现状效果开展过系统性评估。

二是部分项目验收阶段有遗留问题，后续补充措施落实情况和效果未跟踪。如武广客专验收阶段 2011 年车速和列流均未满负荷，已有现状监测超标，对部分超标敏感点的补充措施要求落实及实际效果未跟踪管理；部分车站验收阶段监测指标有超标的情况，运营多年后沿线车站生物法工艺的连续稳定运行情况有待研究。京沪高铁验收阶段结合现状监测结果，对现状超标的 103 处采取隔声窗措施、3 处采取声屏障等采取补救措施，实际落实情况和效果未持续跟踪。

三是部分项目自验收开展阶段提前，验收监测在项目开通运营前，不反映实际运营情况。对即将开通路段采用综合检测车进行的逐级提速测试收集源强数据，对沿线敏感目标的影响以预测代替实测，存在和实际结果偏差的可能，数据不能完全作为项目顺利通过验收的科学支撑。

（2）地方审批项目跟踪情况及存在的问题

评估跟踪了 2020 年地方审批铁路项目的验收共 58 个，其中省级审批的有 30 个，其他为市级及以下审批环评，主要问题：

一是部分地方项目企业环保主体责任落实不到位，“未批先建”未杜绝。竣工环境保护验收自主开展以来，部分企业环保主体责任意识薄弱，对环保措施和管理要求落实大打折扣，部分铁路专用线仍存在未批先建等环境违法现象。

二是“带问题”通过环境保护验收的情况普遍，存在环境污染隐患。根据竣工环境保护验收信息系统数据，2020 年铁路项目通过环境保护验收的比例为 100%，但“带问题”的情况普遍存在。例如，有实际设置声屏障措施长度明显低于环评要求；有疏港铁路环境保护验收阶段，在仍有数座桥梁事故池等环境保护措施未实施情况下通过验收；有某物流公司铁路专用线装卸车防风抑尘网等大气污染防治措施实际规模偏小，也顺利通过验收，“三同时”执行不力。

三是企业错用、不用环保政策文件，影响项目合法运营。随着生态环境执法力度不断增大，企业对项目发生重大变动履行环评手续的问题持续关注。铁路建设项目重大变动清单的印发执行为项目变动重新报批的情形提供政策指引，但部分地方企业对行业环保政策了解少，管理要求在地方审批项目中执行不畅。

4．后评价

2020 年全国省级及以上批复环评的铁路项目中，要求开展后评价的项目占 40%，涉及类型包括各设计速度类型的客运专线、客货共线的普铁以及铁路专用线。截至 2020 年，铁路行业开展后评价的工作推进相对滞后，各项目应严格落实环评批复要求，在投运一定时间后尽快开展后评价工作，对建设项目投运后实际产生的影响和存在的问题进行深入梳理总结（表 2-4）。

表 2-4　2006—2020 年环评批复要求开展后评价的铁路项目清单

序号	项目名称	批复时间	批复对后评价要求
1	新建铁路哈尔滨—大连铁路客运专线	2006	工程运营后适时开展环境影响后评价，根据结果增补、完善防噪措施
2	新建铁路上海—南京城际轨道交通	2007	工程运营后适时开展环境影响后评价
3	新建铁路广州—珠海铁路复工程	2007	工程运营后适时开展环境影响后评价
4	新建上海—杭州铁路客运专线	2009	工程运营后适时开展环境影响跟踪监测和后评价
5	新建铁路厦门—深圳铁路（陆丰—深圳段改线工程）	2009	工程运营后适时开展环境影响后评价工作

序号	项目名称	批复时间	批复对后评价要求
6	改建铁路锡林浩特—多伦铁路扩能改造工程	2009	工程建成 3～5 年后应开展环境影响后评价，并及时补充、完善相关环境保护措施
7	新建铁路同江黑龙江铁路特大桥及相关工程	2009	工程建成 3～5 年后应开展环境影响后评价，并及时补充、完善相关环境保护措施
8	新建铁路兰州—乌鲁木齐第二双线	2009	工程建成 3～5 年后应开展环境影响后评价，及时补充、完善相关环境保护措施
9	新建铁路哈罗线哈密南—罗中	2009	工程建成 5 年后应开展环境影响后评价，及时补充、完善相关环境保护措施
10	新建铁路成都—兰州线	2010	工程运营 3～5 年后，应开展环境影响后评价工作。后评价的重点是工程建设及运营对生态环境、大熊猫及其他野生动物等的影响，包括为保护大熊猫新建、扩建自然保护区和设置动物通道效果，铁路噪声、振动、光照等的影响，对地下水资源的影响，生态建设及植被恢复效果，旅游控制规划实施效果等，及时提出补救措施和新的研究、监测要求
11	新建铁路成都—重庆客运专线	2010	同变更后
12	新建铁路成都—兰州线成都—川主寺（黄胜关）段工程设计变更	2013	工程运营 3～5 年后，应开展环境影响后评价工作
13	新建额济纳—哈密铁路	2011	工程运营 3～5 年后，应开展环境影响后评价工作，重点评价植被恢复效果、噪声与振动等方面的影响
14	新建铁路敦煌—格尔木线	2010	工程运营 3～5 年后，应开展环境影响后评价工作，重点关注工程动物通道的设置、植被恢复效果、噪声与振动等方面的影响
15	新建铁路宝鸡—兰州客运专线	2010	工程运营 3～5 年后，应开展环境影响后评价工作，重点关注噪声与振动、植被恢复效果等方面的影响
16	新建铁路西安—成都客运专线西安—江油段	2010	工程运营 3～5 年后，应开展环境影响后评价工作
17	改建铁路重庆—贵阳线扩能改造工程	2010	工程运营 3～5 年后，应开展环境影响后评价工作，重点关注噪声与振动、生态环境、水文地质等方面的影响
18	新建铁路拉萨—日喀则线	2010	工程运营 3～5 年后，应开展环境影响后评价工作，重点关注生态环境、噪声与振动等方面的影响
19	新建铁路成都—贵阳线乐山—贵阳段	2010	工程运营 3～5 年后，应开展环境影响后评价工作，重点关注噪声与振动、生态环境、水文地质等方面的影响
20	新建铁路成都—重庆客运专线（蓝谷地选线）	2010	工程运营 3～5 年后，应开展环境影响后评价工作，重点关注噪声与振动、生态环境、水文地质等方面的影响

序号	项目名称	批复时间	批复对后评价要求
21	新建铁路重庆—万州客运专线	2010	工程运营3～5年后，应开展环境影响后评价工作，重点关注噪声与振动、生态环境、水文地质等方面的影响
22	新建铁路哈尔滨—佳木斯铁路	2013	工程运营3～5年后，应开展环境影响后评价
23	新建格尔木—库尔勒铁路	2014	竣工环境保护验收后3～5年开展环境影响后评价工作
24	改建铁路阳安线增建第二线工程	2014	工程完成竣工环境保护验收投入运营3～5年后，应开展环境影响后评价工作，评价重点为生态敏感区段列车营运对朱鹮及其他鸟类的影响
25	新建蒙西—华中地区铁路煤运通道工程	2014	工程运营3～5年，应开展环境影响后评价
26	新建铁路大理—瑞丽线工程变更	2014	工程建成后，应开展环境影响后评价工作，后评价重点关注工程建设造成的地下水影响及其可能对农业生态、自然生态的长期影响等
27	成昆铁路峨眉—米易段扩能工程	2014	竣工环境保护验收后3～5年开展环境影响后评价工作
28	新建铁路黔江—张家界—常德线	2014	对工程沿线涉及的自然保护区分别开展大鲵与饵料、河流水质监测，以及增殖放流等生态补偿和生态恢复工作，结合监测结果不断优化生态保护措施，适时开展后评价
29	成昆铁路峨眉—米易段扩能工程变更	2015	竣工环境保护验收后3～5年开展环境影响后评价工作
30	新建铁路郑州—周口—阜阳铁路	2015	工程建成运营3～5年后开展安徽颍州西湖省级自然保护区和风景名胜区后评价
31	新建太原—焦作城际铁路	2016	工程运营后3～5年，开展环境影响后评价
32	新建神瓦铁路神木北（红柳林）—冯家川段	2016	工程运营后3～5年，开展环境影响后评价
33	新建赣州—深圳客运专线	2016	项目投产后3～5年内开展环境影响后评价
34	新建铁路贵阳—南宁客运专线	2017	按要求开展环境影响后评价工作
35	新建中卫—兰州铁路	2017	项目投产后3～5年内应开展环境影响后评价
36	新建重庆—昆明高速铁路	2020	全线运营5年后，应按规定开展环境影响后评价
37	新建沈阳—白河铁路	2020	全线正式运营5年后，应按规定开展环境影响后评价
38	新建集宁经大同—原平铁路	2020	全线运营5年后，应按规定开展环境影响后评价

5．相关环境信访

根据历年《中国环境噪声污染防治报告》统计数据，“十三五”期间，噪声投诉占环保投诉比例呈先下降后升高的趋势，从 2016 年的 43.9%降至 2018 年的 35.3%，又由 2019 年的 38.1%回升至 2020 年的 41.2%。交通运输噪声占噪声投诉比例未明显下降，由“十三五”初期的 3%上升至末期的 3.7%，铁路噪声作为交通噪声的重要组成，噪声污染防治工作仍需强化。2020 年铁路行业典型噪声信访案例均为反映城市区域高层小区噪声问题。

6．“三同时”监督检查

为进一步加强建设项目事中事后监管，持续做好建设项目环境保护“三同时”制度落实和竣工环境保护自主验收工作的指导与监督，2020 年生态环境部联合 19 个省（区、市）生态环境主管部门对“十三五”以来生态环境部主管审批的 35 个重点建设项目环境保护“三同时”制度落实和竣工环境保护自主验收工作开展专项检查，涉及抽查的铁路项目中存在以下主要问题：

一是建设中发生重大变动未重新报批环评文件，部分项目在城市饮用水水源地二级保护区内新增工程，涉嫌存在重大变动。

二是验收中存在弄虚作假行为，部分项目还未进入竣工阶段但已完成验收并公示；验收调查文件的编制中无污染源监测报告相关数据，验收依据不充分。

三是“三同时”执行不到位，未将环境保护设施建设纳入施工合同（部分项目施工合同提及需配置环境保护资金，但没有具体的环保设施项目及投资额）；在建设过程中造成生态破坏，部分标段桥涵基坑开挖与回填等工程活动致使地表植被破坏；环评要求措施未落实到位，部分路段未完全落实环评批复和设计文件中对于森林公园路段施工要求。

随着生态环境执法不断强化规范以及《环评与排污许可监管行动计划（2021—2023 年）》的实施推进，铁路行业作为环评落实情况监管重点，其“三同时”制度执行仍是生态环境监管的重点。

第四节　主要生态环境保护措施

结合行业环境影响特点重点评估了噪声防治措施情况。“十三五”期间批复环评的铁路建设项目中噪声防治措施持续强化，对预测超标敏感点坚持“优先设置声屏障”等原则要求，声屏障长度占总线路长度比例增加的同时，声屏障技术创新发展，在适应高速度和高降噪效果等方面有了实践应用的技术突破。

一、行业声屏障措施总体落实，降噪效果具提升空间

2020 年全国批复铁路线路中，设计设置声屏障长度约为 449 km，声屏障长度占线路比例约为 11.2%，较 2019 年线路比例总体持平。“十三五”期间，国家审批环评的铁路项目中设计新增声屏障长度约为 560 km，声屏障长度占线路比例为 0.8%～34%，平均占比为 12.7%。

截至 2020 年，批复环评的“八纵八横”路网干线项目的声屏障平均占线路比例约为 16%。较“四纵四横”阶段路网干线项目的声屏障占线路比例 13.5%有较大提高，其中新建铁路沪通线上海（安亭）—南通段占线路比例达到 45.3%，行业对声屏障设置要求不断严格。设置声屏障后较无措施时降噪效果不等，除全封闭式声屏障以外，有达到 15 dB 的设计降噪值，全封闭声屏障（设计和联调联试阶段监测结果）达到约 22 dB 插入损失量。

根据 2020 年完成验收的部分国家审批项目统计情况，线路声屏障与线路比最高为 56%，平均为 15.4%。根据自验收调查报告情况，验收阶段考虑局部路段线位微调敏感目标数量变化，设置声屏障的数量和长度规模总体较环评阶段略多。声屏障实际降噪效果为 0.3～12 dB。与 2019 年情况及与高铁网环评和验收情况比较，铁路行业主要噪声防治措施声屏障得到落实。铁路沿线声屏障类型以直立插板式金属声屏障为主，因各项目中声屏障效果的监测点位与外轨中心线距离、距轨面高度不同，声屏障高度和材质有差异，单个项目降噪效果可比性不强。全国批复铁路项目声屏障设置情况见表 2-5。

表 2-5 全国批复铁路项目声屏障设置情况

比较项	统计样本/个	声屏障长度占线路总长比例（均值）/%	声屏障效果/dB
2019 年环评	30	11.0	最大 12
2020 年环评	24	11.2	4～15（全封闭 19～22）
2019 年验收	19	16.5	1.1～15.6
2020 年验收	18	15.4	0.6～12（全封闭 20.1）
“四纵四横”路网环评	32	13.5	11.5（半封闭）
“八纵八横”路网环评（截至 2020 年）	70	16.0	6～15（全封闭 19～22 设计值）
“八纵八横”路网验收	15	18.2	1.0～9.6

注：因验收项目中给出的声屏障效果距离、监测点不统一，为提高可比性，声屏障效果统一为 30 m 处，忽略轨面测点高度差的声屏障插入值损失（除部分项目的全封闭声屏障以外），直立式声屏障高度一般为 2.15～3 m，部分 4 m。统计数据仅用于初步比较趋势。

二、全封闭声屏障技术创新和实践应用

随着 2020 年京雄高铁的通车，国内首次实现了在列车时速 350 km 条件下，高铁线路全封闭声屏障工程的实践应用，铁路行业声屏障措施技术有了新的实践突破，为“绿色京雄”增添了亮丽底色。

“十三五”期间，深茂铁路江门—茂名段全封闭声屏障实现了铁路行业全封闭声屏障“零”的突破，京雄高铁固霸特大桥区段的（北落店村）全封闭声屏障建成使用，进一步实现了高铁声屏障技术的提升。

深茂铁路江门—茂名段，线路全长 262.639 km，按国铁 I 级，双线电气化客货铁路建设，2018 年 7 月建成投运，2019 年 4 月企业自主验收。其中，新会区路段临近小鸟天堂县级风景名胜区，除了在施工过程中采用低噪声设备和设置临时声屏障等措施，还在该段桥梁设置了 2 km 全封闭声屏障和 1.7 km 遮光板，减缓铁路建设对景区内鸟类的不利影响。根据建设单位自主验收调查监测情况，小鸟天堂处全封闭声屏障在 30 m 处能有效降低噪声 4.3～7.7 dB。设置全封闭声屏障后，能够实现线路所经路段的声环境质量不降低的声环境保护要求。考虑验收监测期间全封闭声屏障路段的客车流量未达到近期设计流量，铁路噪声源强较设计阶段低，噪声影响未达到预测情况，声屏障措施效果尚未完全体现，仍有降噪余量。

京雄城际铁路，线路全长 92.03 km，按双线电气化高速铁路标准建设，客运专线，2020 年 11 月企业自主验收，2020 年 12 月投运。该项目环评阶段从推动京津冀协同发展战略实施、落实雄安新区“千年大计、国家大事”的角度，严格生态环境保护要求，明确要求穿越北落店村路段采取全封闭声屏障措施。面对国内外尚无在列车时速 350 km 条件下高铁桥梁全封闭声屏障先例的技术空白，相关单位和科研院所创新性地提出了鱼腹梁与圆形钢架组合的结构，攻克了声学及结构设计、专业接口、安装工艺等关键技术难题，设置 847.25 m 长全封闭声屏障，根据自验收阶段降噪效果（以插入损失值计算）监测，可降噪达到 20 dB 左右，约是在列车时速 350 km 条件下直立式声屏障的 3 倍。建设单位组织监测期间全封闭声屏障路段暂未投运，以综合检测列车 180～385 km/h 通过全封闭声屏障代替，铁路噪声源强较设计时低，声屏障措施降噪功能同样具有较大的发挥空间。全封闭声屏障如图 2-11 所示。

两个重大铁路项目中全封闭声屏障的应用，是推动铁路行业绿色发展的重要实践和探索，为我国更高速度条件下的高铁噪声污染治理提供经验。监测结果表明，高铁全封闭声屏障有着较好的降噪效果，在监测条件下都有降噪效果余量，随着高铁技术的不断更新进步，在满足安全运营的情况下，应推进开展全封闭声屏障规模性应用的相关研究。

注：部分图片来源于网络。

图 2-11 深茂铁路全封闭声屏障（左）京雄城际全封闭声屏障（右）

第五节 问题及建议

一、铁路行业环保面临的形势

2021 年是实施“十四五”规划、加快建设交通强国的开局之年，铁路行业紧扣“立足新发展阶段、贯彻新发展理念、构建新发展格局”，加快建设交通强国，加强铁路规划建设。随着环评“放管服”改革持续深化，铁路行业环保工作主要面临以下形势：

一是项目前期推进任务艰巨，行业生态环保压力不减。铁路网中各类型铁路项目加快推进，其中高铁建设重点明确，根据中国国家铁路集团有限公司《新时代交通强国铁路先行规划纲要》，到 2035 年率先建成现代化铁路网，高铁里程将达到 7 万 km，即在“十三五”目标基础上再翻一番，未来 15 年平均每年将投产 2 000 km 以上，建设仍将保持一定强度，建设重点为高铁网主通道缺失段，优化提升沿江高铁主通道；普铁建设同步发力，规划覆盖广泛的普速铁路网基本覆盖县级以上行政区，全力推进的川藏铁路等进出藏普铁主干线通道，建设规模大，涉及区域生态环境敏感脆弱，必然新增不利环境影响；城际、市域铁路快速推进，大力推进城际铁路，加快发展市域铁路，进一步完善路网布局；鼓励铁路专用线建设，作为推动运输结构优化调整助力打赢蓝天保卫战的重要举措，铁路专用线受国家鼓励政策影响将加速发展，促进交通行业碳减排。综上，可以预见“十四五”期间，铁路行业将呈现各类型铁路统筹发展，已建、在建和规划建设的各类型铁路既有影响“旧账”未清，新增线路又添“新账”，行业带来的生态环保压力难以从源头缓解。

二是事中事后监管要求不断强化，需全面提升行业环境监管水平。《国务院关于加强和规范事中事后监管的指导意见》提出，深刻转变政府职能，深化简政放权、放管结合、优化服务改革，进一步加强和规范事中事后监管；生态环境主管部门对统筹推进环评“放管服”改革多次部署。在深化环评“放管服”改革背景下，《关于进一步做好铁路规划建设工作的意见》要求，高铁与普速、客运与货运要统筹协调，国家铁路和地方铁路需要兼顾，铁路行业事中事后环境监管涉及项目类型多、监管目标基数大，涉及企业主体多元化，面对新的监管要求和需求，需从监管机制、监管队伍和监管技术手段等各方面全方位提升监管水平，推进铁路行业实现监管能力现代化。

三是高质量发展的总体方向和技术快速更新的行业形势，对技术服务能力提出更高要求。“十四五”时期，我国生态文明建设进入了以降碳为重点战略方向、推动减污降碳协同增效、促进经济社会发展全面绿色转型、实现生态环境质量改善由量变到质变的关键时期，铁路如何积极助力交通结构优化实现碳减排亟待研究。同时“十四五”期间，铁路科技创新发展提速，时速 400 km 级高速轮轨客运列车系统关键技术、时速 600 km 级高速磁悬浮系统以及低真空管（隧）道高速列车等技术储备研发工作加快推进，智能高铁技术全面实现自主化，在京张高铁中实践应用，铁路总体技术水平迈入世界先进行列，其行业环保技术标准规范体系也应同步更新，高速条件下噪声预测和污染防治措施、绿色施工环保工艺等关键环保技术的研究与应用亟须加快开展。

二、存在的问题

基于铁路行业发展现状和环境影响分析，通过 2020 年铁路行业环保政策标准、环评管理要求的梳理更新，对 2020 年全国铁路项目环评审批情况的总结以及对 2020 年铁路行业事中事后监管相关管理情况的评估，提出铁路行业存在的主要问题：

1．环保措施与环境影响的加剧速度不匹配

（1）噪声污染防治成效不显著

一是对铁路干线两侧区域的噪声防治手段单一。除拆迁、设置声屏障措施较为普遍以外，源头降噪和敏感点处降噪的技术研究和应用远远不够；声屏障等措施有效性还受距离、噪声敏感建筑的高度等因素限制。

二是铁路干线边界噪声控制弱化。运营期铁路边界噪声值超标问题一直未有效解决，边界噪声超标成历史问题，尤其是近年来新批复待实施的高铁项目，外轨中心线 30 m 处夜间预测普遍超标。随着噪声纳入排污许可管理工作的不断深入推进，铁路干线边界噪声控制问题亟待研究和解决。

三是防噪技术的创新研究和推广力度不足。行业内对非通用图规范规格的直立式声屏障和封闭式声屏障等防噪措施技术的更新水平和推广力度还不能满足声环境保护需求。

（2）行业生态影响重视度不足

一是规划或已批环评未开工的新线路仍有涉及重要生态功能区和穿越较多重要环境敏感区的情况。建设单位和设计单位在选线过程中的生态环保意识较“十三五”初期有较大提升，但仍需进一步加强。

二是后评价工作推进缓慢。对铁路运营阶段实际生态监测和研究不足，适用性好的生态影响评价指标体系未建立，生态保护措施效果不明确。2020 省级以上铁路项目要求开展后评价的项目占比较高（约 40%），环境管理对后评价工作重视程度提高；而行业实际开展后评价的案例少，如京沪、武广、哈大等重大项目，投运时间较长，其实际环境影响需要通过适时开展环境影响后评价进行跟踪，据此完善保护措施，不断提升项目的生态环境保护水平，同时为行业环境监管反馈实际生态影响情况，支撑环境监管聚焦重点。

2．部分项目企业环保主体责任落实不到位

一是部分项目企业“三同时”制度执行不力。结合生态环境部 2020 年联合 19 个省（区、市）生态环境主管部门开展的重点建设项目环境保护“三同时”制度落实和竣工环境保护自主验收专项检查，以及行业自验收抽查情况，仍有铁路项目存在以下问题：施工阶段生态监测等生态保护措施不落实；工程内容发生变更不能及时判定变动情形和依法办理变更环评手续问题；企业“带问题”通过自主验收，有污水、噪声防治等环保措施未落实也通过验收，环保“三同时”执行不力。“双随机、一公开”日常监管机制未针对性地覆盖铁路建设项目，据初步统计，2020 年各地铁路的施工期和竣工环境保护验收质量监管仍然薄弱，铁路行业监管和社会监督力度不强，企业环保主体责任意识弱化，对环保措施落实和环境管理要求执行打折扣。

二是企业关于项目实施过程中的生态环保信息主动公开力度不足。“三本台账”推进力度不断增强，而铁路项目环保信息主动公开少、更新慢，造成除环评和自验收报告以外，各级生态环境主管部门缺少持续全过程的环境监管抓手。施工期环境监理规范性和信息报送备案机制尚不完善，极易出现项目环境监管“盲区”，未能及时发现项目实施过程中的环境问题。

3．行业实现“双碳”的环保路径待明确

根据交通运输部数据，“十三五”期间我国交通行业的二氧化碳排放量始终保持稳定增长态势，交通领域的碳排放约占全国终端碳排放的比例较高，是碳达峰行动关注的重点领域之一。以化石燃料为主的公路运输是交通碳排放的主要来源，通过积极推进铁路专用线建设等“公转铁”多式联运减少公路货运周转，是交通碳排放控制的关键。铁路行业作为交通运输业实现碳达峰、碳中和的关键环节，其源头降碳等生态环保路径仍待深入研究和推进，亟须相关的政策鼓励和科技支持。

三、建议

1．聚焦精准治污，多方位提升环评“放管服”改革质量

（1）统筹强化噪声污染防治举措

一是防治方式应统筹源头降噪和过程降噪。一方面结合行业技术进步持续深入开展机车噪声源研究，推进源头降噪；另一方面开展声屏障和隔声窗措施的适用性研究，研究提出适用性原则或形成措施可行性技术指南。

二是加强边界噪声的排放管理，通过综合手段实现边界噪声达标排放。一方面推进行业开展铁路边界噪声排放技术研究，提出行业适用的噪声排放控制措施；另一方推进铁路边界噪声排放限值标准的评估和修订。

三是加强声屏障防噪技术的研究，进一步提升降噪效果，同时鼓励新技术的行业推广。鼓励强化铁路行业声屏障技术创新研究，实现满足不同速度，桥梁、路基等不同工程形式，同时结合动物通道等生态措施设计和景观设计等需要开展声光屏障措施系列创新研究，以适应行业在不同情形下的噪声污染防治需求。

（2）深入强化环境管理中的生态保护

一是提高涉及环境敏感区的环境准入中选线环境比选的要求和质量。一方面贯彻生态优先的原则，尽可能通过局部调整线路进行工程避让；另一方面对于确实无法避让的，在满足依法合规情况下，在设计中予以优化，如线路形式调整、优选桥型等方式，尽可能避免在生态敏感区内新增占地。同时严格执行相关法律法规要求，严格控制临时、辅助工程的规模和数量，减少对生态敏感区及其主要保护对象的扰动。

二是积极推进行业后评价。对历年来项目环评批复要求开展后评价的，积极督促落实。后评价中对于涉及生态敏感区的项目，重点要关注生态影响和生态恢复或保护措施效果。研究将后评价开展情况纳入环评与排污许可监管检查重点内容，服务推进地方审批项目的后评价工作。

2．注重监管转型，多方式补齐事中事后监管短板

一是建立综合监管机制，强化“三同时”制度执行监管。发挥环评、执法协同监管效能，利用智能复核等手段强化环评质量监管，合理增加铁路行业复核抽取比例，同时鼓励地方将铁路作为“双随机、一公开”日常监管和“重点项目抽查机制”的统筹类型，对验收质量明显较差的增加曝光度和加大处罚力度；建立与铁路行业部门联合监管机制，统筹行业监管力量；强化信用监管，完善公众监督和举报反馈机制，环保举报热线和平台建立验收问题板块，鼓励和正确引导公众参与监管。

二是强化环境监管信息化平台功能及基础信息，不断提升铁路行业的环境智慧监管水平。探索环评审批与项目竣工环境保护验收信息系统平台的功能联通，实现铁路建设项目“企业一个账号、建设项目一个代码、基本信息一次填写，建设动态全过程填报、问题动态反馈”，规范平台鼓励企业主动报送和公开项目环境信息，实现项目的“事前”“事后”监管信息闭环，同时减轻企业信息填报的负担，为企业提供项目问题反馈渠道。发挥全国环评技术评估服务咨询平台作用，加强对地方管理部门“不见面”政策执行指导的技术支撑。

3．坚持需求导向，多层面政研科研推进行业碳减排

一是梳理低碳交通政策和低碳交通实践，结合铁路行业技术进步，开展铁路行业碳减排和碳达峰相关政策研究，在川藏铁路、京张铁路等重大典型项目中示范实践，服务行业实际，提出针对性对策建议。开展“公转铁”等多式联运生态环保政策研究，推进交通运输结构优化调整，铁路代替化石能源运输相关环保政策和意见的出台。

二是充分借鉴国内外其他交通行业经验，主动探索、超前研究铁路行业碳减排效能和碳排放评价，研究铁路行业减碳固碳的技术应用情况、潜在市场及发展前景。

参考文献

[1] 临沂市加快发展“公转铁”运输模式，山东省交通运输厅，2020，http：//jtt.shandong.gov.cn/art/2020/11/11/art_12459_10006312.html.

[2] 酒泉市加快运输结构调整助力打赢蓝天保卫战，甘肃省交通运输厅，2020，http：//jtys.gansu.gov.cn/qsjtxx1/57853.html.

第三章　火电行业环境评估报告

第一节　火电行业发展现状

基于全国排污许可信息管理平台，对主行业类别为《固定污染源排污许可分类管理名录（2019 年版）》“三十九、电力、热力生产和供应业”中“火力发电（4411）”及“热电联产（4412）”行业（以下简称火电行业）的企业排污许可证副本、部分企业 2020 年执行报告数据进行了统计分析。

一、规模布局

我国火电行业以燃煤发电企业为主，规模占比约为 90.3%，主要分布在山东、江苏、浙江、内蒙古等中东部地区。截至 2020 年年底，全国共核发了 2 088 张“火力发电（4411）”及“热电联产（4412）”类排污许可证，总计 5 143 台发电机组，装机规模约为 1.12×10^{10} kW。从类型上看，火力发电（4411）企业有 1 498 家，占比为 71.7%，共计 3 753 台机组，装机规模为 9.26×10^{9} kW，占比为 82.7%。热电联产（4412）企业有 590 家，占比为 28.3%，共计 1 390 台机组，装机规模为 1.93×10^{9} kW，占比为 17.3%。

从燃料上来看，燃煤电厂数量共有 1 690 家，占比为 80.9%，共计 4 054 台机组，装机规模为 1.01×10^{10} kW，占比为 90.3%。燃气电厂数量共有 241 家，占比为 11.5%，总计 838 台机组，装机规模为 1.05×10^{9} kW。从区域分布上来看，山东、江苏、浙江、内蒙古和山西等中东部地区的火电企业较多，数量累计占比为 44.6%，装机累计占比为 36.5%（图 3-1）。

二、结构调整

我国火电行业化解过剩产能工作持续深入，积极稳妥地推进煤电行业优化升级。按照《关于做好 2020 年重点领域化解过剩产能工作的通知》（发改运行〔2020〕901 号）等文件要求，2020 年继续淘汰关停位于河南、浙江、江苏、河北等地区的 7.33×10^{6} kW 落后煤电机组，依法依规清理整顿违规建设煤电项目，以巩固化解煤电过剩产能工作成果，提升煤电清洁高效发展水平。实际上，全国累计淘汰煤电机组 171 台约 1.22×10^7 kW，是预期目标的 1.67 倍。其中，淘汰煤电机组规模以 150 MW 以下为主，淘汰规模最大的是山东魏桥铝电有限公司邹平滨藤纺织热电厂 4 台 350 MW 煤电机组。根据排污许可信息管理平台数据，截至 2020 年年底，全国 3.0×10^5 kW 及以上机组容量占比约为 86.36%，平均单机装机容量约为 1.38×10^5 kW（图 3-2）。

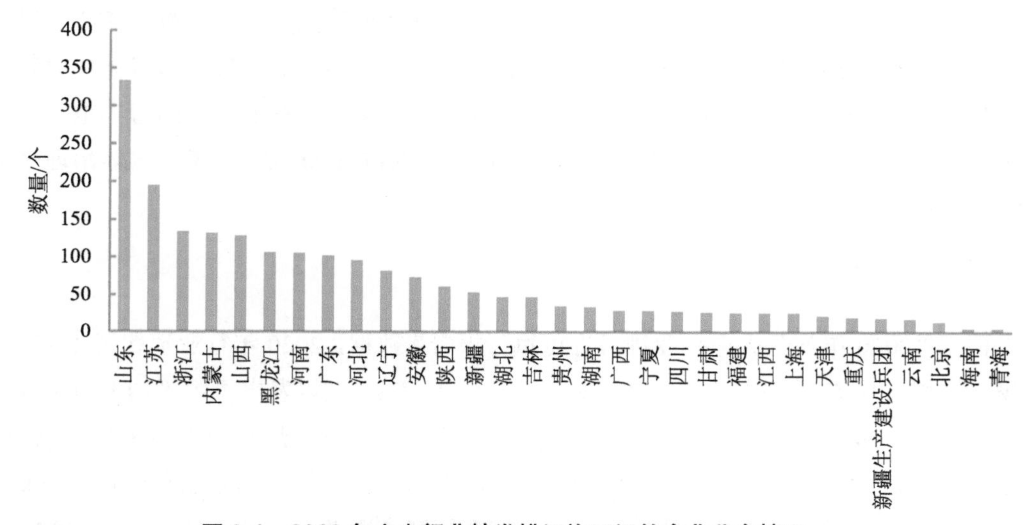

图 3-1　2020 年火电行业核发排污许可证的企业分布情况

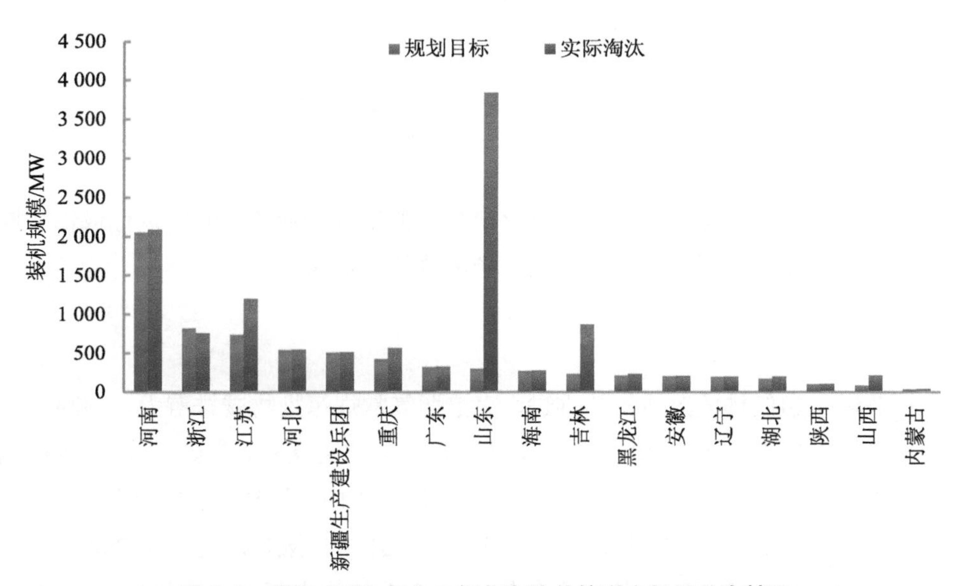

图 3-2　我国 2020 年火电行业淘汰关停煤电机组分布情况

三、产品产量

根据“2020 年部分火电企业排污许可执行报告”数据，行业发电设备平均利用 3 985 h，发电机组平均负荷率为 65.5%，其中，燃煤发电机组设备平均利用 4 104 h。据调研，部分燃煤电厂逐渐由单纯供电、供热向供冷、供压缩空气、供除盐水、协同处置废弃物等方向发展，转型为综合能源服务型企业。如广西华润贺州电厂 2×1 000 MW 机组实现了“电热水气”多能联供，掺烧了 5×10^4 t/a 的生物质、城市污泥、废药渣等固体废物，并拟“共享”部分生产设施“共建”生活垃圾焚烧电厂。又如广东汕尾华润海丰电厂百万机组采用“厂内深度脱水+掺烧焚烧”工艺，处置了深圳市 6 000 t/d 的黑臭水体治理产生的污泥，掺烧规模全球最大。

四、资源能源利用

根据“2020 年部分火电企业排污许可执行报告”数据，2020 年行业消费了 1.66×10^{10} t 原煤，燃煤平均硫分 0.9%，灰分 22.0%，挥发分 26.7%。燃煤发电机组平均发电标准煤耗为 289.90 g/(kW·h)，按照平均厂用电率 6%估算，平均供电标准煤耗约为 308.4 g/(kW·h)，低于《电力发展“十三五”规划》中“燃煤发电机组经改造平均供电煤耗低于 310 g/（kW·h）（标准煤）”的目标。在先进节能技术方面，广东阳江市阳西电厂的全球首台 1 240 MW 高效超超临界燃煤机组启动试运行，设计指标具有全球最高水平的能效水平［供电煤耗为 276.5 g/（kW·h），厂用电率为 3.98%］。

第二节　污染物排放

基于全国排污许可信息管理平台，对火电行业的部分企业 2020 年执行报告数据信息进行统计，分析了废气主要污染物与二氧化碳的排放控制情况。

一、废气污染物排放

火电行业煤电超低排放改造持续推进，深挖烟气常规污染物减排潜力。2020 年，全国新增超低排放煤电机组约为 9×10^8 kW，累计装机容量达到 9.5×10^9 kW，占全国煤电总装机容量的 88%。截至 2020 年年底，全国火电行业共有 4 197 个大气污染物主要排放口，山东、江苏、内蒙古、浙江、广东和山西 6 个省（区）排放口数量均超过了 200 个，合计占比约为 48%。根据排污许可管理信息平台数据，2020 年火电行业共排放烟尘 4.10×10^4 t、二氧化硫 4.89×10^5 t 和氮氧化物 7.33×10^5 t，分别占许可排放量的 17.0%、25.2%和 36.4%。

烟尘、二氧化硫和氮氧化物的平均排放绩效分别为 0.012 g/（kW·h）、0.140 g/（kW·h）和 0.210 g/（kW·h）。从地区来看，4 个地区二氧化硫排放绩效高于全国平均绩效，6 个地区氮氧化物排放绩效高于全国平均绩效，15 个地区烟尘排放绩效高于全国平均绩效，黑龙江、四川、贵州、云南、青海、辽宁等地火电企业污染物治理有待进一步强化。

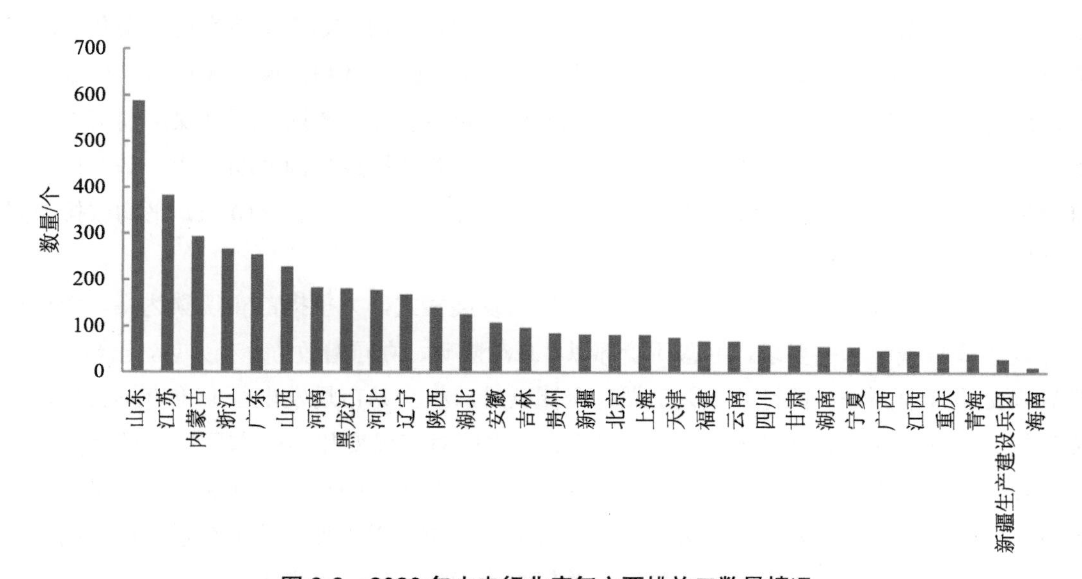

图 3-3　2020 年火电行业废气主要排放口数量情况

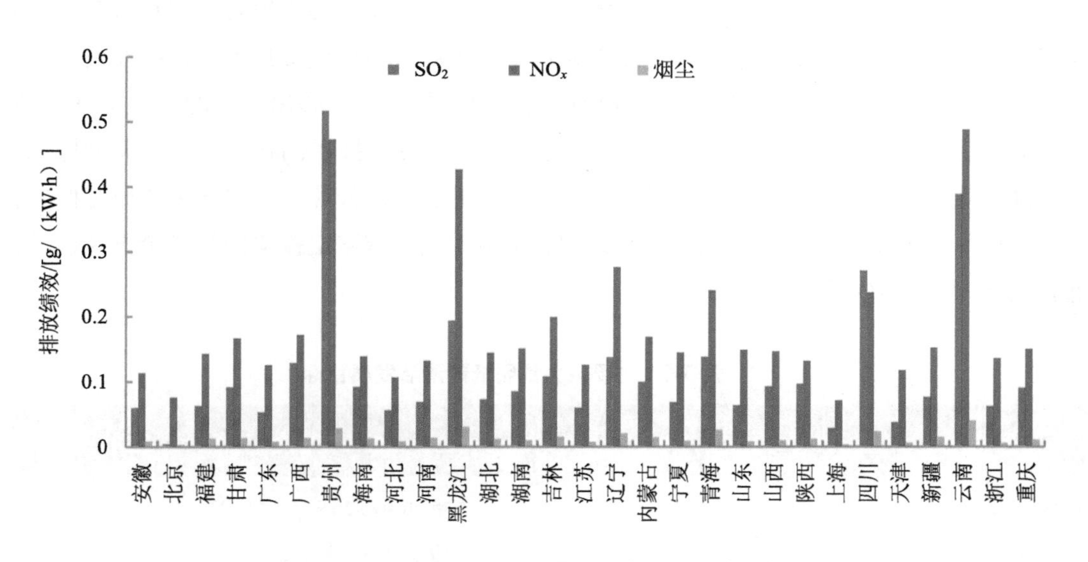

图 3-4　2020 年火电行业废气污染物排放绩效情况

二、二氧化碳排放

燃煤电厂是火电行业的主要发电类型，也是我国二氧化碳排放大户，“30 • 60”双碳发展目标约束下行业减排压力巨大。2020 年 9 月联合国大会上，习近平总书记向世界提出了我国“二氧化碳排放力争于 2030 年前达到峰值，努力争取 2060 年前实现碳中和”的战略目标，拉开了能源低碳绿色转型的世纪大幕。我国资源禀赋和快速工业化需求形成了目前以煤为主的能源消费格局和以煤电为基础的电力供应体系，燃煤电厂是煤炭消费大户和碳排放主要来源，其中燃煤燃烧产生的二氧化碳占企业碳排放量的 99%以上。基于排污许可管理信息平台数据估算，2020 年燃煤电厂排放二氧化碳约为 3.29×10^{10} t，平均碳排放量强度约为 940.1 g/（kW·h）。

国家制定了以“四个量”为核心的行业低碳发展模式，力争提前实现碳达峰。为积极应对碳达峰与碳中和的要求，生态环境部以“减污降碳、协同增效”为着力点，出台了《碳排放权交易管理办法（试行）》《关于做好全国碳排放权交易市场发电行业重点排放单位名单和相关材料报送工作的通知》《关于统筹和加强应对气候变化与生态环境保护相关工作的指导意见》等关于碳排放权交易与市场建设、气候变化影响纳入环评和排污许可管理的政策文件，并联合国家发展改革委、国家能源局等确定了以“抓监管去存量、调结构控增量”为核心的火电行业发展方向，拟大力关停淘汰能耗与环保水平不达标且治理改造无望的落后煤电机组，严控新增煤电规模，腾出容量发展新能源；各大电力集团积极响应，制定了以“挖潜力提质量、多手段降排量”为目标的火电行业低碳减排策略，拟通过技术升级深挖现有火电厂节能降碳潜力，加快煤电运行灵活性改造，腾出新能源电量消纳空间。并结合国家鼓励政策，加快碳捕集、利用与封存（CCUS）技术创新示范，开展燃煤耦合生物质或废弃物发电工程实践，研发如微藻固碳、低温吸附催化、光电催化还原等低碳新技术。国家能源集团、大唐集团、华能集团、华电集团、国家电投集团等多个央企已经宣布提前 5～7 年实现碳达峰（表 3-1）。

表 3-1 主要电力集团低碳清洁发展目标

主要企业集团	2019 年清洁能源占比/%	2019 年电力总装机/10^4 kW	2020 年清洁能源占比/%	2025 年目标	2035 年目标
国家能源集团	24.90	24 644	—	可再生能源新增装机达到 7×10^7～8×10^7 kW	—
大唐集团	32.51	14 420	—	实现碳达峰，清洁能源占比 50%以上	—

主要企业集团	2019 年清洁能源占比/%	2019 年电力总装机/10^4 kW	2020 年清洁能源占比/%	2025 年目标	2035 年目标
华能集团	34.00	18 278	36.50	清洁能源占比 50%以上，发电装机约达 3×10^8 kW，新增新能源装机达 8×10^7 kW 以上	电力总装机突破 5×10^8 kW，清洁能源占比大于 75%
华电集团	40.40	15 300	43.40	力争新增新能源装机达 7.5×10^7 kW，非化石能源装机占比力争达到 50%，非煤装机（清洁能源）占比接近 60%，努力于 2025 年实现碳排放达峰	—
国家电投集团	50.50	15 100	56.09	2023 年实现碳达峰，到 2025 年实现电力总装机 2.2×10^8 kW，清洁能源占比 60%	电力总装机 2.7×10^8 kW，清洁能源占比 75%

第三节　污染防治措施

火电行业是大气污染物排放的重点管控领域，根据《火电厂大气污染物排放控制标准》（GB 13223—2011）的规定，需要控制的废气污染因子主要包括二氧化硫、氮氧化物、烟尘、汞及其化合物和林格曼黑度。全国排污许可管理信息平台数据显示，2020 年所有燃煤电厂均安装了脱硫、脱硝与除尘措施，汞及其化合物主要以协同控制为主。其中，氮氧化物控制主要采用低氮燃烧+选择性催化还原（SCR）/非选择性催化还原（SNCR）技术，应用机组数量占比达到 92.8%；二氧化硫控制主要采用石灰石—石膏湿法脱硫技术，应用机组数量占比达到 70.6%；烟尘控制主要采用电袋、静电和布袋除尘技术，三种措施的应用机组数量占比分别为 25.6%、23.3%和 21.9%，另外，约有 24.7%的煤电机组在湿法脱硫后增设了湿式静电除尘器（表 3-2）。

表 3-2　煤电机组废气污染治理措施

污染物：颗粒物	
污染治理设施名称	燃煤机组应用数量
电袋复合除尘	1 372
静电除尘	1 251
布袋除尘	1 172
静电除尘+湿电	633

污染物：颗粒物	
电袋除尘+湿电	367
布袋除尘+湿电	325
其他	162
未明确措施	42
布袋除尘+其他	20
电袋除尘+其他	8
静电除尘+其他	4
污染物：二氧化硫	
污染治理设施名称	燃煤机组应用数量
石灰石—石膏湿法	3 716
其他	974
其他湿法	571
污染物：氮氧化物	
污染治理设施名称	燃煤机组应用数量
低氮燃烧+SCR	2 437
低氮燃烧+SNCR	1 718
低氮燃烧+SNCR+SCR	715
低氮燃烧	221
低氮燃烧+SNCR+其他氧化	77
低氮燃烧+其他氧化法（氨法、臭氧、碱法等）	63
低氮燃烧+SNCR+SCR+其他氧化	11
低氮燃烧+SNCR+PNCR	4
低氮燃烧+PNCR	3

第四节　环境管理

2020 年，中共中央办公厅、国务院办公厅印发了《关于构建现代环境治理体系的指导意见》，提出要建立健全环境治理的领导责任体系、企业责任体系、监管体系、法律法规政策体系等。党的十九届五中全会进一步要求“十四五”应深入打好污染防治攻坚战，继续开展污染防治行动，持续改善环境质量，形成全社会共同推进环境治理的良好格局。火电行业作为污染控制的重点领域，在“事前、事中、事后”全过程中环境管理工作持续发力，管理水平得到了进一步提升。

一、环评审批

1．火电建设项目环评审批权限及规划建设预警情况

2015 年 3 月 13 日，环境保护部发布《环境保护部审批环境影响评价文件的建设项目目录（2015 年本）》（环境保护部公告 2015 年 第 17 号），明确火电站、热电站等项目的环境影响评价文件由省级环境保护部门审批。本次梳理了全国 32 个省（区、市）环评审批权情况（含新疆生产建设兵团），目前，对于燃煤发电/热电联产项目，除上海和北京将环评审批权下放至区级，安徽将燃煤热电联产项目下放至设区市级以外，其余均由省（区、市）级生态环境主管部门审批；对于燃气发电/热电联产项目、分布式燃气发电项目、供热改造项目等，有 15 个省（区、市）由省级生态环境主管部门审批，17 个省（区、市）由区级或设区市级生态环境主管部门审批。此外，福建省还单独将“企业自备热电站项目”设定为由设区的市级生态环境主管部门审批（图 3-5）。

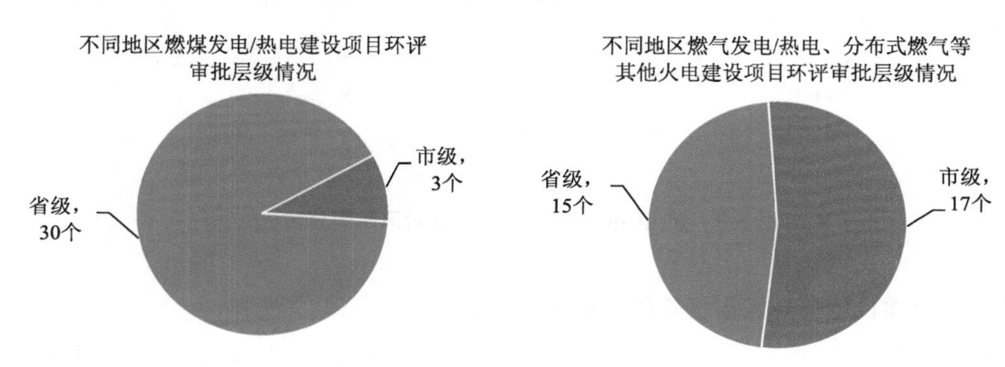

注：各地政策统计截至 2021 年 6 月。

图 3-5　我国火电行业建设项目环评审批权限情况

在下放环评审批权的同时，部分地区也开始尝试降低火电项目环评文件类别要求，如 2020 年深圳市《建设项目环境影响评价审批和备案管理名录》（2021 年版）提出“在现有厂区红线范围内的火力发电和热电联产改、扩建项目”，只需要编制环境影响报告表。

自 2016 年起，国家能源局建立了基于煤电建设经济性（建议性）、当地煤电装机充裕度（约束性）和资源约束情况（约束性）的煤电规划建设风险预警机制，并按红色、橙色、绿色 3 个等级对全国 38 个区域[①]未来 3 年煤电建设风险进行预警，在每年年初视情况调整预警等级，严控红色和橙色地区的煤电新增规模。经分析 2019—2023 年煤电规划建设风

① 部分省（区、市）作了进一步细分，如内蒙古自治区分为蒙东与蒙西地区，河北省分为冀北与冀南地区等。

险预警结果，变化主要集中在东部与西部地区，“红色、橙色”地区数量由 34 个降至 25 个（东部减少 4 个地区，西部减少 5 个地区），“绿色”地区数量由 3 个增至 12 个（东部增加 4 个地区，西部增加 5 个地区）。从经济性、装机充裕度、资源约束的情况来看，煤电项目规划建设的整体风险呈逐年降低的态势（图 3-6）。

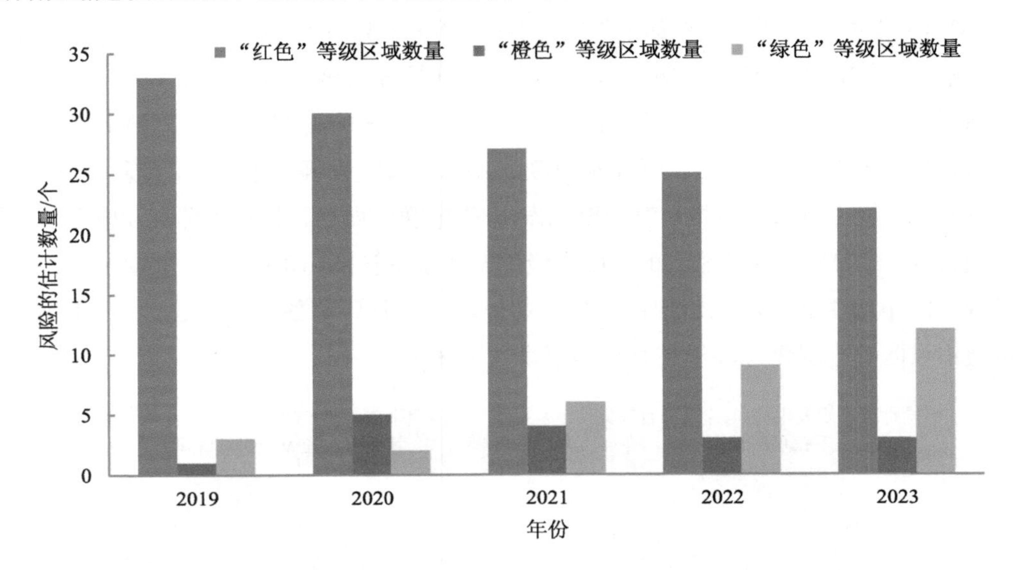

图 3-6 我国不同地区煤电规划建设风险预警情况

2．煤电建设项目环评审批规模、布局与投资

基于环境影响评价智慧监管平台，筛选“环评管理类别”的“31 电力、热力生产和供应业”中“087 火力发电（含热电）”数据，重点梳理了 2020 年生态环境主管部门审批的煤电建设项目环评文件信息。

2020 年，新增煤电项目出现较为明显的上升趋势，主要分布在山东、内蒙古等中东部地区（图 3-7）。全年共审批新建、改（扩）建煤电项目环评 63 个，同比增加 46.5%，山东、内蒙古和安徽项目数量最多，分别为 9 个、7 个和 6 个；总装机规模为 20 302.5 MW，同比增长 71.6%，增幅明显，陕西、甘肃和内蒙古装机规模最大，分别为 4 640 MW、4 072 MW 和 3 982 MW。行业环评审批的总投资达到 974.94 亿元，是 2019 年投资的 1.9 倍，也是自 2017 年以来的最高值，其中环保投资约为 124.98 亿元，占总投资的 12.8%。从地域分布上看，新增煤电项目主要分布在 19 个省（区、市），其中 15 个项目位于“红色、橙色”煤电规划建设预警地区，装机规模占比达到 78.3%（图 3-8）。

表 3-3　2017 年以来全国煤电建设项目环评审批情况

年份	项目总数/个	新建/个	改（扩）建/个	装机规模/MW	总投资/亿元	环保投资/亿元
2017	38	26	12	17 151	721.63	96.28
2018	48	30	18	8 623	440.31	58.39
2019	43	26	17	11 828	510.08	56.60
2020	63	41	22	20 302.5	974.94	124.98
总计	192	123	69	57 904.5	2 646.97	336.25

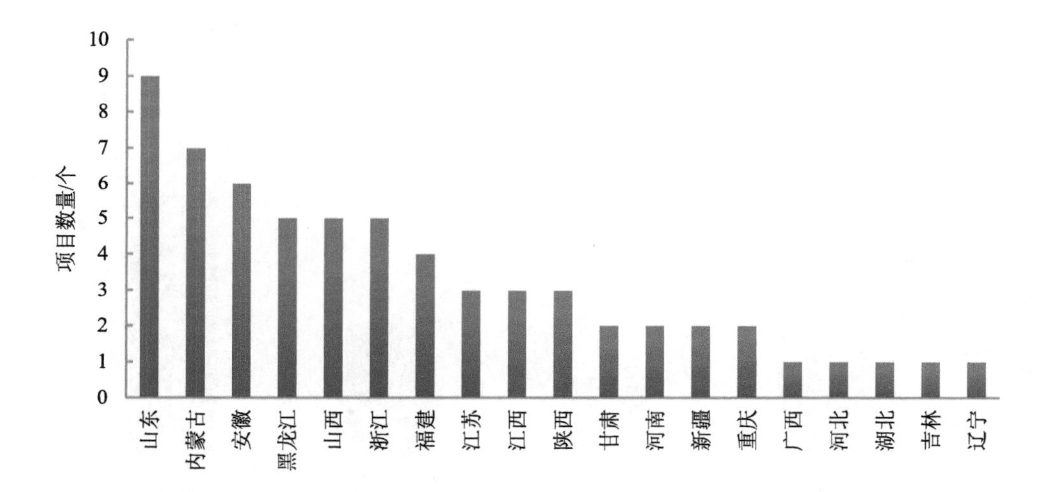

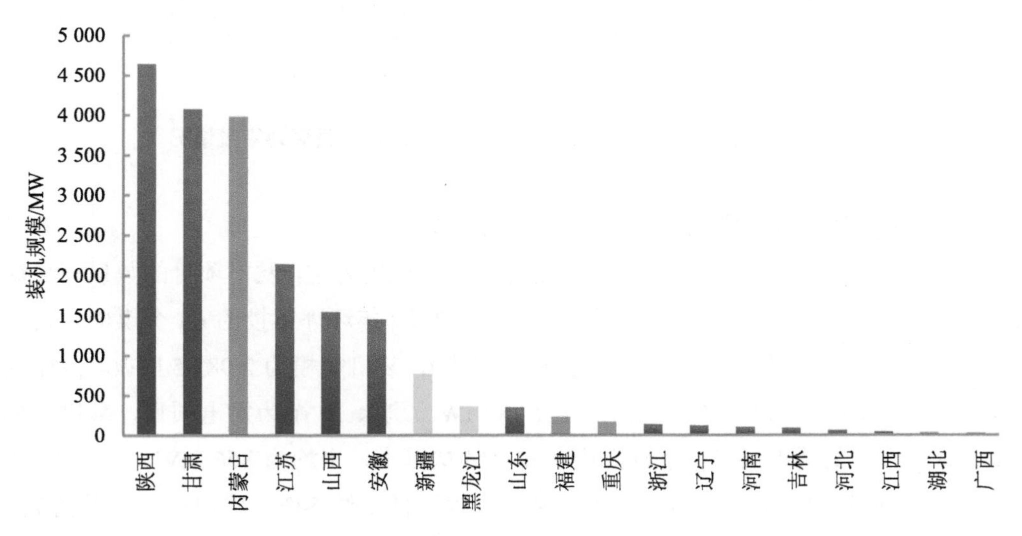

图 3-7　2020 年各地区审批煤电项目情况

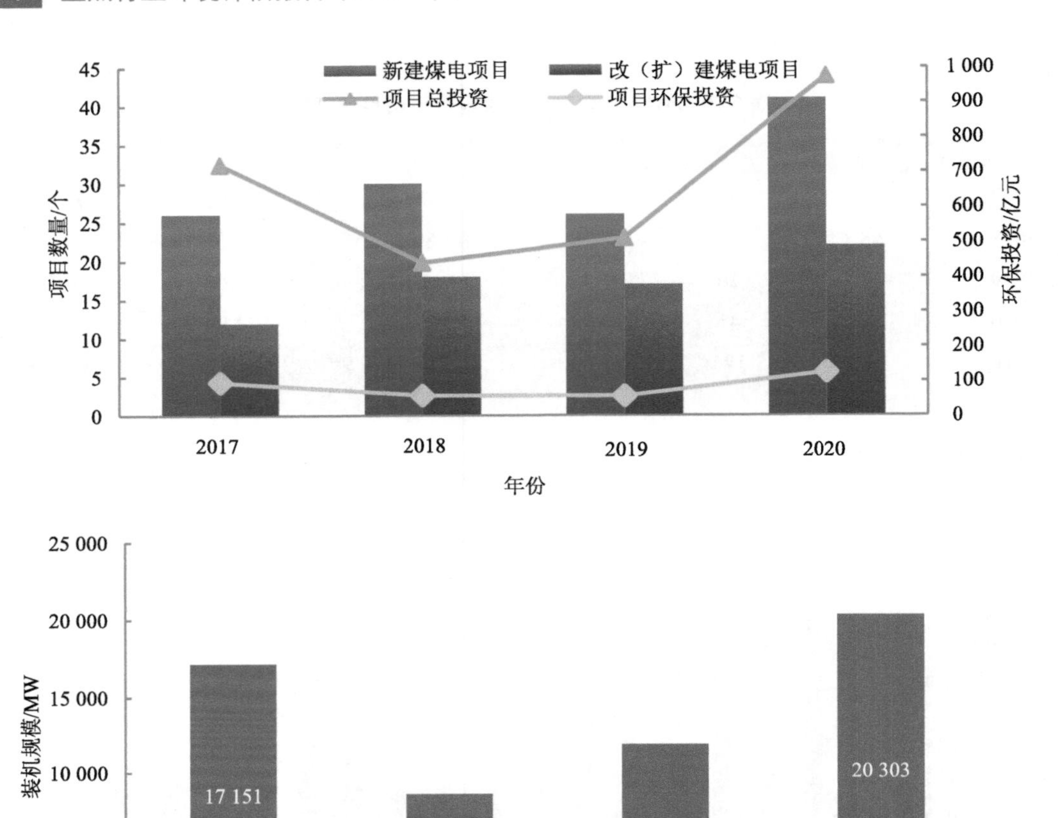

图 3-8 2017 年以来全国新建、改（扩）建煤电项目环评审批情况

3．煤电建设项目环评审批类型、结构及燃煤量

2020 年，新增煤电项目以 200 MW 以下热电联产机组为主，发电项目的数量与耗煤量增幅明显。受限制建设燃煤常规发电项目的影响，2020 年环评审批的 63 个煤电项目中有 53 个为热电联产机组（包括抽凝式、背压和抽背式），装机规模为 2 982.5 MW，占比约为 14.7%，单机规模在 5～200 MW，平均约为 28 MW。剩余 10 个为发电项目，装机规模为 17 320 MW，占比约为 85.3%，单机规模在 600 MW 以上，平均为 866 MW。与 2019 年相比，热电联产项目数量增加了 13 个，但总装机规模降低了约 54%，发电机组数量增加了 7 个，总装机规模增加了约 226%。从建设规模来看，江西、山东、黑龙江等审批项目较多的地区拟建的多为小燃煤热电机组，单个项目平均装机规模在 15 MW 以下，而甘肃、陕

西、江苏等审批项目数量较少的地区新建煤电项目平均装机规模超过 200 MW；从燃煤量来看，2020 年审批的 63 个煤电项目总耗煤为 7.02×10^7 t，是 2019 年审批煤电项目耗煤量的 2.4 倍，也是自 2017 年以来的最大值。其中发电项目与热电联产项目耗煤量占比分别为 60%和 40%（图 3-9）。

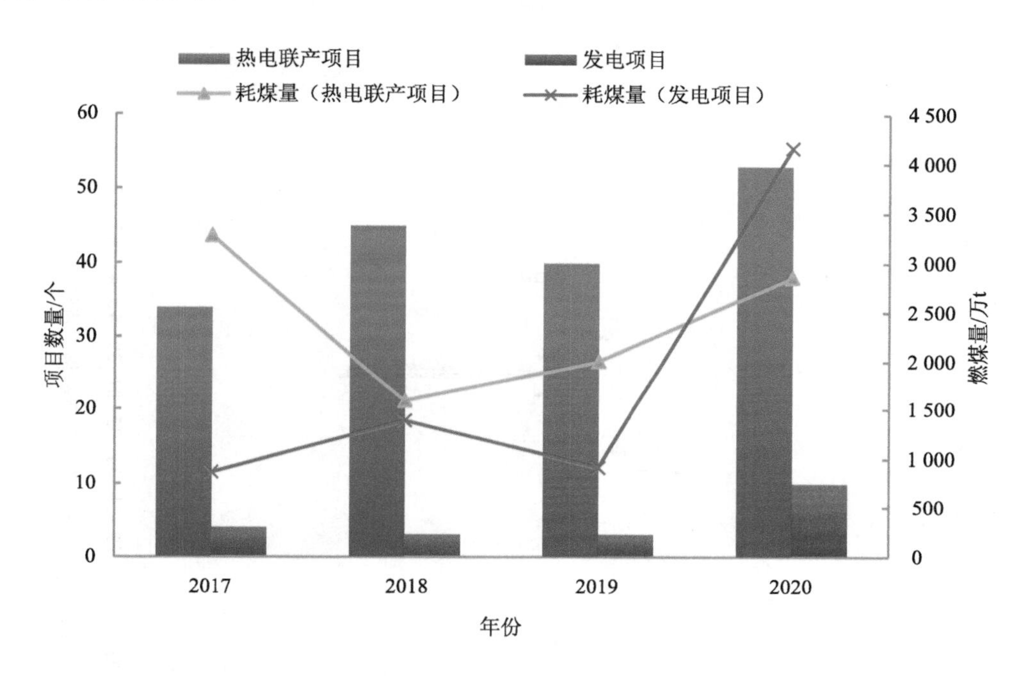

图 3-9　2017—2020 年全国审批煤电项目数量及燃煤量情况

4. 环评审批煤电项目的综合环境效益

审批的部分煤电项目通过“以新带老”和区域替代削减实现了“增产减污”，但新增耗煤量对“碳达峰”与“碳中和”带来了压力。2020 年审批的 63 个煤电项目共新增排放二氧化硫、氮氧化物和烟尘分别约为 2.62×10^4 t/a、3.15×10^4 t/a 和 6.3×10^3 t/a，同比有所增加。其中，23 个煤电项目通过采取“以新带老”和区域削减措施，实现了“增产减污”，剩余煤电项目建设后会增排大气污染物。据估算，审批的煤电项目将排放约 1.95×10^9 t 二氧化碳，在“碳达峰”与“碳中和”发展约束下，给火电行业后续运行与管理带来了严峻的减排压力（图 3-10）。

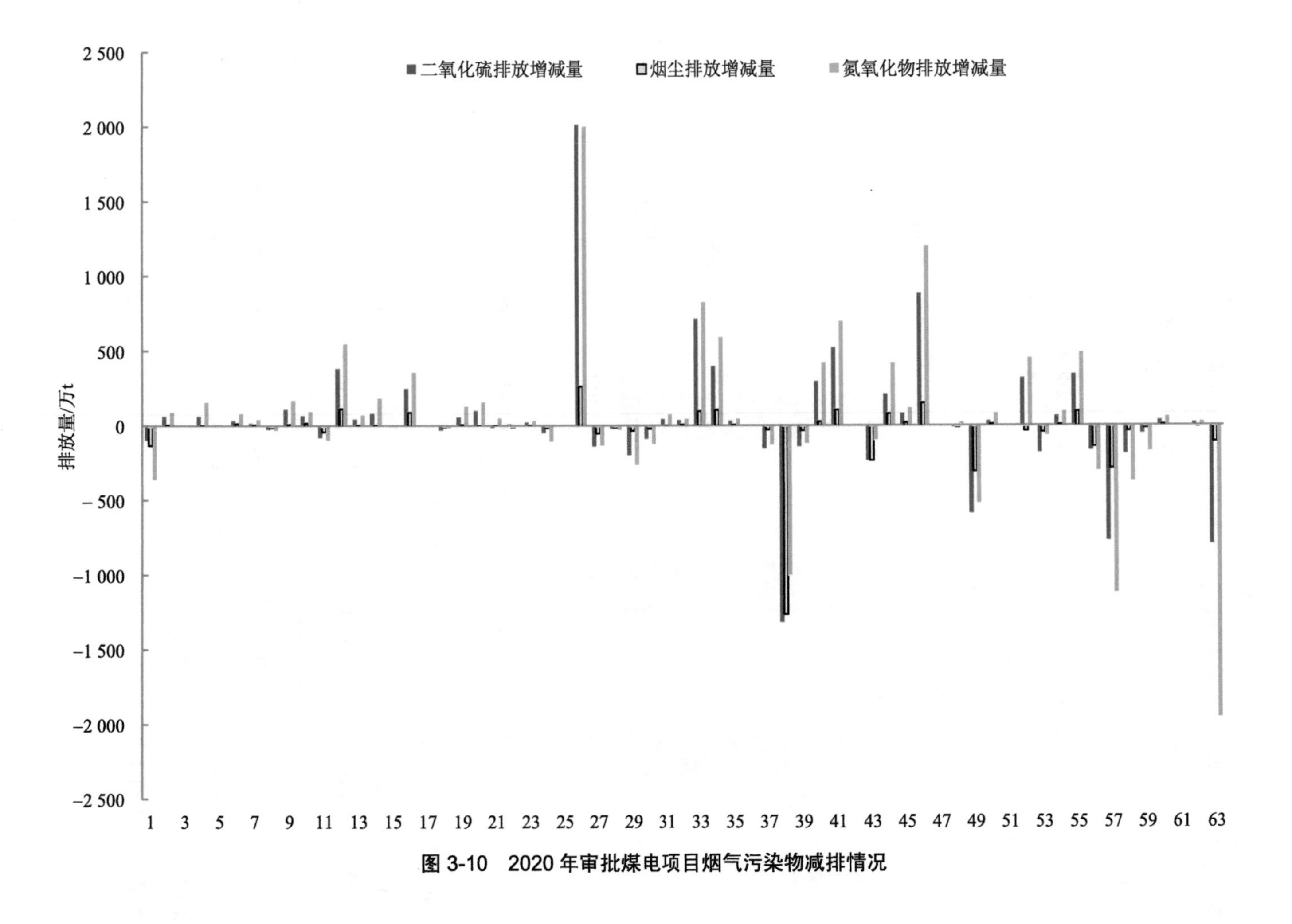

图 3-10　2020 年审批煤电项目烟气污染物减排情况

5．环评文件技术复核情况

2020年前三个季度共复核了11个火电项目环评文件，包括9个热电联产项目和2个发电项目，均为报告书，涉及甘肃、河南、黑龙江、江西、内蒙古、山东、山西、陕西和浙江9个省（区）。其中，有1个热电联产项目文件（遂平县中禾热力公司热电联产项目）存在《建设项目环境影响报告书（表）编制监督管理办法》（生态环境部令　第9号）中“第二十六条”的问题，主要为遗漏了影响评价因子烟气汞及其化合物，并引用了已经失效的环评技术导则《环境影响评价技术导则　大气环境》（HJ 2.2—2008），未按照新的HJ 2.2—2018开展不达标区的影响预测评价工作。

二、排污许可

1．火电企业排污许可发证核发情况

2020年全国共申请核发了110张火电行业排污许可证，与2019年基本一致，其中热电联产项目占比约为72.7%，新增项目主要分布在山东（14家）、广东（13家）、内蒙古（9家）和山西（9家），占比约为40.9%。全年撤销/注销了33张排污许可证，约为2019年的2.4倍，主要位于山东（8个）、江苏（6个）和广东（4个）。经核对，有79家火电企业排污许可证已经超出有效期限，占比约为3.8%。

表3-4　火电行业排污许可证申请与核发情况　　单位：张

年份	申请发证量	撤销/注销量
2017	1 718	0
2018	105	17
2019	111	14
2020	110	33

注：申请核发量根据平台行业统计—历史趋势；撤销/注销量根据平台注销/吊销库数据。

本书根据《关于做好2020年重点领域化解过剩产能工作的通知》（发改运行〔2020〕901号）等文件要求，以及各地区对外公开发布的火电行业淘汰落后产能目标任务的完成情况的公告，抽查了河北、黑龙江等省（市）10家火电企业排污许可证撤销/注销情况。截至2021年6月底，仅2家火电企业完成了排污许可证内容的变更。进一步查阅发现，部分企业机组已经关停，但未及时变更或注销排污许可证的相关信息，不符合《排污许可管理条例》（国务院令　第736号）提出的“排污许可证填报的信息发生变动的，应当自发生变动之日起20日内进行变更填报”要求（表3-5）。

表 3-5　2020 年火电行业部分关停淘汰机组排污许可证变更情况

序号	项目名称	机组、规模	位置	排污许可证状态
1	石家庄市藁城区天意热电有限公司	2 号、3 号、4 号机组，共计 30 MW	河北省石家庄市	有效期截至 2020 年 6 月 19 日，未注销相应信息，也未延期许可证
2	大唐国际发电有限公司陡河发电厂	3 号机组，250 MW	河北省唐山市	2021 年 4 月 28 日变更
3	烟台西部热电有限公司（西部厂区）	2 号机组，15 MW	山东省烟台市	2021 年 6 月 2 日变更
4	重庆松藻电力有限公司	300 MW	重庆市	有效期截至 2025 年 6 月 27 日，未注销相应信息
5	重庆松溉发电有限公司	270 MW	重庆市	有效期截至 2025 年 2 月 21 日，未注销相应信息
6	伊春市南岔热电厂	6 号机组，6 MW	黑龙江省伊春市	有效期截至 2024 年 12 月 27 日，未注销相应信息
7	华能国际电力江苏能源开发有限公司南通电厂	1 号、2 号机组，2×352 MW	江苏省南通市	有效期截至 2025 年 6 月 4 日，未注销相应信息
8	江苏扬农化工集团有限公司	1 号、2 号、3 号、4 号、5 号机组，累计 30 MW	江苏省扬州市	有效期截至 2020 年 12 月 21 日，未注销相应信息，也未延期许可证
9	郑州泰祥热电股份有限公司	2 台机组，2×135 MW	河南省郑州市	有效期截至 2020 年 5 月 30 日，未注销相应信息，也未延期许可证
10	南阳普光电力有限公司	2 台机组，2×125 MW	河南省南阳市	有效期截至 2020 年 5 月 30 日，未注销相应信息，也未延期许可证

2.火电企业排污许可证执行情况

《火电行业排污许可证申请与核发技术规范》（环水体〔2016〕189 号）要求火电企业每月或每季度向生态环境主管部门上报排污许可执行报告，在次年 1 月 15 日前提交上一年度排污许可执行报告以及环保管理台账。截至 2021 年 6 月底，火电行业完成月度、季度执行报告的企业数量占比分别约为 48.06%、70.55%，同比分别增加了 11.6%、16.7%，完成上一年年报的企业数量占比约为 54.84%，同比提升了 10%。其中，按照技术规范的时限要求提交上一年度排污许可执行报告的企业数量占比约 36.64%，同比增加了 11.5%（表 3-6、图 3-11）。

表 3-6　火电行业排污许可执行报告及环境管理台账上报情况　　单位：%

年份	月报	季报	年报	年报（按时限）
2017	24.94	32.32	7.69	—
2018	44.62	61.97	45.60	22.17
2019	43.08	60.45	49.86	32.86
2020	48.06	70.55	54.84	36.64

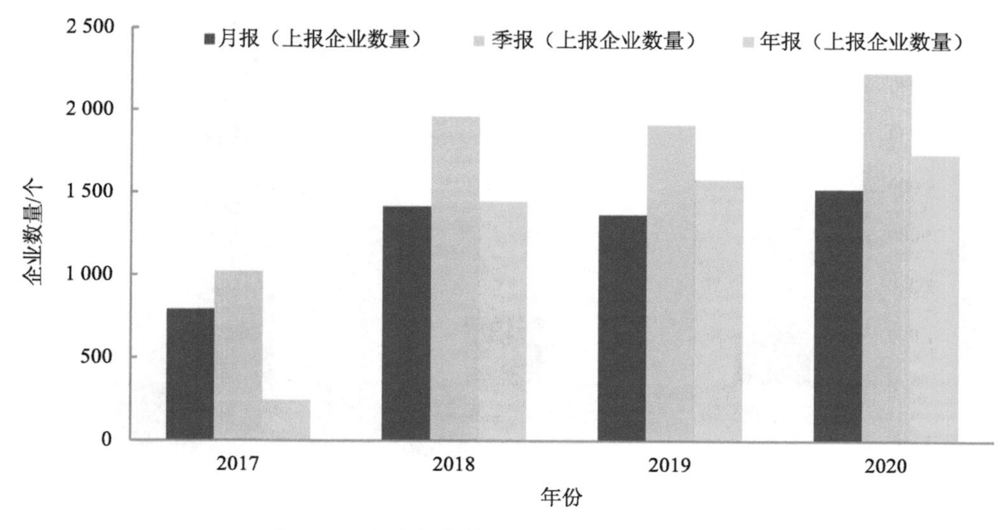

图 3-11　火电行业排污许可执行报告提交情况

三、环境监管与执法

建设项目事中事后监管是环境管理的核心，也是推动环境质量持续改善的重要手段。近几年，行业环境监管与执法工作持续保持高压态势，企业守法水平得到提升。本书基于全国建设项目竣工环境保护验收信息平台、全国排污许可证信息管理平台、生态环境部污染源监控平台及生态环境主管部门执法信息，对 2020 年火电行业环境守法情况进行分析。

1. 火电行业竣工环境保护验收情况分析

2017 年 7 月 16 日，《国务院关于修改〈建设项目环境保护管理条例〉的决定》（国务院令　第 682 号）提出了“编制环境影响报告书、环境影响报告表的建设项目竣工后，建设单位应当按照国务院环境保护行政主管部门规定的标准和程序，对配套建设的环境保护设施进行验收，编制验收报告”，自此火电企业自行开展竣工环境保护验收工作。对全国建设项目竣工环境保护验收信息平台中“火力发电”项目进行分析，2020 年完成竣工环境保护自主验收的火电建设项目共有 29 个，主要分布在黑龙江、广东、湖北和山东，数量占比约为 44.8%。其中报告书 16 个，报告表 13 个，项目类型包括燃煤发电/热电联产，天然气发电、煤气或瓦斯发电等，实际总投资约为 609.22 亿元，实际环保投资 63.38 亿元，占比约为 10.4%。上述项目每年排放 1 078.6 t 烟尘、4 311.0 t 二氧化硫和 6 495.4 t 氮氧化物，通过“以新带老”和区域削减措施共削减了 293.5 t 烟尘、1 744.2 t 二氧化硫和 1 483.7 t 氮氧化物，综合来看，上述项目向大气环境排放了 785.1 t 颗粒物（烟尘）、2 566.8 t 二氧化硫和 5 011.7 t 氮氧化物（图 3-12）。

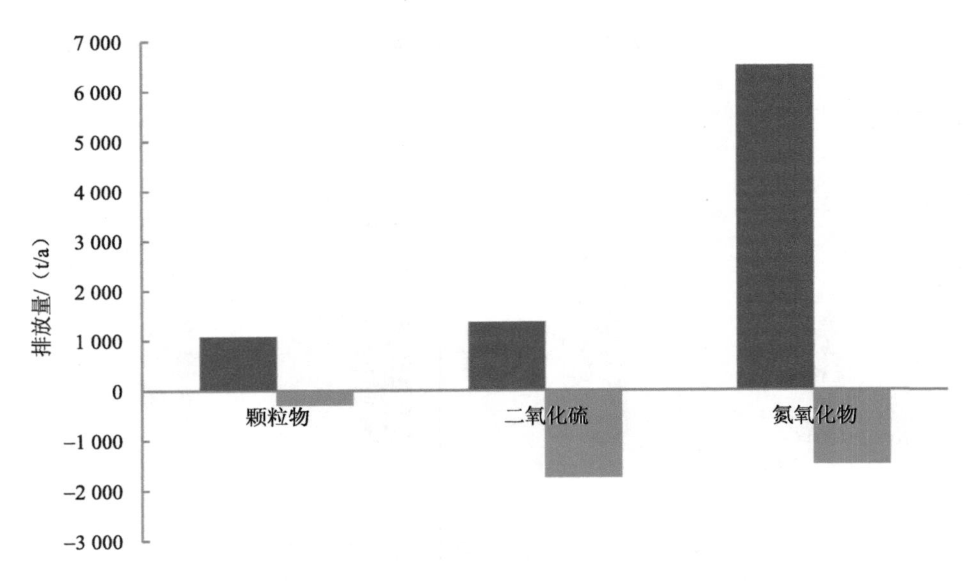

图 3-12 2020 年竣工环境保护验收火电建设项目大气污染物排放情况

2. 火电企业排污许可证检查情况

地方生态环境主管部门抽查了 216 家火电企业，发现 23 家企业存在环境违法情况，占比约为 10.6%。主要违法行为集中在未落实污染物排放自行监测要求，共有 20 家企业，另外还有 3 家企业无证排污、3 家企业超许可排放浓度限值；2020 年共对 7 家火电企业下达了排污许可证整改通知书，涉及 9 项问题，主要为未安装/使用在线监测设备并联网（4 项）（图 3-13）。

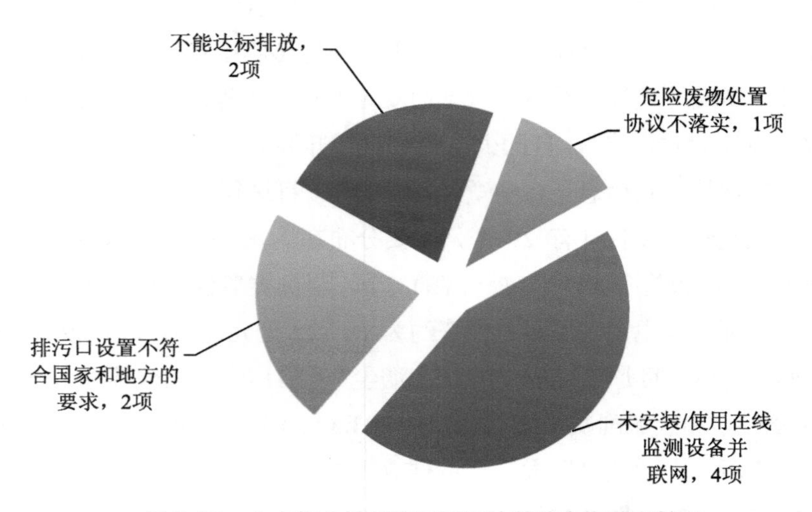

图 3-13 火电行业排污许可证下达整改存在问题情况

3. 火电行业烟气污染物在线监测数据管理及达标排放

2020 年火电行业废气烟尘、二氧化硫和氮氧化物在线监测数据有效传输率分别为 99.13%、99.15%和 99.06%，保持较高水平，连续 3 年满足《关于加快重点行业重点地区的重点排污单位自动监控工作的通知》（环办环监〔2017〕61 号）提出的“重点排污单位污染源自动监控数据有效传输率应保持在 90%以上”要求。按照《火电行业排污许可申请与核发技术规范》提出的以 1 h 均值作为考核时段以及豁免考核要求（停机、启停炉等部分时段不参与达标判定），行业总排口烟气烟尘、二氧化硫、氮氧化物小时平均浓度达标率大于 95%，3 种污染物的小时排放浓度均值分别约为 5.70 mg/m^3、34.7 mg/m^3 和 47.9 mg/m^3，优于 2019 年排放水平（图 3-14）。

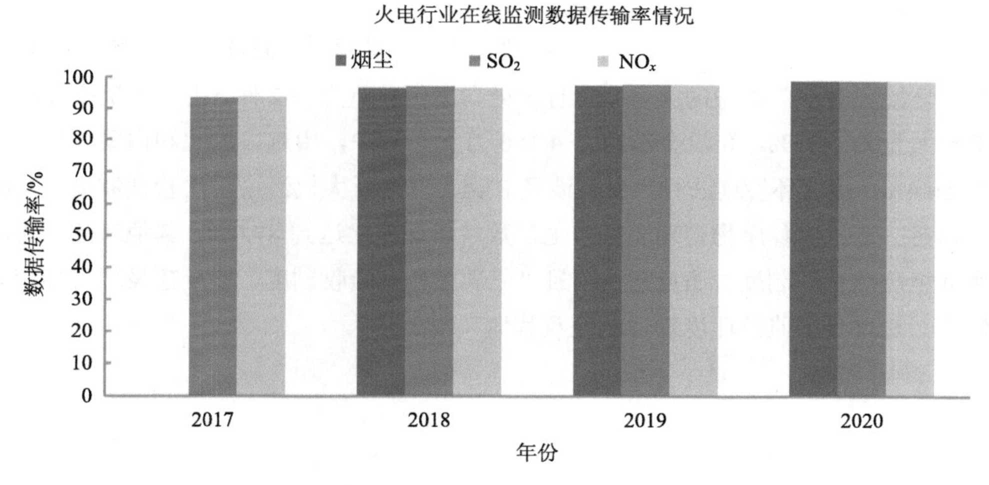

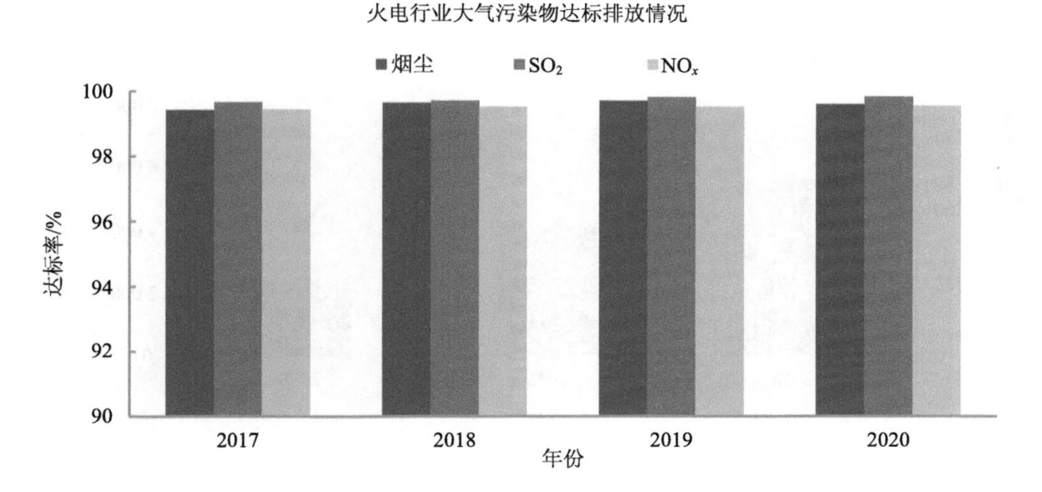

图 3-14　火电行业在线监测数据传输与达标排放情况

4. 火电行业环境违法行为及行政处罚

“十三五”以来，国家加强了对环境违法行为的惩罚力度。《中华人民共和国环境保护法》提出“按日计罚”，赋予环境保护工作强有力的法律保障。2016 年 1 月正式启动了中央环境保护督察，推动各级党委和政府层层压实环保责任、形成“自上而下”和“自下而上”的环保合力。2016 年 7 月，修订的《中华人民共和国环境影响评价法》提高了未批先建的违法成本，大幅提高了惩罚的限额。2019 年中共中央办公厅、国务院办公厅印发《中央生态环境保护督察工作规定》，明确了实行中央和省级两级生态环境保护督察体制，中央成立督察工作领导小组；督察类型包括例行督察、专项督察和“回头看”。火电行业作为污染管控相对集中，排放控制措施相对成熟的工业行业，在政策的引导下，企业环境守法意识得到增强，环境治理水平逐步提升。

据统计，自 2018 年以来，火电行业行政处罚案件数量呈现逐年下降趋势。2020 年，各级生态环境主管部门处理的火电企业行政处罚案例数量为 262 件，占全国所有环境行政处罚案件数量的 0.33%，罚没金额约为 4 156 万元。其中，山东、河北和内蒙古的数量占比达到 66.4%。行业环境违法行为主要涉及 8 类，以违反大气污染防治管理制度、超标或超总量排污、违反固体废物管理制度为主，数量累计占比达到 87.0%。其他违法行为涉及违反水环境防治管理制度、违反建设项目“三同时”及验收制度、违反建设项目环境影响评价制度、违反自动监控环境管理制度及其他（图 3-15）。

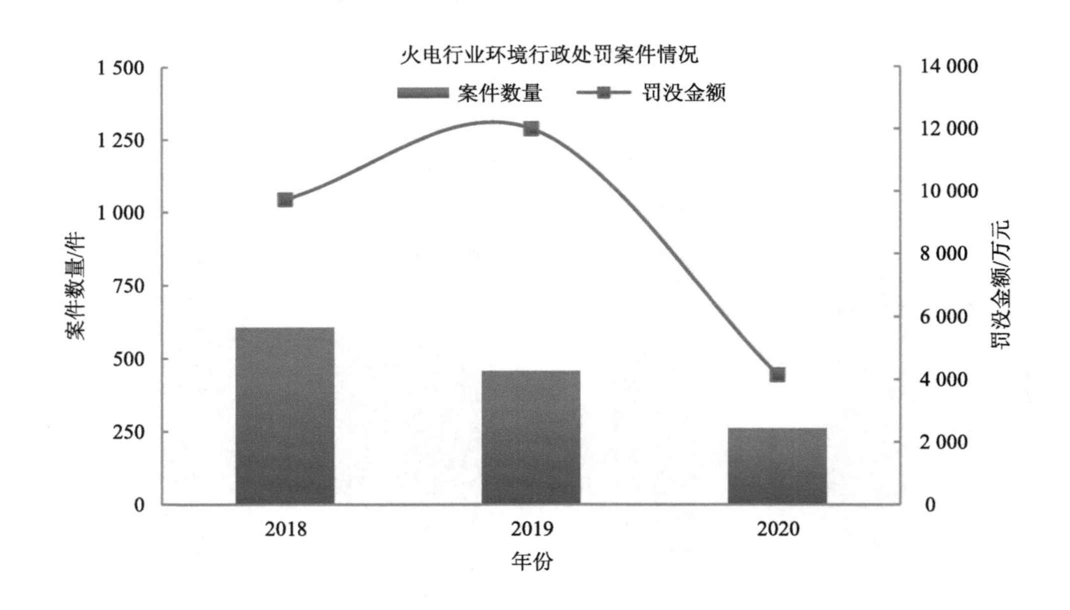

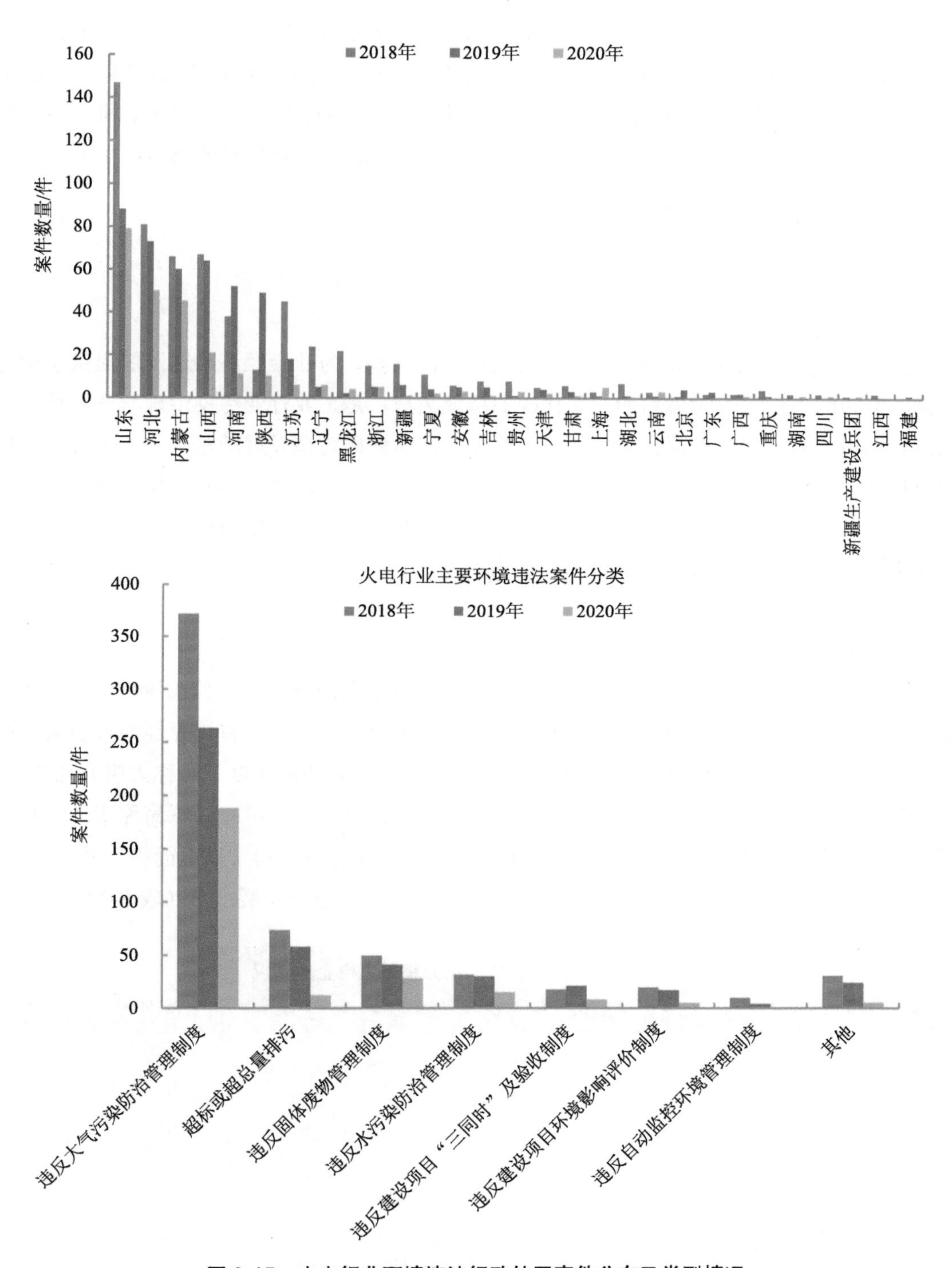

图 3-15　火电行业环境违法行政处罚案件分布及类型情况

2021 年 3 月，生态环境部办公厅发布了《关于“十三五”以来生态环境部审批部分重点建设项目环境保护“三同时”和竣工自主验收工作检查发现问题的通报》（环办执法函〔2021〕136 号），存在问题的 25 个项目中有 1 个涉及火电行业，为山西潞安矿业（集团）有限责任公司高硫煤清洁利用油化电热一体化示范项目，其配套建设的热电锅炉烟气处理设施发生变动但未履行相关手续。

第五节　火电行业绿色发展水平评价

火电行业作为我国能源资源禀赋下的重要能源支撑，为社会经济高速发展提供了动力支撑，但同时也是大气污染物和二氧化碳的排放大户，是工业行业污染治理与环境管理的重点。面对“30・60”双碳目标，行业需要加快清洁低碳转型发展的进程。本报告结合行业建设、生产运行及环境管理特点，筛选关键技术参数构建环境指标与评价体系，基于全国排污许可管理信息平台数据，对评价指标体系进行了试用，以期为推动火电行业协同减污降碳、制定相关环境管理政策与策略提供参考。

一、评估范围

本报告建立火电行业绿色发展评价指标体系，基于全国排污许可信息管理平台中“火力发电（4411）”及“热电联产（4412）”的部分火电企业数据，核算国家能源投资集团有限责任公司（以下简称国家能源集团）、中国大唐集团有限公司（以下简称大唐）、国家电力投资集团有限公司（以下简称国电投）、中国华能集团有限公司（以下简称华能）和中国华电集团有限公司（以下简称华电）、浙江省能源集团有限公司（以下简称浙能）、北京能源集团有限责任公司（以下简称京能）共计 7 家企业的绿色发展水平（表 3-7）。

表 3-7　参与评估的电力集团火电企业情况

电力集团名称	火电企业数量/家	火电机组数量/台
华电	112	219
大唐	104	209
国家能源集团	103	191
华能	60	184
国电投	24	35
浙能	24	70
京能	15	19

二、火电行业绿色发展指标体系

结合国内外火电行业的相关研究成果，以及火电行业建设运行、污染治理特点与环境管理要求，重点参考了典型火电企业污染治理工作，确定了指标体系既要包括企业装机规模，也要考虑相关设施运行与各类污染控制技术水平，尤其是在“30·60”双碳发展目标下，协同减污降碳是行业发展面临的重点工作，碳排放指标必须纳入指标体系。此外，在“放管服”改革背景下，构建以排污许可制为核心的固定源环境管理监管体制体系，需要企业提升内部环境管理水平，持证排污，按证排污，自证守法。因此，“事前、事中、事后”全过程环境管理也是绿色发展水平评价的重要组成部分，考虑到全国火电企业相关数据的获取性，构建了包括4项一级指标、18项二级指标的行业绿色发展评价指标体系。其中一级指标包括技术装备与工艺、污染控制与排放、节能降碳和环境管理（表3-8）。

表3-8 火电行业绿色评价指标体系

一级指标	一级指标权重	二级指标	二级指标权重
技术装备与工艺	21	单机规模/MW	6
		脱硝设施安装比例/%	5
		除尘设施安装比例/%	5
		脱硫设施安装比例/%	5
污染控制与排放	39	SO_2平均排放浓度/（mg/m^3）	4
		NO_x平均排放浓度/（mg/m^3）	4
		颗粒物平均排放浓度/（mg/m^3）	4
		SO_2小时浓度达标率/%	5
		NO_x小时浓度达标率/%	5
		颗粒物小时浓度达标率/%	5
		SO_2平均排放绩效/［g/（kW·h）］	4
		NO_x平均排放绩效/［g/（kW·h）］	4
		颗粒物平均排放绩效/［g/（kW·h）］	4
节能降碳	25	发电标煤耗/［g/（kW·h）］	15
		CO_2排放强度/（t/万元）	10
环境管理	15	排污许可证执行报告上报情况	5
		突发环境事件发生情况	5
		环境违法处罚与投诉情况	5

火电行业绿色评价指标体系将企业绿色发展水平划分为先进水平、较好水平、一般水平三级。绿色发展等级对应的综合评价指标应符合评价规定（表 3-9）。

表 3-9 火电行业绿色发展综合评价指标

企业绿色发展水平	评价指标值（P）
先进水平	$P \geqslant 85$
较好水平	$75 \leqslant P < 85$
一般水平	$60 \leqslant P < 75$

三、评价结果

通过上述绿色评价指标体系及相关数据计算结果，全国火电行业绿色发展评价结果为 81.21，处于较好水平。浙能、华电、大唐、华能、国家能源集团、国电投和京能集团绿色发展评价指标得分别为 96.08、91.57、90.91、90.02、89.86、86.66 和 86.59，均超过了行业平均值，处于绿色发展先进水平。从分项指标上来看，国家能源集团、浙能和国电投的技术装备与工艺水平较高，大唐、华电和浙能的污染控制与排放水平较为突出，电力集团在环境管理方面较为平均，均落实了相关要求。在节能降碳方面，浙能、华电与华能集团相对做得较好，但总体上二氧化碳排放强度仍然处于较高的水平，面临较大的节能降碳压力（图 3-16）。

火电行业绿色评价指标体系属首次开展研究，在指标体系构建、权重与基准值分配、数据完整性和准确性方面尚有不足之处，建议在后续研究工作中逐步完善。

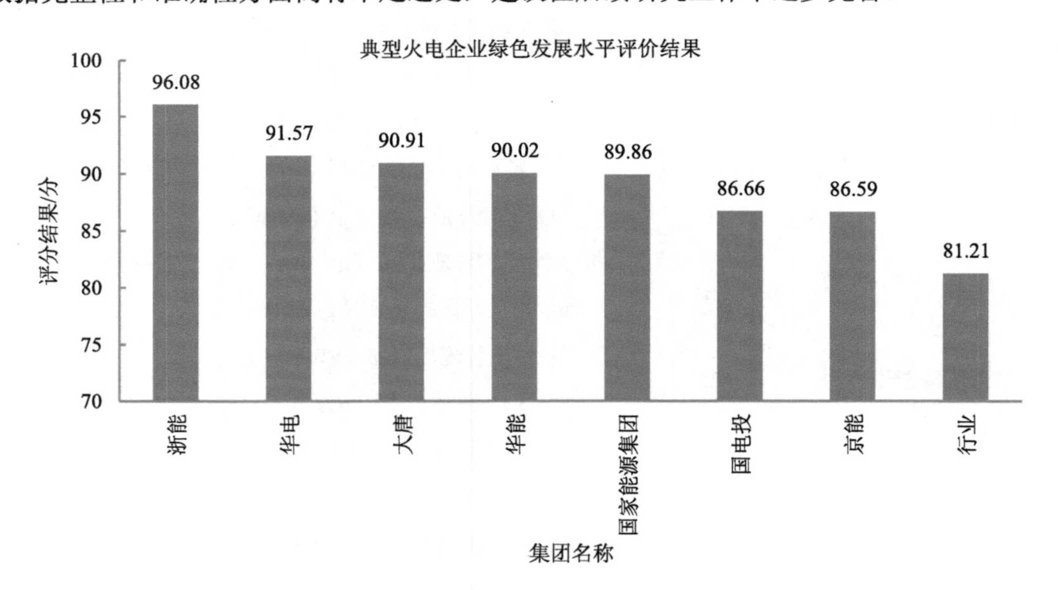

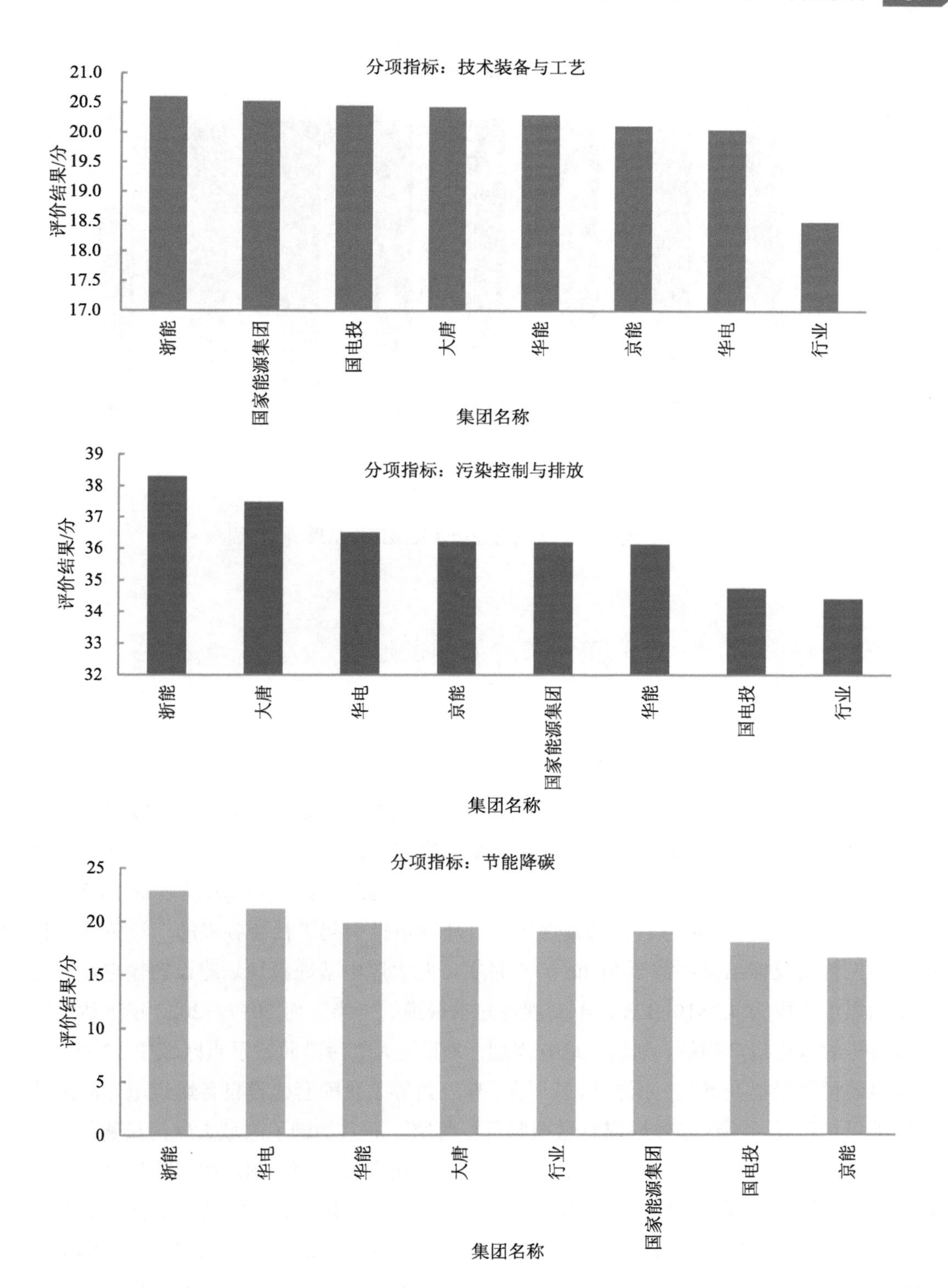
分项指标：技术装备与工艺
21.0
20.5
20.0
19.5
19.0
18.5
18.0
17.5
17.0
评价结果/分
浙能
国家能源集团
国电投
大唐
华能
京能
华电
行业
集团名称
分项指标：污染控制与排放
39
38
37
36
35
34
33
32
评价结果/分
浙能
大唐
华电
京能
国家能源集团
华能
国电投
行业
集团名称
分项指标：节能降碳
25
20
15
10
5
0
评价结果/分
浙能
华电
华能
大唐
行业
国家能源集团
国电投
京能
集团名称

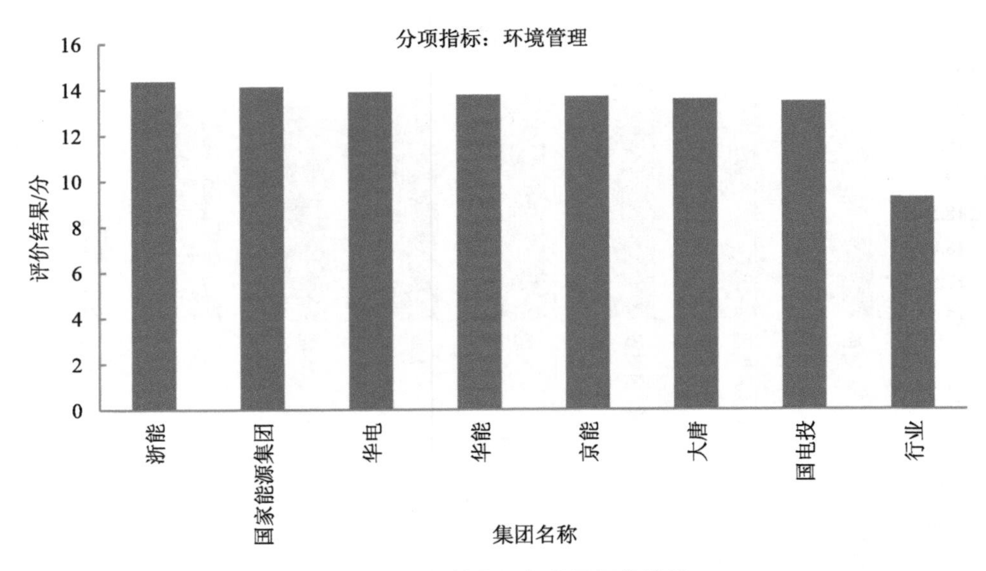

图 3-16　火电行业绿色发展评价结果

第六节　问题及建议

一、问题

（1）火电行业协同减污降碳的长远目标与当前目标亟须统筹规划、科学实践

一是急需遏制煤电建设项目无序盲目发展的态势。“十三五”末期，火电建设项目环评审批的数量与规模增速明显，2020 年环评审批数量与总装机规模达到了峰值。在“30·60”双碳目标约束下，大规模煤电项目环评审批引起了社会各界的广泛关注。根据中央环保督察反馈结果，截至 2020 年 8 月底，九大煤电基地新规划建设的输电通道配套建设的煤电规模为 4.2×10^7 kW，不到规划建设规模的一半。而 2017—2020 年下达给部分东部省份的煤电投产指标，则远超地方规划，尤其是大气污染防治重点区域中 12 省（市）的煤电装机容量仍在增加。京津冀、长三角、珠三角等禁止配套建设自备燃煤电站的区域，实际上仍在建设，不仅导致燃煤总量控制目标落空，而且加剧了区域大气污染物排放。

二是应正确认识煤电行业发展对减少碳排放的阶段性作用，制定在保障社会经济正常运行情况下切实可行的发展目标。我国自 2014 年开始的煤电超低排放与节能升级改造使行业目前污染物控制与能效水平世界领先，贯彻执行重点区域污染物倍量替代、煤炭等量或减量替代等政策要求，合理地利用煤电可在一段时期内推动区域协同减污降碳。如宁夏银川市通过对现有的华电灵武燃煤电厂开展供热改造，实现了 50 万户、7×10^7 m^2 集中供热，替代 155 台分散燃煤小锅炉，综合计算每年可节省 7.57×10^7 t 煤炭，减排 CO_2 1.88×10^6 t、SO_2 6.4×10^3 t 和 NO_x 1.2×10^3 t，不仅改善了区域环境空气质量，也降低了区域碳排放总量。

三是需明确煤电行业践行“30 • 60”双碳目标时，最终目标是实现碳排放基本“清零”而非规模“清零”。煤电是我国社会经济发展的重要能量（电、热、冷）供应商，其建设运行关系到清洁取暖、电能替代等低碳发展战略的实施。目前，部分地区在制定“十四五”发展规划时未充分考虑电源结构，拟“一刀切”的禁止新增煤电项目，“无差别”的限期关停现有煤电机组。由于现阶段光伏、风电等新能源装机占比不足 25%，供电比例低于 10%，还需要相当大的增量才能完成对煤电的替代，且新能源发电具有不稳定性。从经济发展与供电安全角度分析，有必要保留适当规模的煤电以应急调峰备用。一味要求煤电装机尽快“清零”存在较大风险，可能导致大面积供电崩溃的“灰犀牛”事件，以及因极端天气引起重大电力断供的“黑天鹅”事件。

（2）火电行业大气污染物与二氧化碳协同管控有待协调统一，形成合力

一是火电行业的二氧化碳和污染物均源于燃料燃烧，减污降碳既可以协同开展，也存在“先天性”矛盾。火电行业二氧化碳与大气污染物主要来自煤炭、天然气等燃料的燃烧，二者排放具有同根同源的正相关性。但不同于二氧化碳，大气污染物可以通过末端设置的污染治理设施予以去除与控制，这使得从源头减少煤炭消费量时能够同步实现减污降碳，而末端治污则会由于治理设施运行增加耗能而增排二氧化碳，导致减污降碳的矛盾。以位于环境空气质量要求较高的某电厂 2 台 350 MW 燃煤机组为例，2019 年氮氧化物、二氧化硫和烟尘小时排放浓度全部低于 10 mg/m^3；相对于“超低排放”，治污使得企业供电煤耗增加了约 5 g/（kW·h）[达到 307.2 g/（kW·h）]，并增排了约 3.45×10^4 t 的二氧化碳（达到 3.21×10^6 t），超过了碳配额控制指标（3.18×10^6 t）。

二是现有碳配额核算与管理方法可能导致煤电企业二氧化碳与污染物排放监管的重复考核、无效考核。目前，我国对纳入碳市场的煤电企业采用碳配额管理，以机组供电量×供电基准值×修正系数分配排放指标，碳配额主要与企业燃煤量相关。煤电企业大气污染物许可排放量是基于排放标准分情形核算。由于不同地区执行不同的控制要求（如排放浓度限值、特别排放限值、超低排放限值等），相同燃煤量企业的污染物许可排放量有较大差异。目前碳配额与大气污染物许可排放量核算与管理方法尚未融合衔接，使得同样由燃煤产生的二氧化碳和污染物面临着不同步的限制要求。本书估算了 8 家煤电企业 26 台机组（320～1 000 MW）的排放数据，其中 4 家企业（12 台机组）在满足碳配额的情况下，燃煤量只能控制在 2.14×10^6～7.96×10^6 t/a，污染物达标排放时燃烧这些煤炭所排放的二氧化硫和氮氧化物分别为 760～2 827 t/a、1 086～4 038 t/a，仅占许可排放量的 19%～70%、

54%～67%，污染物许可排放量因过高而变得“形同虚设”；反之，计算另外 4 家企业（14 台机组）在满足污染物许可排放量的情况下，二氧化碳最大排放量只占碳配额的 50%～86%，碳配额此时又因为过高而“有名无实”。同时，由于碳配额管理的强制约束力不足，也难以按碳配额与许可排放量“二者取小”实施煤电企业的排放管理。

三是须高度重视燃煤电厂采用掺烧废弃物方式减排二氧化碳带来的新增环境污染问题。我国自 2010 年开始鼓励燃煤电厂耦合处置废弃物，现有超过 200 家煤电企业掺烧了生活污泥、生活垃圾等废弃物发电，在解决“固废围城”难题的同时，也通过减少燃煤量间接降低了 10%～30%的二氧化碳排放。但对于掺烧后新增的二噁英、重金属、氯化氢等烟气污染物，以及废弃物厂内堆存带来的氨、恶臭等无组织污染等问题，在环境准入、排污许可、污染治理、达标排放、自行监测和信息公开等方面一直缺少针对性管控要求。尤其是近年来化工废渣、医疗污泥、工业油泥等危险废物也掺烧至燃煤电厂中，极易导致具有生物累积毒性污染物的“稀释排放”和“污染转嫁”，触发潜在环境风险和舆情事件。

（3）火电行业“后超低时代”污染排放与控制指标体系有待进一步完善统一

一是现行火电行业大气污染物排放标准没有充分体现新时期环境治理的新要求，难以引导企业科学开展污染治理工作。通过对我国《火电厂大气污染物排放标准》（GB 13223—2011）与美国、欧盟等国家和地区火电厂大气污染物排放控制指标与排放要求对比可见，GB 13223—2011 主要聚焦于控制二氧化硫、氮氧化物、烟尘等常规污染物的排放，行业超低排放改造有效推动了烟气常规污染物二氧化硫、氮氧化物和烟尘的深度减排。但是，排放标准对烟尘只测试了可过滤颗粒物，缺少对可凝结颗粒物的管控，且缺少无组织排放的管控要求。汞及其化合物的排放限值过高，难以约束企业排污行为。对烟气中三氧化硫、氨等烟气非常规污染物更是缺乏重视，而此类物质是 $PM_{2.5}$ 的重要前驱物质，对灰霾形成的贡献大。目前北京市、杭州市、衡水市等地区提出了火电厂烟气三氧化硫的排放控制限值，但从国家层面来看，由于缺少对火电厂大气污染物控制指标体系的统筹、规范和引导，使得地方对火电厂污染治理工作差异性很大，如有的地方“一刀切”强制要求所有火电厂煤场全封闭，有的地方提出比超低排放更加严格的大气污染物排放要求，还有近 20 个地区以条例、标准和地方行政规章等形式要求控制外排烟气温度、湿度，以此治理燃煤电厂“有色烟羽”，减少烟气非常规污染物的排放。这些情况没有形成一个有效、统一的技术要求，以科学、全面引导火电企业科学开展大气污染物治理。

二是现行行业排放标准缺少对火电厂自动监控数据达标判定的监管执法要求，各地出台的技术要求松紧不一，难以对火电企业形成统一有效的约束。排污许可证制度实施后，自动监控数据在火电厂烟气污染物达标考核过程中将成为重要而常规的手段。但不同于美国、欧盟等国家和地区的排放标准，GB 13223—2011 达标评判方法只适用于手工监测（要求工况稳定、负荷不低于 75%），并未对自动监控数据达标判定给出相应管理要求。给火电企业守法与生态环境主管部门的监管、执法工作带来难题。此外，天津、河北、上海、江苏等省（区、市）制定出台了《火电厂/燃煤电厂大气污染物的排放标准》，但对火电企业废气污染物自动监测数据达标判定要求存在较为明显的差异，如《火电行业排污许可证申请与核发技术规范》《广东省大气污染防治条例》《浙江省大气污染防治条例》《江苏省重点排污单位自动监测数据执法应用办法（试行）》（苏环规〔2020〕2 号）等明确按 1 h 均值浓度考核，《上海市污染源自动监控设施运行监管和自动监测数据执法应用的规定》《安徽省污染源自动监控管理办法（试行）》则提出按照日均值考核，《江苏省固定式燃气轮机大气污染物排放标准》（DB 32/3967—2021）又提出月均值不超过限值，且日均值不超过限值的 110%，95%小时值不超过限值的 200%。同一个排放限值，月均值、日均值达标相较 1 h 均值达标对环境影响更大，这些对不同达标考核要求的出台，对项目环评工作内容、排污许可自行监测和环境监管产生很大影响，也会使得不同地区的火电企业环境守法成本存在不同。初步分析，若某火电厂烟尘排放限值 30 mg/m^3 由“小时浓度达标”调整为“日均浓度达标”，允许的小时排放浓度可从最高 30 mg/m^3 增至 50 mg/m^3（每天最多可持续 7 h），可能会进一步恶化环境空气质量。

二、建议

（1）深入研究基于环境效益最大化的火电行业低碳转型环境管理策略，倒逼关停不满足环保要求的落后产能

一是合理统筹经济发展、生态环境保护和电力供应安全，制定科学合理的煤电行业未来低碳发展路径。首先，应严格限制新增煤电规模，从源头控制煤电项目的空间布局，禁止新建自备燃煤电厂项目。进一步提高新建火电（含煤电和气电）建设项目的污染物和碳排放管控、能源利用效率等准入要求，单位产品物耗、能耗、水耗清洁生产水平应达到国际清洁生产先进水平。其次，“十四五”期间应首先深挖现有煤电企业改造供能（热、电、冷）潜力，在保障区域供电能力不下降的同时，通过替代分散落后燃煤锅炉和燃煤小热电机组实现阶段性减污降碳。对于转型为应急调峰备用类的煤电项目，应以控制燃煤量和减少烟气污染物许可排放量为抓手出台环境管控要求，约束实际排放行为，平稳有序地推动行业绿色转型。

二是探索构建基于协同减污降碳的煤电企业分级退出机制。应充分认识到在以新能源为主体的新型电力系统中适度保留火电装机作为应急调峰的必要性，深入研究行业减污降碳协同控制效果，同步设定二氧化碳与大气污染物排放控制目标，并基于煤电企业污染物排放控制水平、二氧化碳排放强度、环境管理等情况，开展分级评价管理研究，为煤电企

业的分区、分步、分类退出提供参考。优先保留污染物排放浓度低、能效水平高、环境治理水平高的煤电企业，避免“一刀切”无差别淘汰关停。

（2）统筹协调火电行业减污降碳排放管理要求，逐步推动二氧化碳减排纳入全过程环境管理决策体系

一是统筹煤电行业减污降碳管理目标。建议在深入分析目前多个大气污染物排放控制要求的技术经济合理性的基础上，科学设定煤电行业大气污染物排放标准限值；根据污染物排放限值倒推煤电企业的煤炭最大消费量，以此设定企业的碳配额指标，实现减污降碳“平衡”。确保煤电企业在完成治污的同时，可实现二氧化碳的协同减排。另外，由于在“超低排放”基础上继续压低大气污染物排放限值的减排效果有限，且会大幅增加能耗，不建议实施煤电“超超低”排放控制策略。

二是开展火电行业废弃物掺烧的技术跟踪评估，尽快出台环境准入、污染控制及风险管控政策要求。建议全面调研现有燃煤电厂掺烧废弃物项目建设运行情况，重点关注新增烟气污染物的排放情况，严肃查处违规和不符合环保要求的煤电项目。尽快从掺烧废弃物种类、排放控制指标及限值、排污许可证申请核发、监测监管、信息公开等方面提出具体管控要求，严格限制燃煤电厂掺烧危险废物，确保废弃物掺烧既“低碳”又“环保”。

三是建立大气污染物与温室气体协调监管机制。从统一减排规划、统筹减排措施、统建监测、统计和考核体系三个方面强化综合减排效果，积极引导应对大气污染和气候变化的国际合作。结合火电建设项目环评文件中碳评价试点工作，明确碳排放控制性指标，分析可能造成的影响，提出减少碳排放的技术与管理措施。探索将碳排放指标、碳核查、监测与报告工作纳入排污许可证管理，率先建立污染防治与应对气候变化的综合管理体系。

（3）构建适应发展新需求的火电行业污染治理控制指标体系

一是尽快完善火电行业废气污染物排放控制指标体系和管理要求。首先，美国 EPA 明确规定固定污染源向环境空气中排放的颗粒物总量应为可过滤颗粒物与可凝结颗粒物之和，其发布的 Method 5 和 Method 202 等也分别实现了对两者的准确测试。而我国现行排放标准和测试标准仅表征的是烟气中可过滤颗粒物，在固定污染源监管上还存有漏洞，应尽快完善火电行业外排烟气的颗粒物定义。其次，建议开展燃煤电厂烟气三氧化硫排放与控制现状研究，重点关注西南地区燃用高硫煤燃煤电厂和小机组的实际排放情况，提出基于区域差别化的环境管理要求的三氧化硫的排放控制限值与减排目标。最后，以火电厂煤场和灰场为重点研究对象开展现场调查，科学确定火电企业的无组织控制措施的有效性及烟尘排放水平。根据技术可行性和管控必要性研究结果，应适时启动 GB 13223—2011 的修订工作，完善火电行业大气污染物的控制指标体系。

二是完善火电行业自动监控数据用于环境监管与执法的相关办法。鉴于目前生态环境部正在试点基于小时排放浓度的火电行业自动监控数据标记和电子督办豁免规则，建议以1 h平均浓度达标作为行业大气污染物自动监测数据达标判定的管理要求，尽快以GB 13223—2011标准修改单的形式予以明确，避免出现“放松”管理，影响现有“蓝天保卫战”成果。

第四章　石化行业环境评估报告

第一节　石化行业发展现状

石油和化工一般指以石油和天然气为原料的化学工业：原油经过裂解（裂化）、重整和分离，形成乙烯、丙烯、丁烯、丁二烯、苯、甲苯、二甲苯、萘等基础原料，再从这些基础原料制得各种基本有机原料，如甲醇、甲醛、乙醇、乙醛、醋酸、异丙醇、丙酮、苯酚等，涉及行业范围广，产品类型多。综合考虑行业特点、数据来源等，本书评估范围为原油加工及石油制品制造（2511）、有机化学原料制造（2614）、初级形态塑料及合成树脂（2651）、合成橡胶（2652）、合成纤维单（聚合）体制造（2653）。

一、主要产品产能

“十三五”以来，在深化供给侧结构性改革、推动经济高质量发展的引领下，石化行业运行总体保持平稳，产业规模进一步增大，我国石化行业的大国地位更加巩固。

1．炼油行业产能产量稳步提升

随着地方大型民营炼化企业的投产，2020 年，我国原油一次加工能力达 8.9 亿 t，较 2015 年提高了 12.65%；约占全球总炼油能力的 17.44%，较 2015 年提高了 5.56%，炼油能力稳居世界第二，仅次于美国。“十三五”期间，我国原油加工量持续增加，2020 年加工量达 6.74 亿 t/a，较 2015 年增长 29.12%。受新冠肺炎疫情影响，2020 年我国也是全球唯一原油加工量增长的国家。

我国炼厂平均开工率持续回升，2020 年炼厂开工率为 76.1%，较 2015 年提高了 10%。2020 年因新冠肺炎疫情影响全球炼厂开工率创历史新低，而我国疫情较快控制并全面复工复产，高于全球炼厂开工率，但总体水平仍低于全球正常情况下的平均开工率（表 4-1）。

2．主要化学产品产量逐年增长

2020 年我国乙烯产能达 3 518 万 t/a，新增 451.5 万 t/a，较 2015 年提高了约 60%，约占全球乙烯总产能的 17.86%，比 2015 年提高了 4.02%，依然稳居世界第二，其中油基乙烯占比为 74.1%。受新冠肺炎疫情影响，2020 年上半年乙烯产量下降，但下半年提速生产，全年为 2 160 万 t/a，同比增长 5.2%。乙烯工业的快速发展也极大推动了下游合成材料工业的发展。2020 年我国合成材料产量约为 1.86 亿 t/a（表 4-2），其中合成树脂产量为 1.04 亿 t/a，合成橡胶产量为 739.8 万 t/a，合成纤维单（聚合）体产量为 7 418.8 万 t/a，总体较 2015 年增长 51.22%，产品产量继续稳居世界第一。

表 4-1　“十三五”期间我国与全球炼油行业产能产量情况

	2015 年	2016 年	2017 年	2018 年	2019 年	2020 年
原油一次加工能力/（亿 t/a）	7.9	7.9	8.1	8.3	8.6	8.9
原油加工量/（亿 t/a）	5.22	5.41	5.68	6.04	6.52	6.74
全国炼厂开工率/%	66.0	68.3	70.2	72.6	75.8	76.1
全球原油加工能力/（亿 t/a）	48.34	48.70	49.00	49.64	50.81	51.03
全球炼厂开工率/%	84	82.5	85	84	81	72

注：我国及全球原油加工能力、炼厂开工率数据来源于中国石油集团经济技术研究院发布的 2016—2020 年的《国内外油气行业发展报告》，原油加工量数据来源于中国石油和化学工业联合会发布的石油和化学工业经济运行报告。

表 4-2　“十三五”期间石化行业主要产品产量情况

	2015 年	2016 年	2017 年	2018 年	2019 年	2020 年
乙烯产能/（万 t/a）	2 200.5	2 310.5	2 455.5	2 532.5	3 066.5	3 518.0
世界乙烯产能/（亿 t/a）	1.59	1.62	1.69	1.77	1.90	1.97
乙烯产量/（万 t/a）	1 714.6	1 781.1	1 821.8	1 845.0	2 052.0	2 160.0
合成材料产量/（亿 t/a）	1.23	1.42	1.50	1.58	1.70	1.86

注：我国及全球乙烯产能数据来源于中国石油集团经济技术研究院 2016—2020 年的《国内外油气行业发展报告》。乙烯、合成材料产量数据来源于中国石油和化学工业联合会发布的 2016—2020 年石油和化学工业经济运行报告，其中 2020 年合成橡胶产量数据来源于国家统计局。

二、规划布局

“十三五”期间，石化产业集聚发展，石化产能主要分布在长三角、珠三角、渤海湾三大石化产业集群，规模化优势越发明显。

1．逐步形成多个石化基地

我国的炼油行业正向装置大型化、炼化一体化、产业集群化方向发展。《石化产业规划布局方案》提出，将建设七大石化基地。目前，上海漕泾、浙江宁波、广东惠州、大连长兴岛、福建古雷形成规模，总体建立了石化产业链；浙江舟山（宁波化工区拓展区）、江苏连云港处于起步阶段，浙石化 2020 年投运，连云港石化尚未投运；河北曹妃甸尚处于规划阶段（表 4-3）。预计到 2025 年七大石化基地的炼油能力将占全国总产能的 40%。

表 4-3　七大石化产业基地规划及建设情况

序号	名称	位置	产业定位	炼油规模	乙烯规模	芳烃规模	园区发展阶段	代表项目名称	主要石化企业
1	上海化学工业区	杭州湾北岸	规划形成以炼化为龙头，烯烃和芳烃及精细化工为中下游的产业链。目前仅形成以乙烯为龙头，以化工新材料为主导产业集群	规划建设 2 000 万 t/a 炼化一体化	120 万 t/a	—	成熟园区	中石化高桥石化漕泾炼化一体化项目（未建）	（1）上海赛科石油化工有限责任公司：109 万 t/a 乙烯、60 万 t/a 芳烃抽提、18 万 t/a 丁二烯抽提、65 万 t/a 苯乙烯、52 万 t/a 丙烯腈； （2）中国石化上海高桥石油化工有限公司化工部：20 万 t/a 苯酚丙酮、20 万 t/a 丙烯腈-丁二烯-苯乙烯共聚物（ABS）树脂、10 万 t/a 丁苯橡胶； （3）上海中石化三井化工有限公司：12 万 t/a 双酚 A、40 万 t/a 苯酚丙酮、33 万 t/a 异丙苯； （4）上海华谊新材料有限公司：32 万 t/a 丙烯酸及酯； （5）上海联恒异氰酸酯项目：24 万 t/a 硝基苯、18 万 t/a 苯胺、59 万 t/a 粗 MDI； （6）上海巴斯夫聚氨酯有限公司：21 万 t/a MDI、22 万 t/a 甲苯二异氰酸酯（TDI）、26 万 t/a 二硝基甲苯（DNT）； （7）科思创聚合物（中国）有限公司：60 万 t/a 聚碳酸酯、50 万 t/a MDI、31 万 t/a TDI、10 万 t/a HDI； （8）三菱瓦斯化学工程塑料（上海）有限公司：8.2 万 t/a 聚碳酸酯； （9）英威达尼龙化工（中国）有限公司：21.5 万 t/a 己二胺、20 万 t/a 尼龙 6,6 聚合物； （10）西萨化工（上海）有限公司：49 万 t/a 苯酚丙酮、43 万 t/a 异丙苯

序号	名称	位置	产业定位	炼油规模	乙烯规模	芳烃规模	园区发展阶段	代表项目名称	主要石化企业
2	宁波石化经济技术开发区	杭州湾南岸	以炼油乙烯为支撑，重点发展下游有机化工的石油化工产业，形成上下游一体化的石化产业链	已建 3 500 万 t/a，在建 2 000 万 t/a	已建 100 万 t/a，在建 120 万 t/a	—	宁波基地为成熟园区	中石化镇海炼化一体化项目	（1）中国石油化工股份有限公司镇海炼化分公司：2 300 万 t/a 炼油和 100 万 t/a 乙烯； （2）宁波镇海炼化利安德化学有限公司：67 万 t/a 乙苯、30 万 t/a 环氧丙烷和 60 万 t/a 苯乙烯； （3）宁波中金石化有限公司：210 万 t/a 芳烃； （4）宁波乐金甬兴化工有限公司：64 万 t/a ABS 树脂；12 万 t/a 丁苯橡胶；10 万 t/a 丁腈橡胶； （5）宁波富德能源有限公司：78 万 t/a 乙烯丙烯、38 万 t/a 聚丙烯和 43 万 t/a 乙二醇； （6）宁波爱思开合成橡胶有限公司：5 万 t/a 乙丙橡胶； （7）恒河材料科技股份有限公司：15 万 t/a 石油烃树脂； （8）宁波天利树脂有限公司：3.5 万 t/a 古马隆树脂、5 万 t/a 碳九液体树脂； （9）宁波浙铁大风化工有限公司：10 万 t/a 聚碳酸酯； （10）英力士苯领高分子材料（宁波）有限公司：20 万 t/a 聚苯乙烯、1.5 万 t/a 聚丙烯树脂基复合材料
	舟山石化基地（宁波石化区拓展区）	舟山市岱山县西侧鱼山岛	现代大型一体化绿色石化产业基地	已建 2 000 万 t/a，在建 2 000 万 t/a	已建一期 140 万 t/a，在建二期 140 万 t/a	已建一期 520 万 t/a，已建二期 520 万 t/a	舟山基地为起步阶段	浙石化炼化一体化项目	浙江石油化工有限公司：2 000 万 t/a 炼油、140 万 t 万 t/a 乙烯、400 万 t/a 对二甲苯、120 万 t/a 苯乙烯

序号	名称	位置	产业定位	炼油规模	乙烯规模	芳烃规模	园区发展阶段	代表项目名称	主要石化企业
3	广东惠州大亚湾石化产业园区	惠州大亚湾	以炼油和乙烯项目为龙头，重点发展高附加值、高技术含量的石化深加工产品、高新技术材料、专用化学品和精细化工产品	已建 2 200 万 t/a，规划建设 2 000 万 t/a	已建 220 万 t/a，规划 540 万 t/a	已建 100 万 t/a，规划 210 万 t/a	成熟园区	中海油惠州炼化项目（一期+二期）	（1）中海油惠州石化有限公司（一期+二期）：2 200 万 t/a 炼油、100 万 t/a 对二甲苯； （2）中海壳牌石油化工有限公司（一期+二期）：195 万 t/a 乙烯、50 万 t/a 丙烯、127 万 t/a 苯乙烯； （3）惠州宇新化工有限责任公司：30 万 t/a 异丁烯、30 万 t/a 异辛烷、10 万 t/a 甲基叔丁基醚、10 万 t/a 乙酸仲丁酯； （4）惠州忠信化工有限公司：25 万 t/a 苯酚丙酮、16.4 万 t/a 异丙苯、4 万 t/a 双酚 A； （5）惠州兴达石化工业有限公司：30 万 t/a 聚苯乙烯； （6）乐金化学（惠州）化工有限公司：30 万 t/a（ABS-SAN）树脂； （7）惠州仁信新材料股份有限公司：12 万 t/a 聚苯乙烯； （8）惠州市盛和化工有限公司：10 万 t/a 不饱和聚酯树脂； （9）鑫双利（惠州）树脂有限公司：10 万 t/a 不饱和聚酯树脂
4	江苏连云港石化产业基地	连云港徐圩新区	以炼油、乙烯、芳烃一体化为基础，以化工新材料和精细化工为特色	在建 1 600 万 t/a，规划建设 2 400 万 t	在建 110 万 t/a，规划建设 190 万 t/a	在建 280 万 t/a	起步阶段	盛虹炼化 1 600 万 t/a 炼化一体化项目（在建）	（1）江苏思派新能源科技有限公司：4 万 t/a 碳酸乙烯酯 EC、6 万 t/a 电池级碳酸甲乙酯/二乙酯； （2）江苏虹港石化有限公司：150 万 t/a 对苯二甲酸（PTA）； （3）江苏斯尔邦石化有限公司：240 万 t/a 甲醇制烯烃装置生产乙烯、丙烯及衍生精细化工产品

序号	名称	位置	产业定位	炼油规模	乙烯规模	芳烃规模	园区发展阶段	代表项目名称	主要石化企业
5	大连长兴岛（西中岛）石化产业基地	大连长兴岛	以石化为支撑，构建炼化一体化格局	已建 2 000 万 t/a，规划建设 4 000 万 t/a	规划建设 150 万 t/a	规划建设 450 万 t/a	成熟园区	恒力石化 2 000 万/a 炼化一体化项目	（1）恒力石化（大连）炼化有限公司：2 000 万 t/a 炼化一体化； （2）恒力石化（大连）有限公司：1 160 万 t/a 对苯二甲酸（PTA）； （3）大连蒙连石油化工有限公司：20 万 t/a 烷基化装置； （4）大连奥晟隆新材料有限公司：1.44 万 t/a 其他合成纤维聚合体生产装置
6	曹妃甸石化产业基地	河北曹妃甸	以炼化一体化和下游化工主线	规划建设 1 500 万 t/a，远期规划建至 5 000 万 t/a	规划建设 120 万 t/a，远期规划建至 400 万 t/a	规划建设 450 万 t/a，远期规划建至 550 万 t/a	规划阶段	唐山旭阳石化 1 500 万/a 炼化一体化项目（未建）	—
7	漳州古雷石化基地	漳州古雷	以炼化一体化为基础，向下游产业延伸的石化产业基地	规划建设 1 600 万 t/a	规划建设 120 万 t/a	规划 PX 生产能力 580 万 t/a	成熟园区	中国石化古雷炼化一体化项目（未建）	（1）福建古雷石化有限公司：80 万 t 乙烯蒸汽裂解、30 万 t 裂解汽油加氢、10/70 万 t/a 环氧乙烷/乙二醇（EO/EG）装置、35 万 t/a 芳烃抽提、13 万 t/a 丁二烯抽提、30 万 t/a 乙烯醋酸乙烯树脂（EVA）、60 万 t/a 苯乙烯、35 万 t/a 聚丙烯； （2）腾龙芳烃（漳州）有限公司：316 万 t/a 加氢裂化装置、160 万 t/a 对二甲苯； （3）翔鹭石化（漳州）有限公司：450 万 t/a 对苯二甲酸（PTA）； （4）星誉化工（漳州）有限公司：300 万 t/a 减压蒸馏装置、130 万 t/a 减黏裂化装置； （5）海顺德（漳州）特种油品有限公司：23 万 t/a 精炼石油

2. 产能集中度高

从产能地区布局来看，华北、东北、华南、华东仍是炼油集中地，合计炼油能力占比超过 80%（表 4-4）。环渤海湾、长三角、珠三角三大炼化产业集群区合计炼油能力达 6.33 亿 t/a，占炼油总能力的 71.5%；乙烯能力达 2 105.5 万 t/a，占乙烯总能力的 59.4%。

表 4-4 “十三五”期间我国分区域炼油能力占比变化情况

地区	2016 年		2020 年		变化/%
	能力/（万 t/a）	占比/%	能力/（万 t/a）	占比/%	
华东	36 350	45.92	39 915	45.07	−0.85
东北	11 825	14.94	14 095	15.91	0.97
华南	8 930	11.28	10 930	12.34	1.06
西北	8 610	10.88	8 610	9.72	−1.16
华北	7 450	9.41	7 950	8.98	−0.43
华中	4 790	6.05	4 570	5.16	−0.89
西南	1 200	1.52	2 500	2.82	1.30
合计	79 155	—	88 570	—	—

注：数据来源于中国石油集团经济技术研究院 2016 年、2020 年的《国内外油气行业发展报告》。

3. 以沿海沿江和依托油田布局为主

从产能来看，山东、辽宁、广东和浙江 4 省合计炼油能力达 4.77 亿 t/a，占全国炼油总能力的 53.8%；乙烯生产装置主要分布在广东、辽宁、江苏、黑龙江，占全国乙烯生产能力的 50%。从企业数量来看，根据全国排污许可证管理信息平台数据，全国石化企业分布以沿海为主，主要集中在山东、江苏、广东、浙江、辽宁、河北 6 个省份，石化企业占全国企业总数的 61.5%。长江、黄河流域石化企业占全国石化企业数量的 32.3%。原油加工及石油制品制造企业主要分布在山东、辽宁、江苏、河北等省份，约占全国企业总数的 59%。初级形态塑料及合成树脂制造企业主要分布在江苏、广东、山东、浙江、安徽等省份，约占全国企业总数的 65%。合成橡胶制造企业主要分布在广东、江苏、山东、浙江等省份，约占全国企业总数的 65%。合成纤维单（聚合）体制造企业主要分布在江苏、浙江、河南、福建等省份，约占全国企业总数的 51%。

三、经营主体

1. 炼油行业经营主体由国企向多元化发展

“十三五”期间，国家出台一系列政策推动行业改革发展，特别是 2015 年原油非国有贸易进口权、进口原油使用权和成品油出口权向民企有条件开放。2019 年，国家发展改革委、商务部发布的《鼓励外商投资产业目录》（2019 年），上游勘探、中游炼化和下游终端产业均向外资开放后，炼油行业的格局发生了重大变化，炼化领域经营主体多元化趋势明显，浙江石化、恒力石化、盛虹石化等民营企业的蓬勃发展，巴斯夫、埃克森美孚等外商投资项目的建设，形成国有、民营、外资充分竞争的市场格局。

2．民企成为炼油新增产能的主力军

从产能占比来看，国内炼油行业仍是中石油、中石化、其他炼油企业“三分天下”格局，但民营和外资参与的大炼化项目已经成为我国新增炼油产能的主力，占全国炼油产能的 39%。2020 年我国民营企业炼油产能进一步提高到 2.48 亿 t/a，占比升至 28%（图 4-1）。目前在建和已批未建的炼油企业主要以民营企业为主，包括浙江石油化工有限公司、盛虹炼化（连云港）有限公司、山东裕龙石化有限公司、唐山旭阳石油化工有限公司，炼油产能总计 7 100 万 t/a。

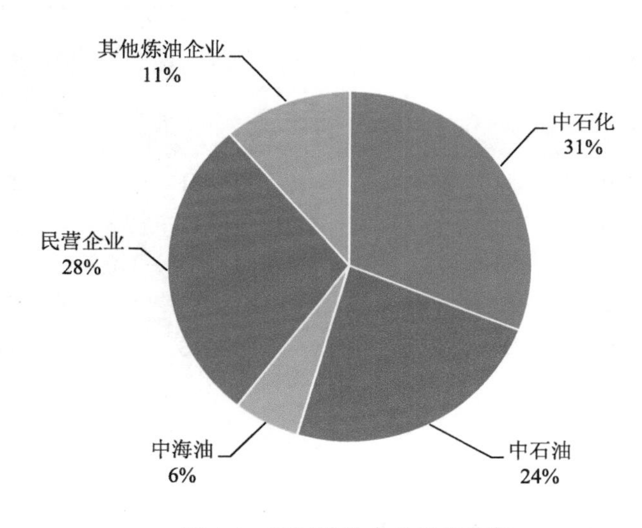

图 4-1　我国炼油企业性质分布

四、产业结构

1．产业结构优化调整

“十三五”期间，国内成品油市场由供不应求转为供过于求，炼油产能过剩问题日益突出。为此，2016 年国务院发布了《国务院办公厅关于石化产业调结构促转型增效益的指导意见》（国办发〔2016〕57 号），提出不断淘汰落后产能。在此背景下，炼油行业加快产能结构优化调整，国内炼油企业一方面加快建设规模化、大型化的炼化一体化炼厂；另一方面加速小炼厂整合。根据中国石油集团经济技术研究院 2016—2020 年的《国内外油气行业发展报告》，截至 2020 年年底，千万吨级以上炼厂达到 32 家，合计炼油能力为 4.48 亿 t/a，占全国炼油总能力的 50.6%；2016 年淘汰能力为 2 086 万 t/a、2017 年淘汰能力为 2 240 万 t/a、2018 年淘汰能力为 1 165 万 t/a、2020 年淘汰能力为 1 270 万 t/a。

2. 油品质量不断升级

在油品质量升级方面，目前我国成品油已全面完成国Ⅳ到国Ⅵa 的升级，油品质量已整体达到世界先进水平。在油品质量升级过程中，炼油工艺流程也随之调整，多家炼厂对原有装置进行结构调整来“降油增化”，催化重整、加氢裂化和加氢精制装置作为调整产品结构和提高油品质量的加工装置近年来占比不断提升。根据 2020 年《国内外油气行业发展报告》，“十三五”期间我国原油二次加工能力构成发生变化，催化裂化、催化重整、加氢裂化和加氢精制占比增加，延迟焦化占比降低（表 4-5）。

表 4-5 “十三五”期间我国原油二次加工能力构成变化情况

项目	2016 年		2020 年		变化/%
	装置加工能力/（万 t/a）	占一次加工能力比例/%	装置加工能力/（万 t/a）	占一次加工能力比例/%	
催化裂化	20 901	26.41	24 721	27.91	1.50
延迟焦化	10 051	12.7	11 211	12.66	−0.04
催化重整	5 735	7.25	11 865	13.4	6.15
加氢裂化	6 634	8.38	15 154	17.11	8.73
加氢精制	31 190	39.4	39 705	44.83	5.43

五、下一步发展趋势

1. 炼油行业产能过剩趋势进一步加剧

近年来，我国炼化行业产能不断增加，随着清洁能源消费持续增长，成品油消费能力下降，行业产能过剩情况进一步加剧。考虑在建和拟建的广东石化、镇海炼化扩建、浙江石化二期、裕龙岛炼化等项目，预计炼油产能新增 1.2 亿 t/a。

为严格控制石化行业发展，2021 年 11 月 2 日《中共中央、国务院关于深入打好污染防治攻坚战的意见》发布，严把高耗能高排放项目准入关口，严格落实污染物排放区域削减要求，对不符合规定的项目坚决停批停建。依法依规淘汰落后产能和化解过剩产能。严控新增炼油产能。《中华人民共和国国民经济和社会发展第十四个五年规划和 2035 年远景目标纲要》（以下简称《“十四五”规划》）提出，要坚决遏制高耗能、高排放项目盲目发展，推动绿色转型实现积极发展。2021 年 5 月，生态环境部发布了《关于加强高耗能、高排放建设项目生态环境源头防控的指导意见》（环环评〔2021〕45 号），立足“六位一体”全过程环境管理框架，对包括石化在内的“两高”行业生态环境源头防控提出要求。

2．双碳目标将加速石化行业转型

2020 年，我国明确了碳中和路线图，二氧化碳排放 2030 年前达到峰值，2060 年前实现碳中和。石化产业既是国民经济的重要支柱产业，也是资源型和能源型产业，属于“两高”行业范畴。随着我国提出“2030 年碳达峰”“2060 年碳中和”的目标，行业需要加快优化产业结构和工艺路径，提升行业绿色、低碳和循环经济发展水平。2021 年 1 月，17 家石油和化工企业、化工园区以及中国石油和化学工业联合会共同发布《中国石油和化学工业碳达峰与碳中和宣言》，提出推进能源结构清洁低碳化、大力提高能效、提升高端石化产品供给水平、加快部署二氧化碳捕集驱油和封存项目、二氧化碳用作原料生产化工产品项目、加大科技研发力度、大幅增加绿色低碳投资强度以及加快清洁能源基础设施建设等。

《关于加强高耗能、高排放建设项目生态环境源头防控的指导意见》提出将碳排放评价纳入环境影响评价，在“两高”行业进行试点。2021 年 6 月，生态环境部发布《关于开展重点行业建设项目碳排放环境影响评价试点的通知》（环办环评函〔2021〕346 号），明确将石化等行业纳入试点范围。

第二节　污染物排放

本书依托全国排污许可证管理信息平台对行业废水、废气污染物排放情况进行评估，其中废水污染物包括化学需氧量、氨氮、总氮和总磷，废气污染物包括二氧化硫、氮氧化物、烟（粉）尘和 VOCs，同时给出行业二氧化碳排放情况。需要指出的是，由于排污许可证执行报告尚未实现 100%提交，且排污许可管理中未将所有废气排放源纳入排放量管控，因此本书统计数据不可避免存在一定偏差，后续随着执行报告上报率提高和排污许可管理的完善，统计数据质量会有明显提升。

一、废气污染物排放

1．　石化行业废气污染物主要集中在原油加工及有机化学原料制造行业

根据全国排污许可证管理信息平台，2020 年石化行业中二氧化硫、氮氧化物、颗粒物和挥发性有机物排放量分别为 1.75 万 t、7.34 万 t、1.18 万 t 和 5.37 万 t，废气主要污染物排放情况如表 4-6 所示。

表 4-6　2020 年石化行业废气主要污染物排放情况

行业类别名称	企业数量/家	二氧化硫排放量/t	氮氧化物排放量/t	颗粒物排放量/t	VOCs排放量/t
原油加工及石油制品制造业	358	9 826.68	49 629.49	4 400.81	44 212.84
有机化学原料制造业	956	5 107.89	17 303.88	3 609.07	7 706.10
初级形态塑料及合成树脂制造业	587	2 068.40	5 435.57	3 490.12	1 314.57
合成橡胶制造业	47	11.98	49.18	47.28	221.26
合成纤维单（聚合）体制造行业	31	438.98	1 015.74	221.18	292.05
合计	1 979	17 453.93	73 433.86	11 768.46	53 746.82

2. 山东省和辽宁省废气主要污染物排放量约占全国总排放量的 1/3

2020 年，石化行业中二氧化硫排放主要分布在山东、辽宁、新疆和重庆，占全国排放总量的 47%；氮氧化物排放主要分布在辽宁、山东、新疆、福建，占全国排放总量的 48%；颗粒物排放主要分布在辽宁、海南、江苏和山东，占全国排放总量的 48%；挥发性有机物排放主要分布在山东和辽宁，占全国排放总量的 54%（图 4-2）。

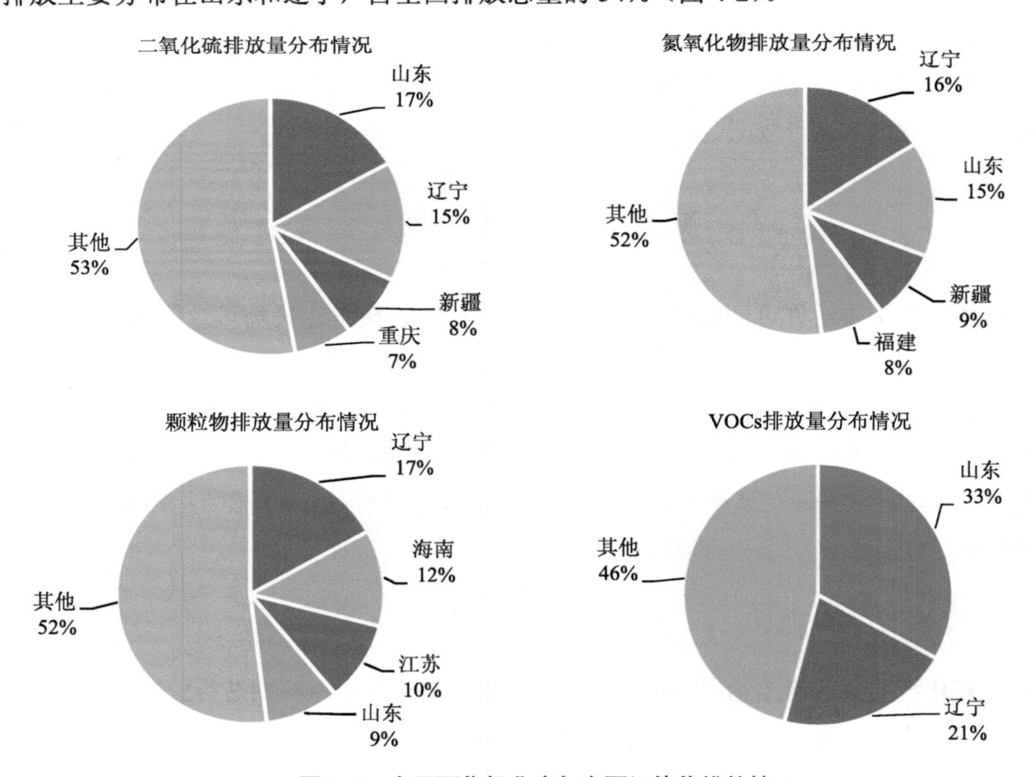

图 4-2　全国石化行业废气主要污染物排放情况

3．广东省原油加工及石油制品制造业的污染物排放绩效水平较高

全国排污许可证管理信息平台中 2020 年均有污染物排放量和原油使用量有效数据的炼油企业共 27 家，其中山东 10 家、辽宁 7 家、广东 4 家、江苏和河北各 3 家。通过统计分析发现，广东炼油企业污染物排放绩效处于较好水平，万吨原油排放的污染物最少，二氧化硫、氮氧化物、颗粒物和挥发性有机物分别为 0.07 t/万 t 原油、0.39 t/万 t 原油、0.03 t/万 t 原油和 0.01 t/万 t 原油（表 4-7）。

表 4-7　2020 年原油加工及石油制品制造业废气污染物排放绩效　单位：t/万 t 原油

省份	企业数量/家	二氧化硫排放量	氮氧化物排放量	颗粒物排放量	VOCs 排放量
广东	4	0.07	0.39	0.03	0.01
河北	3	0.12	0.48	0.08	0.27
山东	10	0.18	0.56	0.03	0.64
江苏	3	0.09	0.70	0.11	1.18
辽宁	7	0.24	1.02	0.07	0.71

4．石化行业废气主要污染物总体呈下降趋势

全国排污许可证管理信息平台中 2019 年和 2020 年石化行业均有废气污染物排放有效数据的企业共计 114 家，实际排放量数据具体见表 4-8。通过分析发现，二氧化硫、颗粒物和氮氧化物等主要污染物在 2020 年的排放量普遍低于 2019 年，挥发性有机物有所增加。

表 4-8　石化企业废气污染物实际排放情况

行业类别名称	年份	企业数量/家	二氧化硫排放量/t	氮氧化物排放量/t	颗粒物排放量/t	VOCs 有组织排放量/t
原油加工及石油制品制造业	2019	68	4 120.93	19 183.51	1 904.56	16 788.47
	2020		3 489.10	17 010.85	1 704.25	20 523.44
有机化学原料制造业	2019	29	457.38	4 644.94	721.67	926.81
	2020		352.98	3 835.69	632.71	1 128.48
初级形态塑料及合成树脂制造业	2019	4	171.57	580.72	80.33	3.54
	2020		256.75	734.55	107.30	8.49
合成纤维单（聚合）体制造行业	2019	13	949.69	779.73	219.18	425.29
	2020		302.55	726.08	169.53	284.88

行业类别名称	年份	企业数量/家	二氧化硫排放量/t	氮氧化物排放量/t	颗粒物排放量/t	VOCs 有组织排放量/t
合计	2019	114	5 699.57	25 188.9	2 925.74	18 144.11
	2020		4 401.38	22 307.17	2 613.79	21 945.29

注：挥发性有机物增加的原因主要是全国排污许可管理信息平台中仅可填报挥发性有机物有组织实际排放量。2019 年石化企业执行报告年报中仅极少数企业填报全厂挥发性有机物排放量，而随着排污许可证后监管体系的完善，2020 年石化企业执行报告年报中填报全厂挥发性有机物排放量的企业与 2019 年相比增多，因此 2020 年挥发性有机物实际排放量有所增加。

二、废水污染物排放

1．污染物排放主要集中在原油加工及石油制品制造以及有机化学原料制造业

根据全国排污许可证管理信息平台中石化行业上报的 1 384 家排污单位许可证执行报告，2020 年石化行业废水污染物化学需氧量、氨氮、总氮和总磷实际排放量分别为 34 157.45 t、1 478.94 t、5 827.17 t 和 606.71 t（表 4-9）。其中，原油加工及石油制品制造业和有机化学原料制造业企业数量占石化行业企业总数的 65.68%，化学需氧量、氨氮、总氮和总磷的排放量分别占石化行业的 76.29%、72.75%、79.33%和 68.04%。

表 4-9　2020 年石化行业废水污染物排放情况

行业类别名称	企业数量/家	化学需氧量排放量/t	氨氮排放量/t	总氮排放量/t	总磷排放量/t
原油加工及石油制品制造业	234	11 399.88	508.42	2 576.55	285.34
有机化学原料制造业	675	14 627.27	567.52	2 046.29	127.45
初级形态塑料及合成树脂制造业	412	5 909.41	333.14	831.16	176.9
合成橡胶制造业	35	1 441.52	40.18	83.81	4.88
合成纤维单（聚合）体制造行业	28	779.37	29.68	289.36	12.14
合计	1 384	34 157.45	1 478.94	5 827.17	606.71

2．长江和黄河流域排放量约占总排放量的 1/3

2020 年，长江流域石化行业废水化学需氧量、氨氮、总氮、总磷污染物排放量分别为 10 509.39 t、409.08 t、1 740.48 t、161.79 t，分别占全国行业排放总量的 29%、26.9%、29.3%、25.6%；黄河流域石化行业废水化学需氧量、氨氮、总氮、总磷污染物排放量分别为 1 939.58 t、83.54 t、478.72 t、35.78 t，分别占全国行业排放总量的 5.4%、5.4%、8.1%、5.7%（图 4-3）。

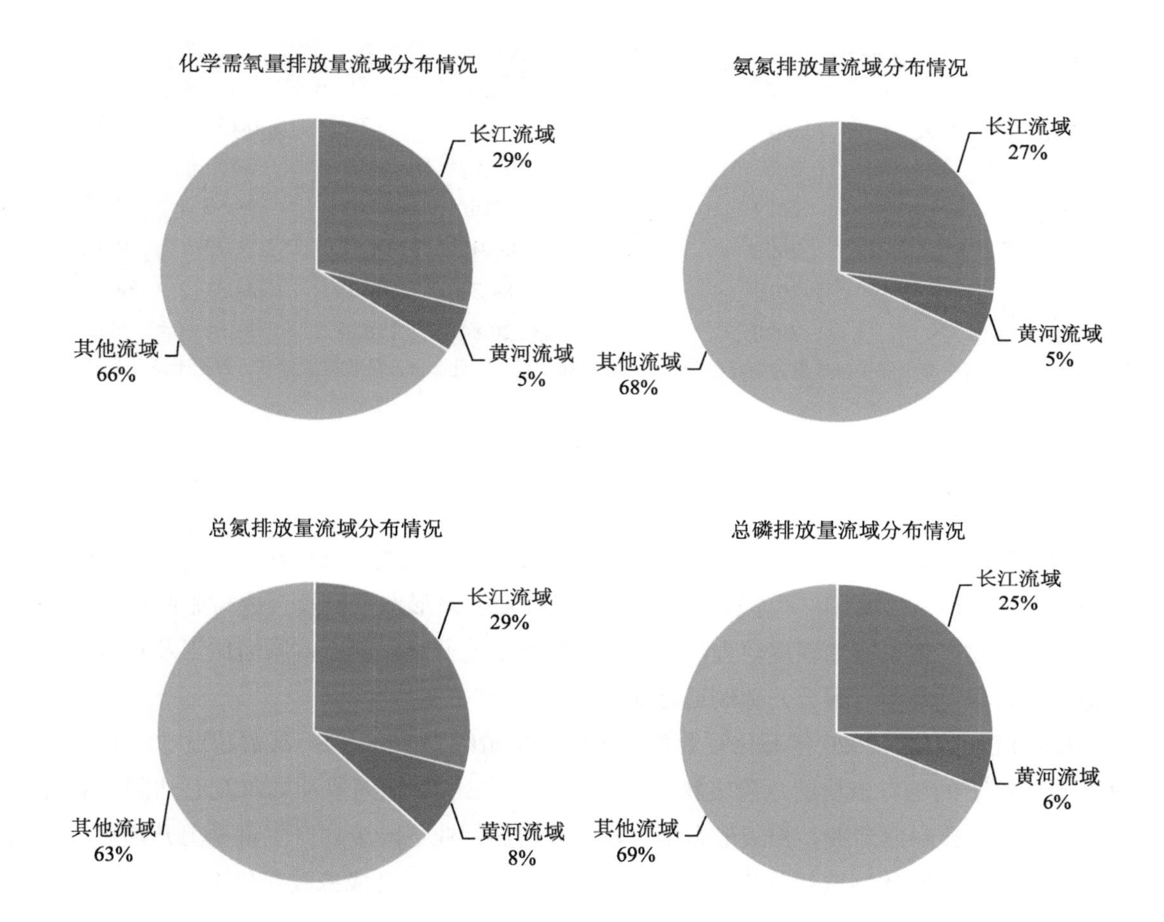

图 4-3 重点流域石化行业废水主要污染物排放情况

3. 石化行业废水主要污染物呈下降趋势

全国排污许可证管理信息平台上 2019 年和 2020 年均有“废水污染物排放量”有效数据的企业共计 65 家，对比发现，2020 年的污染物排放量普遍低于 2019 年（表 4-10）。

表 4-10 石化企业废水污染物实际排放情况 单位：t

行业类别名称	年份	企业数量/家	化学需氧量排放量/t	氨氮排放量/t	总氮排放量/t	总磷排放量/t
原油加工及石油制品制造业	2019	43	2 707.02	156.03	21.00	841.64
	2020		2 418.70	135.90	15.82	686.77
有机化学原料制造业	2019	7	378.96	6.05	4.48	40.36
	2020		386.58	7.37	3.41	31.27

行业类别名称	年份	企业数量/家	化学需氧量排放量/t	氨氮排放量/t	总氮排放量/t	总磷排放量/t
初级形态塑料及合成树脂制造业	2019	7	23.11	0.38	0.24	1.35
	2020		30.55	0.50	0.66	1.03
合成纤维单（聚合）体制造行业	2019	8	575.15	19.88	198.59	3.53
	2020		585.01	14.61	271.72	12.03
合计	2019	65	3 684.24	182.34	224.31	886.88
	2020		3 420.84	158.38	291.61	731.1

注：由于排污许可中废水间接排放量为企业出厂界的污染物排放量，因此废水污染物排放量统计数据不是行业最终排入外环境的排放量。

三、固体废物

根据统计数据，2020 年石化行业一般工业废物产生量约为 6 000 万 t，其中，70%综合利用、27%处置、3%贮存。“十三五”期间石化行业初级形态塑料及合成树脂制造业一般工业固体废物产生量增加幅度较大，有机化工原料制造业逐年降低，原油加工及石油制品制造业、合成纤维单（聚合）体制造行业有所增加。

根据统计数据，2020 年石化行业危险废物产生量约为 750 万 t，其中超过 50%自行处理处置，剩下的送有资质的危险废物处置单位。“十三五”期间原油加工及石油制品制造业、有机化学原料制造业、初级形态塑料及合成树脂行业危险废物产生量呈上升趋势，合成纤维单（聚合）体制造行业危险废物产生量呈下降趋势，合成橡胶变化不大。

四、二氧化碳排放

石油化工行业是 CO_2 的主要工业排放源之一，排放源主要包括直接排放和间接排放两大类。直接排放主要包括燃烧排放、工艺排放，其中燃烧排放为化石燃料燃烧后的 CO_2 排放，包括锅炉、加热炉、火炬、危险废物焚烧、有机废气焚烧等固定源的 CO_2 排放；工艺排放是石油化工生产工艺过程中产生的 CO_2 排放，产生工艺排放的主要装置有催化重整、催化加氢、催化裂化、乙烯裂解、制氢等。间接排放是外购的电力、蒸汽或热所产生的 CO_2 排放。

根据石化联合会统计的数据，2020 年石化（包括国民经济的 25 和 26 大类）行业碳排放量超过 8 亿 t，其中电力排放约占碳排放量的 1/4（图 4-4）。

根据石油和化学工业联合会统计的数据，2020 年炼油行业二氧化碳排放量约为 2 亿 t，较 2019 年略有增加，但加工吨原油的二氧化碳排放量呈逐年下降趋势（图 4-5）。

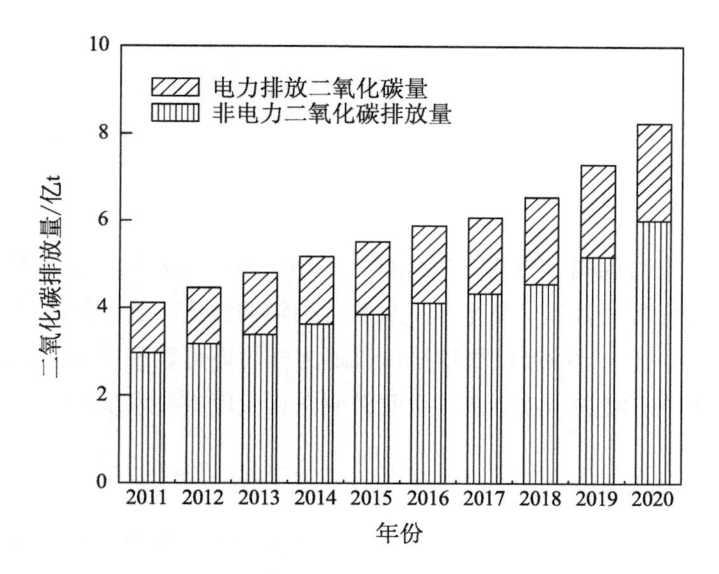

图 4-4 全国石化行业二氧化碳排放量变化趋势

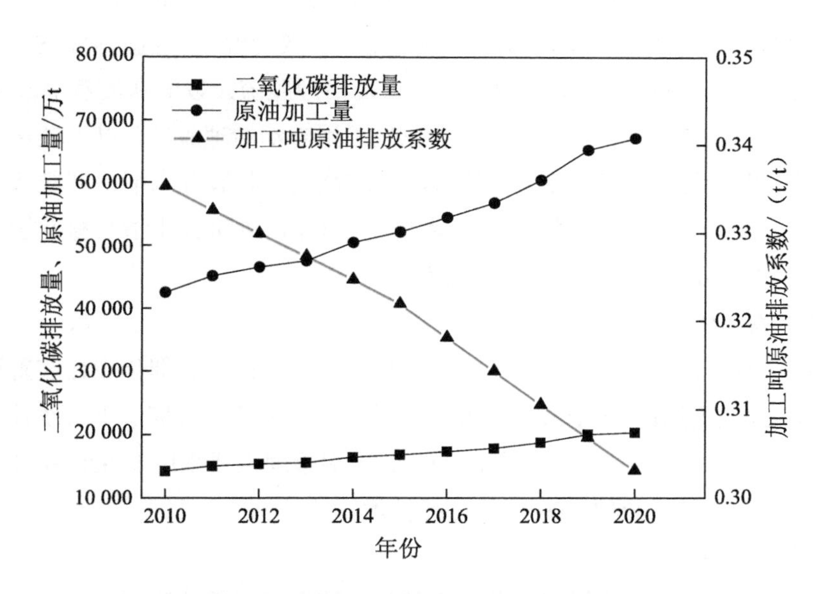

图 4-5 全国炼油行业二氧化碳排放量变化趋势

受原油品质、工艺流程、管理水平、回收再利用、污染防治措施等多方面影响，不同炼油企业加工吨原油的二氧化碳排放量差异较大。据不完全统计，炼油企业吨原油 CO_2 排放量为 0.29～0.95 t CO_2/t 原油。

第三节　污染防治措施

一、废气

石化企业中废气污染物主要为二氧化硫、氮氧化物、颗粒物、挥发性有机物及恶臭。本书依托全国排污许可证管理信息平台，从各污染物的源头、过程和末端治理措施分析行业污染物管控现状。石化行业废气处理措施普遍为排污许可管理中规定的污染防治可行技术。如地方采取了更严格的排放标准，企业普遍在行业现有技术基础上增加末端废气的焚烧处理。

1．二氧化硫（SO_2）

二氧化硫的排放主要来自自备电厂锅炉、工艺加热炉、催化裂化装置、酸性气回收4个源项，控制措施主要包括源头和末端治理措施。根据全国排污许可证管理信息平台统计，工艺加热炉烟气主要从源头控制 SO_2 的排放，92%的加热炉采用低硫燃料气，从源头减少 SO_2 的产生，8%的工艺加热炉采用末端治理措施，主要为湿法（氢氧化钠法、氧化镁法、碱洗）或干法脱硫（吸附法）；锅炉尾气采用末端治理脱硫，以石灰石和氢氧化钠湿法脱硫为主，分别占51%和25%；催化裂化装置尾气采用末端治理脱硫，以氢氧化钠法脱硫为主，占催化裂化装置尾气二氧化硫工艺的66%；酸性气回收装置末端治理脱硫主要包括硫黄回收+焚烧+碱洗、酸性气制硫酸，治理技术均属于《排污许可证申请与核发技术规范　石化工业》（HJ 853—2017）中规定的可行技术。

2．氮氧化物（NO_x）

氮氧化物主要来自焚烧产生的排放源，包括加热炉、锅炉和催化裂化装置再生气，控制措施包括源头和末端治理两个方面。根据全国排污许可证管理信息平台统计，源头控制主要采用低氮燃烧器，占脱硝治理工艺的89%；末端治理主要采用SNCR和SCR，分别占8%和3%，均属HJ 853—2017中规定的可行技术。

3．颗粒物（TSP）

颗粒物的源头控制主要为燃料替代，天然气、炼厂干气等作为燃料代替燃煤。根据全国排污许可证管理信息平台统计，颗粒物末端治理技术主要以袋式除尘工艺为主，占60.2%，另有布袋除尘工艺占13.4%，旋风除尘工艺占8.2%，静电除尘工艺占1.7%，组合工艺占3.0%，均属HJ 853—2017中规定的可行技术。

4．挥发性有机物（VOCs）

根据全国排污许可管理信息平台统计，VOCs末端治理技术主要有吸附法、吸收法、冷凝法、生物滴滤法、膜分离法、低温等离子体法、催化氧化法和蓄热燃烧法。挥发性有机液体储存以组合工艺为主，占比为 54.4%，其中组合工艺中以吸附+冷凝法使用最多，占比为 18.1%。北京、上海、山东等先后出台地方排放标准，对挥发性有机液体储存和装载源项 VOCs 排放提出了更高的要求，这些地区的治理措施在现有治理基础上主要增加了一级焚烧设施，带有焚烧法的组合工艺也越来越多，占比为 12.7%。挥发性有机液体装载尾气处理采用吸附法的约占 64.3%，组合工艺中以吸附+冷凝法为主，占比为 27.6%。随着部分地方有机废气排放口挥发性有机物排放限值的加严要求，带有焚烧或燃烧法的工艺逐步增多，目前含有焚烧或蓄热燃烧法的工艺占 6.6%。废气集输、储存、处理与处置系统主要采用生物法、生物法和吸附法的组合工艺，以及催化燃烧法或焚烧法来处理含挥发性有机物的废气。两种方法分别占 23.4%和 43.2%。以上均属 HJ 853—2017 中规定的可行技术。

二、废水

石化行业废水处理措施普遍为排污许可管理中规定的污染防治可行技术。根据全国排污许可管理信息平台统计，石化企业废水处理一般分为装置的预处理段和污水处理厂。石化企业对单装置或分区域对油含量高的污水进行预处理，并与系统污水压力输送结合，目前石化企业大部分装置隔油池或油水分离器。石化企业污水处理厂一般分为预处理、生化处理和深度处理 3 部分。预处理部分包含沉淀、除油、混凝、中和等工艺；生化处理部分包括 A/O 生化池、沉淀池、催化氧化 BAF、砂滤池、监控池等；深度处理部分包含超滤、渗透和反渗透等工艺。

三、固体废物

石化企业固体废物主要有废催化剂、废瓷球、废分子筛、炉渣、灰渣、油泥和污水处理厂产生的污泥等。常用处理处置方法包括回收利用、填埋、焚烧处理。固体废物的一般固体废物通常优先考虑综合利用或填埋，危险废物采用焚烧技术或者填埋，或者委托有资质的危险废物处置单位进行处置。如污水处理厂的污泥、油泥和浮渣经脱水后送装置回炼，炉渣、灰渣、废瓷球、废保护剂等一般固体废物进行综合利用或填埋，装置废催化剂由厂家回收再利用，危险废物进行焚烧或送有资质的危险废物处置单位处置。

四、二氧化碳

通过调研可知，目前石化行业二氧化碳减排主要有 5 个路径：一是提高能效，通过减少化石能源使用降低二氧化碳产生，包括使用节能的设备、工艺，优化能源利用等；二是调整产业结构，包括调整原料、装置和产品结构等；三是采用清洁能源，如采用生物质能、风能以及可再生能源制氢等；四是产业碳汇，利用二氧化碳制化学品，如利用二氧化碳制甲醇、聚碳酸酯等，制氢装置产生的纯度较高的二氧化碳用于生产食品级二氧化碳；利用二氧化碳进行油田驱油，如长庆油田、克拉玛依油田；五是二氧化碳的捕集与封存。目前二氧化碳源头减排和综合利用技术尚处于探索阶段，个别且已做了较好的尝试，尚未大规模推广，还有待进一步完善。

第四节　环境管理

一、主要环境管理政策

一是关于碳排放管理。2020 年，我国明确了碳中和路线图，二氧化碳排放 2030 年前达到峰值，2060 年前实现碳中和。2021 年 3 月，生态环境部印发《关于加强企业温室气体排放报告管理相关工作的通知》以及《企业温室气体排放报告核查指南（试行）》，要求省级生态环境主管部门组织开展包括石化在内的八个重点排放行业企业的碳排放数据报送与核查工作，并通过全国排污许可平台报送企业碳排放数据，石化行业企业数据报送和核查完成时间分别为 2021 年 9 月和 12 月。

二是关于长江流域环境管理。《中华人民共和国长江保护法》于 2021 年 3 月 1 日实施，该法明确规定禁止在长江干支流岸线 1 km 范围内新建、扩建化工园区和化工项目；明确加强对长江流域化工厂发生的突发生态环境事件的应急管理；禁止在长江流域重点生态功能区布局对生态系统有严重影响的产业，禁止重污染企业和项目向长江中上游转移；长江流域县级以上地方人民政府应当组织对沿河湖危险废物处置场、化工园区和化工项目等地下水重点污染源及周边地下水环境风险隐患开展调查评估，并采取相应风险防范和整治措施。

三是关于“两高”项目源头防控。《“十四五”规划》提出，要坚决遏制高耗能、高排放建设项目盲目发展，推动绿色转型，实现积极发展。2021 年，生态环境部发布了《关于加强高耗能、高排放建设项目生态环境源头防控的指导意见》，立足“六位一体”全过程环境管理框架，对“两高”行业生态环境源头防控提出要求。

四是关于区域削减。2020 年 12 月，生态环境部发布了《关于加强重点行业建设项目区域削减措施监督管理的通知》（环办环评〔2020〕36 号），适用于部、省两级审批的编制环境影响报告书的石化、煤化工、燃煤发电（含热电）、钢铁、有色金属冶炼、制浆造纸 6 个行业建设项目。根据区域环境质量改善要求，针对其新增排放量的污染物提出相应的区域削减措施，确保项目投产前腾出环境容量，实现区域“增产不增污”。

五是关于挥发性有机物治理。2020 年，生态环境部发布《2020 年挥发性有机物治理攻坚方案》，以石化等为重点领域，强化源头、过程、末端全流程控制。生态环境部分别印发了京津冀及周边地区、汾渭平原、长三角地区 2020—2021 年秋冬季大气污染综合治理攻坚行动方案，持续推进石化等行业挥发性有机物治理攻坚，并编制了石化等 14 个行业挥发性有机物治理实用手册，供地方生态环境主管部门和有关企业学习借鉴。为规范非甲烷总烃自动监测，生态环境部发布了《固定污染源废气中非甲烷总烃排放连续监测技术指南（试行）》《关于加强挥发性有机物监测工作的通知》等文件。

六是关于重污染天气分级管理。2020 年 6 月，生态环境部发布了《重污染天气重点行业应急减排措施制定技术指南（2020 年修订版）》（环办大气函〔2020〕340 号），根据有组织和无组织排放多个分级指标将石化企业分为四级。

七是关于化工园区全面整顿。2021 年，工信部六部委印发《化工园区建设标准和认定管理办法（试行）》，山东、江苏、安徽、湖北、云南、陕西、甘肃、江西、四川等省份也分别明确了化工园区认定条件，河南、江西、云南、新疆、湖南、广东等省（区）分别开展了第一批化工园区的认定工作。如江苏省印发《关于加强全省化工园区化工集中区外化工生产企业规范化管理的通知》，将已形成清晰完整产业链或特色产品集聚，边界防护距离、园区污水处理和危险废物处置满足要求，具备区域规划环评或跟踪评价，实施封闭化管理和建成城市消防站的 14 家沿江沿海园区定位为化工园区；基本满足上述条件、部分项需进一步建设提升的 15 家园区定位为化工集中区，并禁止新增化工园区。山东省发布了《山东省化工园区认定管理办法》，涉及 12 个方面要求，经清理整顿，原 199 个化工园区仅保留 85 个。浙江省发布《浙江省化工园区评价认定管理办法》，并认定 49 个化工园区（集聚区）为合格园区，有效期 5 年，3 个化工园区（集聚区）为培育园区。

二、污染物排放控制标准

目前，从国家层面来看，石化行业的废水和废气主要执行《石油炼制行业污染物排放标准》（GB 31570—2015）、《石油化学工业污染物排放标准》（GB 31571—2015）、《合成树脂工业污染物排放标准》（GB 31572—2015）、《恶臭污染物排放标准》（GB 14554—93）、《火电厂大气污染物排放标准》（GB 13223—2011）、《锅炉大气污染物排放标准》（GB 13271—2014）、《危险废物焚烧污染控制标准》（GB 18484—2020）7 项标准。同时，各省（区、市）发布了相应的地方排放标准，涉及石化行业需要执行的标准主要为火电、锅炉、恶臭和区域、流域综合性排放标准（表 4-11）。

表 4-11　石化行业执行的地方标准

序号	省份	大气污染物排放标准	水污染物排放标准
1	北京	《炼油与石油化学工业大气污染物排放标准》（DB 11/447—2015） 《锅炉大气污染物排放标准》（DB 11/139—2015） 《有机化学品制造业大气污染物排放标准》（DB 11/1385—2017）	《水污染物综合排放标准》（DB 11/307—2013）
2	天津	《工业企业挥发性有机物排放控制标准》（DB 12/524—2020） 《恶臭污染物排放标准》（DB 12/059—2018） 《火电厂大气污染物排放标准》（DB 12/810—2018） 《锅炉大气污染物排放标准》（DB 12/151—2020）	—
3	河北	《工业企业挥发性有机物排放控制标准》（DB 13/2322—2016） 《燃煤电厂大气污染物排放标准》（DB 13/2209—2015） 《锅炉大气污染物排放标准》（DB 13/5161—2020）	《大清河流域水污染物排放标准》（DB 13/2795—2018） 《子牙河流域水污染物排放标准》（DB 13/2796—2018）
4	山西	《锅炉大气污染物排放标准》（DB 14/1929—2019） 《燃煤电厂大气污染物排放标准》（DB 14/T 1703—2018）	《污水综合排放标准》（DB 14/1928—2019）
5	上海	《恶臭（异味）污染物排放标准》（DB 31/1025—2016） 《危险废物焚烧大气污染物排放标准》（DB 31/767—2013）	《污水综合排放标准》（DB 31/199—2018）
6	江苏	《化学工业挥发性有机物排放标准》（DB 32/3151—2016）	《化学工业水污染物排放标准》（DB 32/939—2020）
7	浙江	《锅炉大气污染物排放标准》（DB 3301/T 0250—2018）	《工业企业废水氮、磷污染物间接排放限值》（DB 33/887—2013）
8	江西	《挥发性有机物排放标准　第 2 部分：有机化工行业》（DB 36 1101.2—2019）	《鄱阳湖生态经济区水污染物排放标准》（DB 36/852—2015）

序号	省份	大气污染物排放标准	水污染物排放标准
9	福建	《厦门市大气污染物排放标准》（DB 35/323—2018）	《厦门市水污染物排放标准》（DB 35/322—2018）
10	山东	《区域性大气污染物综合排放标准》（DB 37/2376—2019） 《挥发性有机物排放标准　第 6 部分：有机化工行业》（DB 37/2801.6—2018） 《有机化工企业污水处理厂（站）挥发性有机物及恶臭污染物排放标准》（DB 37/3161—2018） 《山东省锅炉大气污染物排放标准》（DB 37/2374—2018） 《山东省火电厂大气污染物排放标准》（DB 37/664—2019）	《流域水污染物综合排放标准　第 1 部分：南四湖东平湖流域》（DB 37/3416.1—2018） 《流域水污染物综合排放标准　第 2 部分：沂沭流域》（DB 37/3416.2—2018） 《流域水污染物综合排放标准　第 3 部分：小清河流域》（DB 37/3416.3—2018） 《流域水污染物综合排放标准　第 4 部分：海河流域》（DB 37/3416.4—2018） 《流域水污染物综合排放标准　第 5 部分：半岛流域》（DB 37/3416.5—2018）
11	河南	—	《化工行业水污染物间接排放限值》（DB 41/1135—2016） 《贾鲁河流域水污染物排放标准》（DB 41/908—2014） 《蟒沁河流域水污染物排放标准》（DB 41/776—2012）
12	湖北	—	《湖北省汉江中下游流域污水综合排放标准》（DB 42/1318—2017）
13	广东	《锅炉大气污染物排放标准》（DB 44765—2019）	《小东江流域水污染物排放标准》（DB 44/2155—2019） 《淡水河、石马河流域水污染物排放标准》（DB 44/2050—2017） 《茅洲河流域水污染物排放标准》（DB 44/2130—2018）
14	四川	《四川省固定污染源大气挥发性有机物排放标准》（DB 51/2377—2017）	《四川省岷江、沱江流域水污染物排放标准》（DB 51/2311—2016）
15	福建	《厦门市大气污染物排放标准》（DB 35/323—2018）	《厦门市水污染物排放标准》（DB 35/322—2018）
16	重庆	—	《化工园区主要水污染物排放标准》（DB 50/457—2012）
17	陕西	《陕西省挥发性有机物排放控制标准》（DB61/T 1061—2017） 《关中地区重点行业大气污染物排放标准》（DB61/T 941—2018）	《陕西省黄河流域污水综合排放标准》（DB 61/224—2018）

从废气排放标准来看，由于石化行业是 VOCs 排放的重点行业，重点地区京津冀及"2+26"个城市、汾渭平原、珠三角地区、长江流域部分地区已执行 VOCs 去除效率 97%的特别排放限值要求。部分省份制定了严于国家标准的地方标准，如北京、山东、江苏、河南、陕西等省（市），其中北京最为严格，焚烧类有机废气排放口挥发性有机物需满足排放浓度≤20 mg/m^3 和去除效率 97%的要求。

从废水排放标准来看，黄河流域部分地区石化行业执行严于国家的标准，如河南、陕西、山东。长江流域作为总磷重点管控地区，安徽安庆，湖北武汉，湖南岳阳，江苏常州、南京、苏州、无锡，四川成都、峨眉，浙江杭州、湖州，重庆总磷排放浓度已执行特别排放限值。

三、建设项目环境影响评价情况

1. 建设项目环评审批权部分下放

为深化改革，积极推进简政放权，生态环境部于 2015 年、2019 年分别修订部审批环评文件的建设项目目录，逐步下放审批权限。目前生态环境部负责审批的石化行业建设项目环境影响评价文件仅保留了新建炼油及扩建一次炼油项目，其余均下放地方审批。各省级生态环境主管部门结合实际情况，及时修订调整建设项目环境影响评价文件分级审批规定。北京、上海、海南、陕西、新疆、青海 6 省（区、市）石化行业建设项目主要由省级生态环境主管部门审批，审批权限未下放；天津、内蒙古、江苏、山东 4 省（区、市）审批权限全部下放至地级市；其余 21 个省份（不包括香港、澳门、台湾）大部分保留了对二甲苯（PX）和精对二甲苯（PTA）的审批权限，其余石化项目下放至地级市。与 2015 年相比，考虑基层生态环境主管部门承接能力，"十三五"期间河北、吉林、河南、湖南、湖北、重庆 6 省（市）逐步上收部分石化化工项目审批权限，山东、甘肃、四川、浙江 4 省进一步下放审批权限（表 4-12）。

表 4-12 全国各省石化行业环评审批权限及变化情况

序号	省份	2015 年省级审批建设项目	2020 年省级审批建设项目	下放情况	变化情况
1	北京	除单纯混合或分装以外的石化、化工	全部原油加工及其他石油制品；基本化学原料制造；合成材料制造	未下放	无变化
2	天津	—	—	均下放	无变化
3	河北	对二甲苯（PX）、精对苯二甲酸（PTA）项目	列入国家能源发展规划、石化产业规划扩建炼油、对二甲苯（PX）、精对二甲苯（PTA）项目	除炼油和 PX、PTA 以外，均下放	上收规划内的扩建炼油

序号	省份	2015 年省级审批建设项目	2020 年省级审批建设项目	下放情况	变化情况
4	山西	炼油项目中除新建炼油及扩建一次炼油以外的项目、新建乙烯项目。新建对二甲苯（PX）、新建二苯基甲烷二异氰酸酯（MDI）项目	列入国务院批准的国家能源发展规划、石化产业规划布局方案的扩建一次炼油项目，新建乙烯、新建对二甲苯（PX）、新建二苯基甲烷二异氰酸酯（MDI）项目	部分下放	无变化
5	内蒙古	—	—	均下放	无变化（未修订）
6	辽宁	列入国务院批准的国家能源发展规划、石化产业规划布局方案的扩建一次炼油项目，新建乙烯项目，新建对二甲苯（PX）、二苯基甲烷二异氰酸酯（MDI）项目	列入国务院批准的国家能源发展规划、石化产业规划布局方案的扩建一次项目；新建乙烯、对二甲苯（PX）、二苯基甲烷二异氰酸酯（MDI）项目（列入国家批准的石化产业规划布局）	部分下放	无变化
7	吉林	基础化学原料制造项目	原油加工、天然气加工、油页岩等提炼原油、煤制油、生物制油及其他石油制品项目；基本化学原料制造（不含单纯混合和分装的）；合成纤维制造（单纯纺丝除外）项目	未下放	上收炼油、部分石化项目
8	黑龙江	列入国务院批准的国家能源发展规划、石化产业规划布局方案的扩建项目；新建乙烯、对二甲苯（PX）、二苯基甲烷二异氰酸酯（MDI）项目	列入国务院批准的国家能源发展规划、石化产业规划布局方案的新建乙烯、对二甲苯（PX）、二苯基甲烷二异氰酸酯（MDI），扩建一次炼油项目	部分下放	无变化
9	上海	新建石化项目	新建石化项目	部分下放	无变化
10	江苏	—	—	均下放	无变化
11	浙江	总投资 10 亿元及以上的石化、化工、合成纤维制造项目	需要编制环境影响报告书的石油加工、化学纤维制造业项目，但位于已依法进行规划环评的省级以上各类园区的除外	部分下放	取消投资限制，下放进入省级园区的石化项目
12	安徽	列入国务院批准的国家能源发展规划、石化产业规划布局方案的炼油扩建项目；列入国务院批准的石化产业规划布局方案的新建乙烯项目、新建对二甲苯（PX）项目、新建二苯基甲烷二异氰酸酯（MDI）项目	列入国务院批准的国家能源发展规划、石化产业规划布局方案的炼油扩建项目；列入国务院批准的石化产业规划布局方案的新建乙烯项目、新建对二甲苯（PX）项目、新建二苯基甲烷二异氰酸酯（MDI）项目	部分下放	无变化

序号	省份	2015 年省级审批建设项目	2020 年省级审批建设项目	下放情况	变化情况
13	福建	新建乙烯项目；列入国务院批准的国家能源发展规划、石化产业规划布局方案的扩建一次炼油项目；新建对二甲苯（PX）、精对苯二甲酸（PTA）、二苯基甲烷二异氰酸酯（MDI）、甲苯二异氰酸酯（TDI）项目	新建乙烯项目；列入国务院批准的国家能源发展规划、石化产业规划布局方案的扩建一次炼油项目；新建对二甲苯（PX）、精对苯二甲酸（PTA）、二苯基甲烷二异氰酸酯（MDI）、甲苯二异氰酸酯（TDI）项目	部分下放	无变化（未修订）
14	江西	炼油项目，新建乙烯项目，对二甲苯（PX）、二苯基甲烷二异氰酸酯（MDI）项目	炼油项目，新建乙烯项目，对二甲苯（PX）、二苯基甲烷二异氰酸酯（MDI）项目	部分下放	无变化（未修订）
15	山东	列入国务院批准的石化产业规划布局方案的扩建炼油、新建乙烯项目、新建对二甲苯（PX）项目、新建二苯基甲烷二异氰酸酯（MDI）项目	—	均下放	进一步下放
16	河南	总投资 1 亿元及以上的下列化工项目：基本化学原料制造、合成材料制造	列入国务院批准的国家能源发展规划、石化产业规划布局方案的扩建一次炼油项目；新建乙烯项目；新建精对苯二甲酸（PTA）、对二甲苯（PX）、二苯基甲烷二异氰酸酯（MDI）、甲苯二异氰酸酯（TDI）项目	部分下放	上收扩建炼油、乙烯和部分化工项目
17	湖北	—	列入国家批准的相关规划的新建炼油及扩建一次炼油项目，新建乙烯、对二甲苯（PX）、二苯基甲烷二异氰酸酯（MDI）项目	部分下放	上收扩建炼油、乙烯和部分化工项目
18	湖南	投资 5 亿元（含）以上石化项目（生态环境部审批的除外）	对二甲苯（PX）项目，投资 5 亿元（含）以上其他石化项目	部分下放	上收 PX 项目
19	广东	列入国家能源发展规划、石化产业规划的扩建炼油项目；新建乙烯生产项目；新建沥青生产项目（沥青改性项目除外）；新建精对苯二甲酸（PTA）、对二甲苯（PX）、二苯基甲烷二异氰酸酯（MDI）、甲苯二异氰酸酯（TDI）生产项目	列入国务院批准的国家能源发展规划、石化产业规划布局方案的扩建一次炼油项目；新建乙烯生产项目；新建沥青生产项目（沥青改性项目除外）；新建精对苯二甲酸（PTA）、对二甲苯（PX）、二苯基甲烷二异氰酸酯（MDI）、甲苯二异氰酸酯（TDI）生产项目	部分下放	扩建一次炼油项目

序号	省份	2015 年省级审批建设项目	2020 年省级审批建设项目	下放情况	变化情况
20	广西	列入国家能源发展规划、石化产业规划的扩建一次炼油项目；新建对二甲苯（PX）、二苯基甲烷二异氰酸酯（MDI）项目	列入国务院批准的国家能源发展规划、石化产业规划布局方案的扩建一次炼油项目；新建对二甲苯（PX）、二苯基甲烷二异氰酸酯（MDI）项目	部分下放	无变化
21	海南	—	编制环境影响报告书类的石化建设项目	未下放	—
22	重庆	除新建炼油及扩建一次炼油以外的炼油项目，列入国家能源发展规划、石化产业规划布局方案的炼油扩建项目；新建乙烯、对二甲苯（PX）、二苯基甲烷二异氰酸酯（MDI）项目	除新建炼油及扩建一次炼油以外的炼油项目，列入国家能源发展规划、石化产业规划布局方案的炼油扩建项目；新建乙烯、精对苯二甲酸（PTA）、对二甲苯（PX）、二苯基甲烷二异氰酸酯（MDI）、甲苯二异氰酸酯（TDI）项目	部分下放	上收 PTA、TDI 化工项目
23	四川	编制报告书的石化、化工项目	精炼石油产品制造项目（在现有项目基础上调整产品结构，但不新增产品种类的除外）；新建乙烯、对二甲苯（PX）、对苯二甲酸（PTA）、二苯基甲烷二异氰酸酯（MDI）、甲苯二异氰酸酯（TDI）项目	部分下放	进一步下放
24	贵州	省人民政府按照国务院批准的石化产业规划布局方案核准的项目	除生态环境部审批以外的原油加工及其他石油制品项目	部分下放	无变化
25	云南	原油加工；油母页岩提炼原油，生物制油及其他石油制品；新建乙烯项目，改扩建新增产能超过 20 万 t 的乙烯项目；新建烯烃、对二甲苯（PX）、精对苯二甲酸（PTA）、二苯基甲烷二异氰酸酯（MDI）、甲苯二异氰酸酯（TDI）项目	原油加工；油母页岩提炼原油，生物制油及其他石油制品；新建乙烯项目，改扩建新增产能超过 20 万 t 的乙烯项目；新建烯烃、对二甲苯（PX）、精对苯二甲酸（PTA）、二苯基甲烷二异氰酸酯（MDI）、甲苯二异氰酸酯（TDI）项目	部分下放	无变化
26	西藏	除单纯混合分装以外	除单纯混合分装以外	未下放	无变化

序号	省份	2015 年省级审批建设项目	2020 年省级审批建设项目	下放情况	变化情况
27	陕西	基本化学原料、石油制品	生态环境部审批以外的石油制化学品和石油制燃料项目	未下放	无变化
28	甘肃	列入国家批准的相关规划的新建炼油及扩建一次炼油项目；新建乙烯项目；对二甲苯（PX）、精对苯二甲酸（PTA）、二苯基甲烷二异氰酸酯（MDI）、甲苯二异氰酸酯（TDI）项目，总投资 5 亿元以上化工项目	列入国家批准的相关规划的新建炼油及扩建一次炼油项目；新建乙烯项目；对二甲苯（PX）、二苯基甲烷二异氰酸酯项目（MDI）；总投资 10 亿元以上化工项目	部分下放	进一步下放
29	青海	—	原油加工、天然气加工、油母页岩等提炼原油、煤制油、生物制油及其他石油制品项目；编制环境影响报告书的基本化学原料、合成材料制造项目	未下放	—
30	宁夏	列入国务院批准的国家能源发展规划、石化产业规划布局方案的扩建项目；新建乙烯项目；新建对二甲苯（PX）、精对苯二甲酸（PTA）项目；新建二苯基甲烷二异氰酸酯（MDI）项目	列入国务院批准的国家能源发展规划、石化产业规划布局方案的扩建项目；新建乙烯项目；新建对二甲苯（PX）、精对苯二甲酸（PTA）项目；新建二苯基甲烷二异氰酸酯（MDI）项目	除炼油、乙烯、PX、PTA 和 MDI 以外均下放	无变化（未修订）
31	新疆	全部石化项目	除生态环境部审批权限以外的全部石油加工项目，基本化学原料制造，合成材料制造	未下放	无变化

2．建设项目环评审批数量及分布

根据环评智慧监管平台，2020 年全国石化行业环境影响评价文件以市级及以下生态环境主管部门批复的报告书为主。石化行业建设项目有 634 个，其中新建项目 285 个、改扩建项目 349 个，项目总投资额为 6 526.95 亿元，环保投资约为 436.32 亿元。从环境影响评价文件类型分析，编制报告书、报告表的建设项目分别为 562 个、72 个，分别占审批项目总数的 88.6%、11.4%。从审批权限分析，部、省、市及区（县）级生态环境主管部门分别审批 2 个、29 个、603 个，分别占审批项目总数的 0.3%、4.6%、95.1%（表 4-13）。

表 4-13　2020 年石化行业建设项目环评审批情况

行业类别名称	审批数量	项目总投资/亿元	环保投资/亿元	项目类型		审批层级			环评文件类型	
				新建	改（扩）建	部级	省级	地市级及以下	报告书	报告表
原油加工及石油制品制造业	112	3 665.33	307.23	30	82	2	5	105	105	7
有机化学原料制造业	371	2 069.49	103.27	171	200	—	19	352	340	31
初级形态塑料及合成树脂制造业	130	634.42	21.82	72	58	—	5	125	104	26
合成橡胶制造业	15	20.25	1.01	8	7	—	—	15	10	5
合成纤维单（聚合）体制造行业	6	137.46	2.99	4	2	—	—	6	3	3
合计	634	6 526.95	436.32	285	349	2	29	603	562	72

从审批内容来看，2020 年审批环评的项目中，原油一次加工项目仅为部里审批的两个项目，其余原油加工及石油制品制造业项目主要为装置升级改造或石油馏分的二次加工。从地域分布来看，石化项目主要分布在山东、辽宁、河北、浙江等省份，占全国总数的 41.48%。

3．建设项目环境影响评价竣工验收情况

根据全国建设项目竣工环境保护验收信息系统，2020 年石化行业完成自主验收项目 576 个，其中环评报告书 398 个、报告表 178 个，分别占总数的 69%、31%；涉及项目实际总投资为 2 411.94 亿元，实际环保投资为 153.92 亿元；从类型来看，新建项目 321 个、改（扩）建项目 255 个，分别占总数的 55.7%、44.3%。从地区分布来看，主要分布在山东、江苏、浙江、辽宁、河北、广东等省份（表 4-14）。

表 4-14　石化行业建设项目自主验收情况

行业类别名称	项目数量/个	环评文件类型/个		项目类型/个		项目实际总投资/亿元	实际环保投资/亿元
		报告书	报告表	新建	改（扩）建		
原油加工及石油制品制造业	179	111	68	87	92	1 482.99	92.45
有机化学原料制造业	228	194	34	134	94	612.55	46.37
初级形态塑料及合成树脂制造业	126	65	61	72	54	202.94	8.57
合成橡胶制造业	31	18	13	20	11	29.87	1.61
合成纤维单（聚合）体制造行业	12	10	2	8	4	83.59	4.92
合计	576	398	178	321	255	2 411.94	153.92

4．建设项目事中事后监管情况

2020 年建设项目环评文件技术复核时，共选取了 9 个石化项目开展人工复核，其中 7 个项目存在问题，主要问题为评价因子缺少特征因子、环境保护措施不全等。

2021 年 3 月，生态环境部发布了《关于“十三五”以来生态环境部审批部分重点建设项目环境保护“三同时”和竣工自主验收工作检查发现问题的通报》（环办执法函〔2021〕136 号），存在问题的 25 个建设项目中有 4 个为石化项目，分别为中国石油—沙特阿美合资云南 1 300 万 t/a 炼油项目、浙江石油化工有限公司 4 000 万 t/a 炼化一体化项目、中委广东石化 2 000 万 t/a 重油加工工程、盛虹炼化（连云港）有限公司炼化一体化项目。存在的问题分别为未按时提交排污许可执行报告、环评要求措施未落实到位、项目建设过程中发生变动未履行相关手续、政府承诺事项未如期兑现等。

四、排污许可证制度实施情况

1．排污许可证核发情况

（1）总体情况

根据全国排污许可管理信息平台统计，截至 2020 年年底，全国石化企业共计核发排污许可证 4 879 张、排污许可登记 1 736 张，其中重点管理 4 757 张、简化管理 122 张；3 301 家位于园区内，1 578 家企业未进园区，需要进行整改的企业 374 家。从行业分类来看，原油加工及石油制品制造业 791 张、有机化学原料制造业 2 563 张、初级形态塑料及合成树脂制造业 1 368 张、合成橡胶制造业 108 张、合成纤维单（聚合）体制造行业 49 张（表 4-15）。

表 4-15　石化企业排污许可证核发情况

行业类别名称	行业代码	目前许可证核发总数/张	需要整改企业/家	重点管理/张	进入园区企业/家
原油加工及石油制品制造业	C2511	791	60	773	450
有机化学原料制造业	C2614	2 563	174	2 470	1 788
初级形态塑料及合成树脂制造业	C2651	1 368	130	1 361	949
合成橡胶制造业	C2652	108	5	105	75
合成纤维单（聚合）体制造行业	C2653	49	5	48	39
合计		4 879	374	4 757	3 301

石化企业核发的排污许可证主要分布在山东、江苏、广东、河北、浙江 5 省，占全国发证数量的 56.2%（表 4-16）。原油加工及石油制品制造业、有机化学原料制造业核发许可证数量均以山东省最多，核发排污许可证数量分别为 277 张和 642 张，分别占全国原油加工及石油制品制造业、有机化学原料制造业的 35.0%、25.0%；初级形态塑料及合成树脂制造业核发许可证居前 2 位的省份为江苏省和广东省，核发排污许可证数量 466 张，占全国的初级形态塑料及合成树脂制造业的 34.1%。

表 4-16　各省石化企业排污许可证核发统计情况　　单位：张

省份	排污许可证核发数量	省份	排污许可证核发数量
山东	1 113	内蒙古	78
江苏	642	新疆	77
广东	340	宁夏	65
河北	330	广西	52
浙江	318	吉林	52
辽宁	256	陕西	49
河南	223	黑龙江	46
安徽	204	甘肃	41
江西	139	重庆	36
福建	125	云南	33
湖北	124	北京	15
四川	116	海南	13
上海	98	贵州	11
山西	93	新疆生产建设兵团	10
湖南	91	青海	7
天津	81	西藏	1

（2）重点区域分布情况

本书对京津冀、长三角、珠三角、汾渭平原、苏皖鲁豫重点区域的石化企业排污许可证核发情况进行了分析：从企业数量来看，长三角地区企业数量最多，占全国企业数量的 1/4；从行业分布来看，有机化学原料制造行业企业数量最多，约占重点区域石化行业数量的一半（表 4-17）。

表 4-17 重点区域石化企业排污许可证核发情况 单位：张

行业类别名称	重点区域					
	京津冀	长三角	珠三角	汾渭平原	苏皖鲁豫	合计
原油加工及石油制品制造业	90	106	17	8	211	432
有机化学原料制造业	221	531	57	80	316	1 205
初级形态塑料及合成树脂制造业	80	544	145	14	90	873
合成橡胶制造业	9	34	18	0	6	67
合成纤维单（聚合）体制造行业	3	20	2	1	2	28
合计	403	1 235	239	103	655	—

（3）重点流域排污许可证核发情况

对长江流域、黄河流域石化行业排污许可证核发情况进行分析发现：长江流域石化企业核发排污许可证 1 078 张，占全国石化企业发证数量的比例为 22.1%；黄河流域石化企业核发排污许可证 496 张，占全国石化企业发证数量的比例为 10.2%（表 4-18）。

表 4-18 重点流域石化企业排污许可证核发情况 单位：张

行业类别名称	长江流域	黄河流域	合计
原油加工及石油制品制造业	106	143	249
有机化学原料制造业	528	301	829
初级形态塑料及合成树脂制造业	411	49	460
合成橡胶制造业	21	2	23
合成纤维单（聚合）体制造行业	12	1	13
合计	1 078	496	—

（4）排放口及许可限值

根据全国排污许可管理信息平台统计，目前石化行业企业共有大气排放口 23 313 个，其中主要排放口 18 145 个，一般排放口 4 333 个，其他废气排放口 835 个；共有废水排放口 4 893 个，其中直接排放口 753 个，间接排放口 4 140 个；共有雨水排放口 5 263 个。

根据全国排污许可证管理信息平台统计，全国石化行业废水污染物化学需氧量、氨氮、总氮、总磷许可排放量分别为 269 728.9 t/a、18 781.8 t/a、35 082.6 t/a、428.2 t/a，废气污染物二氧化硫、氮氧化物、颗粒物（烟尘）许可排放量分别为 221 948.3 t/a、349 994.4 t/a、73 540.2 t/a、59 075.5 t/a。本书同时分析了石化行业在长三角、苏皖鲁豫、京津冀、珠三角、汾渭平原 5 个大气重点地区废气污染物许可排放情况和长江流域、黄河流域 2 个重点流域废水污染物许可排放情况（表 4-19、表 4-20）。

表 4-19　重点地区石化行业废气污染物许可排放情况

重点区域	企业数量/家	二氧化硫		氮氧化物		颗粒物		挥发性有机物	
		排放量/（t/a）	占比/%	排放量/（t/a）	占比/%	排放量/（t/a）	占比/%	排放量/（t/a）	占比/%
长三角	1 235	26 212.9	11.85	58 797.3	16.83	12 334.6	16.93	60 334	17.51
苏皖鲁豫	655	16 890.7	7.63	32 259.7	9.23	4 632.0	6.36	42 847.8	12.44
京津冀	403	8 547.8	3.86	19 055.8	5.45	4 301.7	5.90	18 099.8	5.25
珠三角	239	8 603.0	3.89	13 659.8	3.91	2 912.9	4.00	12 500.7	3.63
汾渭平原	103	4 322.2	1.95	6 517.0	1.87	1 495.8	2.05	9 212.3	2.67

表 4-20　重点流域石化行业废水污染物许可排放情况

重点流域	企业数量/家	化学需氧量		氨氮		总氮		总磷	
		排放量/（t/a）	占比/%	排放量/（t/a）	占比/%	排放量/（t/a）	占比/%	排放量/（t/a）	占比/%
长江流域	1 078	48 752.3	18.07	3 074.8	16.37	8 636.2	24.62	181.3	42.34
黄河流域	496	15 247.9	5.65	1 429.7	7.61	1 660.7	4.73	15.7	3.67

通过统计结果发现，废气重点地区核发了 54%的石化行业排污许可证，二氧化硫、氮氧化物、颗粒物和挥发性有机物的许可排放量分别占全国石化行业废气污染物许可排放量的 29.2%、37.3%、35.2%和 41.5%。从区域来看，长三角地区各污染物项目均占比较高，各区域许可排放水平整体差异不大。从流域来看，长江流域总磷许可排放量占全国污染物许可排放量的比例较高，占 42.34%。

2. 排污许可证执行情况

根据全国排污许可证管理信息平台，截至 2021 年 6 月 15 日，全国石化行业应提交执行报告的企业共计 4 494 家，其中 3 214 家企业上报了 2020 年年报，占总数的 70.1%。考虑 385 家持证不足 3 个月，可不上报年度执行报告，2020 年石化行业排污许可证年报提交数量占全国所有石化企业排污许可证 4 879 张的 65.8%。

从行业类别来看，原油加工及石油制品制造行业执行报告提交率最高，达到 76%；初级形态塑料及合成树脂制造业执行报告提交率最低，为 61.5%（表 4-21）。

表 4-21　石化企业 2020 年执行报告年报提交情况

行业类别名称	排污许可证总数/张	2020 年年度执行报告提交数量/张	提交比例/%
原油加工及石油制品制造业	791	601	76.0
有机化学原料制造业	2 563	1 667	65.0
初级形态塑料及合成树脂制造业	1 368	842	61.5
合成橡胶制造业	108	71	65.7
合成纤维单（聚合）体制造行业	49	33	67.3
合计	4 879	3 181	65.2

从地区来看，各省份 2020 年提交执行报告年报的比例差异较大，其中山东、海南、新疆提交比例较高，超过 90%；福建、广西、湖北、宁夏、西藏提交比例较低，不足 20%（表 4-22）。

表 4-22　各省份石化企业 2020 年执行报告年报提交情况

省份	排污许可证总数/张	2020 年年度执行报告提交数量/张	提交比例/%
山东	1 113	1 049	94.2
海南	13	12	92.3
新疆	77	72	93.5
江西	139	120	86.3
天津	81	70	86.4
湖南	91	76	83.5
重庆	36	29	80.6
辽宁	256	207	80.9
新疆生产建设兵团	10	8	80.0
上海	98	77	78.6
云南	33	24	72.7
浙江	318	236	74.2
青海	7	5	71.4
吉林	52	37	71.2
陕西	49	34	69.4
山西	93	58	62.4
甘肃	41	25	61.0
四川	116	70	60.3

省份	排污许可证总数/张	2020 年年度执行报告提交数量/张	提交比例/%
北京	15	9	60.0
广东	340	203	59.7
江苏	642	373	58.1
河南	223	125	56.1
河北	330	148	44.8
黑龙江	46	18	39.1
贵州	11	3	27.3
安徽	204	43	21.1
内蒙古	78	17	21.8
福建	125	25	20.0
广西	52	10	19.2
湖北	124	21	16.9
宁夏	65	10	15.4
西藏	1	0	0

3．排污许可证后监管情况

根据全国排污许可证管理信息平台统计信息，全国各地监管部门分别对 206 家石化企业进行 332 次的证后实施与监管检查。从行业类型来看，206 家石化企业中，原油加工及石油制品制造业 144 家、有机化学原料制造业 45 家、初级形态塑料及合成树脂制造业 16 家、其他原油制品制造业 1 家。从地区分布来看，主要分布在北京、山东、广东、天津、湖北、福建、四川、青海、吉林 9 个省（市）。

通过许可证监督检查，对 16 家企业（全部为原油加工及石油制品制造业）进行行政处罚或立案调查，占比为 7.7%，处罚情形中涉及 7 种违法行为，主要包括未安装废气处理设施、监测数据未公开、未按要求开展自行监测、未安装自动监测设施、污染物排放浓度超标、发生重大改变未重新上报环评、危险废物处置不当。

目前，部分地方生态环境主管部门已逐步开展排污许可证后监管及执法工作。如陕西省生态环境厅于 2020 年 5 月组织开展了全省排污许可证后监督专项执法行动，由排污许可管理处和生态环境执法局联合开展执法，现场检查和抽查 1 251 家重点监管企业，发现存在问题企业 784 家，其中排污许可申报不规范 179 家，排污许可不及时变更 63 家，排污许可整改措施暂未落实 97 家，排污口设置不规范 58 家，超标排污 83 家，超总量排污 69 家，污染治理设施不完善 38 家，污染治理设施不正常运行或通过逃避监管方式排放污染物 133 家，排放管控不到位 21 家，自行监测执行不到位 597 家，执行报告提交不规范 306 家，台账记录不规范 271 家。

五、排污单位监管执法情况

1. 执法处罚情况

根据全国执法系统初步统计，2020 年石化行业环境行政处罚案件共 267 件。从违法行为来看，主要集中在违反大气环境管理、固体废物管理相关法律法规，分别占违法行为的 55.06%、18.35%（表 4-23）。

表 4-23　2020 年石化行业生态环境行政违法统计情况

违法行为	案件数量/件	占比/%	罚款数额/万元	占比/%
违反大气环境管理	147	55.06	1 463.55	43.62
违反固体废物管理	49	18.35	363	10.82
违反水环境管理	21	7.87	482.46	14.38
违反环境影响评价	20	7.49	113.012	3.37
超标或超总量排污、违反限期治理	12	4.49	587.48	17.51
违反建设项目“三同时”及验收	8	3.00	195.5	5.83
不正常使用或擅自拆除、闲置污染处理设施	3	1.12	102.85	3.07
其他	7	2.62	47.498	1.42
合计	267	—	3 355.35	—

从处罚类型来看，所有案件均被处以罚款，罚款总额为 3 355.35 万元，其中 10 件案件同时被处以警告、责令停产整顿等处罚。

从罚款额度来看，1 万元（不含 1 万元）以下的案件 11 件，占比为 4.1%；1 万～10 万元（不含 10 万元）的案件 163 件，占比为 61.0%；10 万～100 万元（不含 100 万元）的案件 89 件，占比为 33.3%；100 万元的案件 3 件，占比为 1.1%。

从各省份情况来看，石化行业违法行为立案数量最多的省份为河北省，约占全国石化行业违法案件数量的 48.3%，违法行为涉案罚款数额占罚款总额的 28.4%。

2. 群众投诉举报情况

2020 年石化行业共接到 274 次投诉举报，投诉举报途径为电话、来信、微信、媒体曝光、网络等 5 种方式，其中以微信和电话为主，占投诉数量的 81%（图 4-6）。

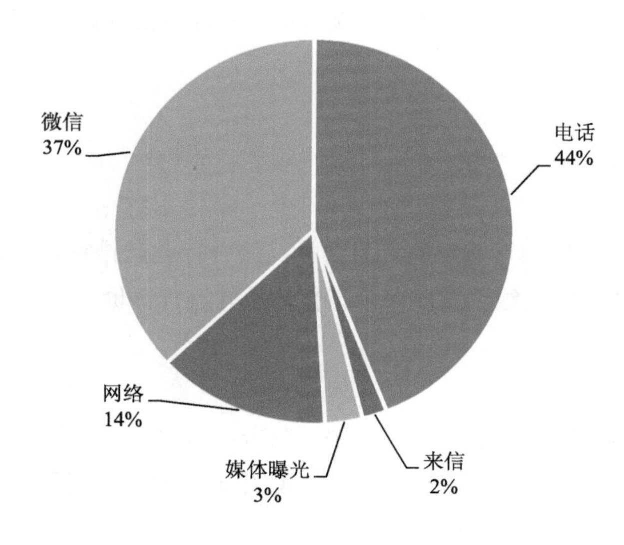

图 4-6　群众投诉举报方式统计

从投诉内容来看，涉及恶臭/异味、工业废气、废水、噪声等，其中涉及恶臭的次数最多，共计 113 次，占总投诉举报情况的 41%（图 4-7）。

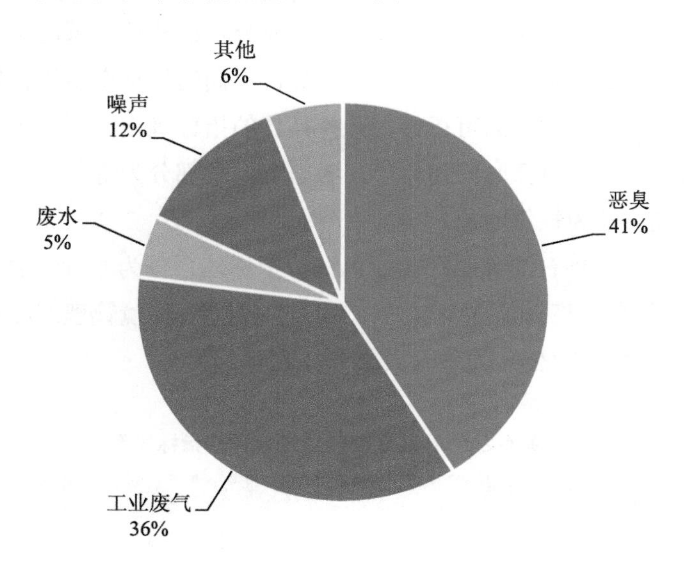

图 4-7　群众投诉举报内容统计

从处理结果来看，生态环境执法部门就 204 次投诉举报进行了现场检查，仅对 3 家企业进行立案调查并处罚。

第五节　行业绿色评价

本书以“促进石油炼制行业绿色”为目标，结合行业产排特点，探索构建一套综合、系统、实用的石油炼制行业绿色发展评价指标体系并进行评价。

一、评价对象

石油炼制行业主要以原油加工及石油制品制造业为主，基于已有的统计数据及实际调研结果，评价对象为全行业及中国石油天然气集团有限公司、中国石化集团公司、中国海洋石油集团有限公司。

二、绿色评价指标体系

根据清洁生产、绿色发展等相关研究经验，结合石油炼制行业特点，以体现行业绿色发展为出发点，科学构建核算指标框架，制定具体指标的核算方法，充分体现核算结果的科学性。从核算框架、核算方法、参数选择等方面充分考虑核算体系的可操作性，可用于石油炼制行业绿色体系的核算。核算涉及多个指标，不同的指标有多种核算方法，在遵循科学性原则的基础上，根据数据的可得性，选择具体的指标确定方法。指标核算原则与行业统计现状尽量保持一致，核算时间为一年。考虑炼厂大部分为炼化一体化，企业产品类型繁多，选取加工吨原油为核算对象。

综合考虑行业特定，将石油炼制行业绿色评价指标体系分为 5 个一级指标和 23 个二级指标，其中一级指标包括资源能源消耗、生产工艺与装置、环境管理制度执行情况指标、绿色 GDP 以及与环境保护的公共关系五大部分（表 4-24）。

表 4-24　石油炼制行业绿色评价指标体系

一级指标	一级指标权重	二级指标
资源能源消耗指标	25	原油加工损失率
		吨原油综合能耗/（kgoe/t 原油）
		吨原油新鲜取水量/（m^3/t）
生产工艺与装置指标	10	原油一次加工装置政策符合性
		产品绿色水平

一级指标	一级指标权重	二级指标
环境管理制度执行情况指标	20	环境影响评价制度实施情况
		排污许可证未存在整改事项的比例
		排污许可证执行报告上报情况
		污染物排放达标情况
绿色 GDP 指标	33	单位工业总产值 COD 排放量
		单位工业总产值氨氮排放量
		单位工业总产值总磷排放量
		单位工业总产值总氮排放量
		单位工业总产值二氧化硫排放量
		单位工业总产值氮氧化物排放量
		单位工业总产值颗粒物排放量
		单位工业总产值挥发性有机物排放量
		单位工业总产值一般固体废物产生量
		单位工业总产值危险废物产生量
		单位总产值二氧化碳排放量
与环境保护的公众关系	12	环境处罚情况
		突发环境事件发生情况
		群众投诉

指标权重在很大程度上影响评价指标体系的准确性和科学性。指标权重值根据研究者的经验法、专家咨询法、资料文献参考法确定。各层级权重取值主要参考《清洁生产评价指标体系　石油炼制业》（DB 11/T 1157—2015）、《清洁生产标准　石油炼制业》（HJ/T 125—2003）、《绿色发展指标体系》等文件中有关权重的分配比例，结合专家咨询意见确定各个评价指标的权重值。

本评价指标体系将行业绿色发展水平划分为先进水平、较好水平、一般水平 3 级（表 4-25）。

表 4-25　石油炼制行业绿色发展综合指标评价指数

企业绿色发展水平	综合评价指标值（P）
先进水平	$P \geqslant 85$
较好水平	$75 \leqslant P < 85$
一般水平	$60 \leqslant P < 75$

三、数据来源

本次核算的数据主要源于全国排污许可证管理信息平台、国家统计局、行业协会等。

四、评价结果

通过核算，全国石油炼制企业绿色发展处于较好水平。从一级指标来看，中石油集团在资源能源消耗指标、与环境保护的公众关系两个方面表现较好；中石化集团在生产工艺与装置指标和环境管理制度执行情况指标两个方面表现较好；中海油集团的绿色 GDP 指标优于全国水平。

2020 年受新冠肺炎疫情的影响，国民经济生产总值的偏低，对于绿色发展水平的结果略有影响。同时，石油炼制行业绿色发展评价指标体系属首次开展研究，在指标体系、数据完整性和准确性方面尚有不足之处，需在后续研究中逐步完善。

第六节　问题及建议

一、行业存在的主要环境问题

1. 行业规划布局、产业结构有待优化

一是行业布局与七大石化基地存在出入。在石化产能过剩、资源环境问题突出的背景下，2014 年国家提出布局七大石化基地。但目前七大石化基地中的曹妃甸石化基地尚未起步，而在七大石化基地外，山东烟台、广东揭阳和湛江、辽宁盘锦等布局了新的炼油项目，河北、山东部分地方性炼油厂也在逐步扩能。

二是行业产业结构有待提升。炼化行业整体“大而不强”，存在低端产品过剩、高端产品不足、炼厂平均规模与世界平均水平差距明显等结构性问题。低端过剩、高端短缺的结构性矛盾依旧是行业主要矛盾，产品结构优化、过剩产能压减的任务仍然艰巨。

三是仍存在部分淘汰落后产能。2019 年 11 月，国家发展改革委发布《产业结构调整指导目录》（2019 年本），明确提出限制新建 1 000 万 t/a 以下常减压装置和淘汰 200 万 t/a 及以下常减压装置。根据全国排污许可证管理信息平台，已核发排污许可证的 143 家石油炼制企业中，有 45 家企业的 50 套常减压装置小于 200 万 t/a，属于淘汰类。

四是炼厂规模总体偏低。由于我国中小规模炼厂较多，目前国内炼厂平均规模为 443 万 t/a，而世界炼厂平均规模为 770 万 t/a。我国 200 万～500 万 t/a 小型炼厂能力占比高达 26%，大型炼厂也有一批落后的小装置。

2．企业守法行为有待规范

一是环评批复的落实有待强化。企业是生态环境保护责任的主体，须落实项目环评中提出的生态保护、污染防治、风险防控等措施。调研发现多家企业存在主体责任不落实的问题，如浙江石化项目挥发性有机物污染防治措施不到位，非甲烷总烃超标排放；部分设施存在设计不合理，如油气回收装置存在旁路设计，废气中非甲烷总烃排放浓度超过设计值 $2\ 000\times10^{-6}$ 时即通过应急旁路排放，造成油气回收装置的排放浓度经常偏高。

二是排污许可证后执行有待提高。石化行业虽然已经实现了排污许可证全覆盖，但排污许可证执行情况尚不理想。尽管排污许可管理条例发布后，执行报告上报比例有所提高；环境管理台账记录内容普遍不全，无法切实发挥自证守法的作用。

三是环境管理水平有待加强。通过统计发现，2020 年石化行业有 267 起因超标排放等违法行为受到行政处罚，因恶臭等问题收到群众投诉，仍有 25 万 t 的危险废物未处理、处置。现场调研发现，部分企业自行监测运行维护不规范，未按照《固定污染源烟气（SO_2、NO_x、颗粒物）排放连续监测技术规范》（HJ 75—2017）进行校准和校验，有的企业纸质版记录与自行监测仪器采集数据不对应，纸质版记录中显示已进行二氧化硫、氮氧化物和氧含量的校准，而在数据采集仪器中仅显示氮氧化物的校准，无二氧化硫、氧含量的校准数据。

3．行业污染防治水平尚有提升空间

一是治理设施措施不完善。自行业排放标准发布后，大部分企业采取了挥发性有机物的末端治理措施，但收集效率一直较低。如酸性水罐、均质罐等排放的废气未进行收集处理；延迟焦化装置的无组织废气未进行收集处理；多数码头虽然配置了油气回收设施，但船舶未配备相应与油气回收设施匹配的接口。

二是治理效果不佳。目前绝大部分石化企业开展了挥发性有机物动静密封点泄漏检测与修复（LDAR），但部分企业的 LDAR 台账不完善，检测过程不规范致使检测结果偏好，修复工作流于形式，治理效果有限。污水处理厂普遍进行了加盖，但由于密闭性不好，废气收集效果有限，部分企业污水处理厂有机废气未将高浓度、低浓度有机废气分开处理，均通入生物法等适合处理低浓度废气的治理工艺而导致治理效果不达标。储罐和装载尾气进行收集处理时，由于压力传感器设置在收集管线的最近或最远端，压力连锁启动不合理，导致油气难以得到有效收集，未达到回收利用的效果。

三是治理设施过度。如山东某石化企业污水处理厂加盖收集后的废气进行分质处理，其中 A/O 池和危险废物暂存间废气的低浓度废气进入低浓度废气处理装置，工艺为两级生物滤池+光催化氧化（UV 光解）+活性炭吸附，处理后经 25 m 排气筒排放，其中低浓度尾气的处理工艺中光催化氧化未发挥作用。经现场调研发现，将光催化氧化工艺关掉后，仅剩生物滤池+活性炭吸附，出口浓度非甲烷总烃浓度仍可以满足 120 mg/m^3 的排放标准，存在过度安装污染治理设施的情况。

四是治理措施未体现减污降碳的协同控制。以有机废气治理为例，目前大部分企业为降低排放浓度纷纷将有机废气送 RTO、RCO 等装置进行焚烧，在焚烧的过程中不仅需要补充天然气等燃料，焚烧后还要增加氮氧化物和二氧化碳排放。如某企业普遍将有机废气收集后焚烧处理，以储罐尾气为例，收集后经 RTO 工艺焚烧处理排放，与吸收吸附工艺相比，可多处理约 20 t/a 挥发性有机物，但运行过程中需要向炉膛补充外购天然气约 11 万 m^3/a，850℃高温作用下会增加 NO_x 排放量 4.3 t/a，同时增加 CO_2 排放 238 t/a，运维费用加人工费共计 200 万～300 万元/a。

4．行业环境管理尚需进一步提高

一是管控要求有待完善。如《石油炼制工业污染物排放标准》（GB 31570—2015）中未包括离子液法烷基化装置催化剂再生烟气排气筒和催化裂化汽油吸附脱硫再生烟气排气筒污染物排放要求，硫黄回收装置未规定氮氧化物排放限值要求，未明确循环水系统挥发性有机物的管控要求。有机废气排放口仅规定了非甲烷总烃的去除效率，未规定排放限值，但部分有机废气进口浓度相对较低，有的不足 100 mg/L，难以达到标准中规定的 95%或 97%的去除效率。

二是废水间接排入园区集中污水处理厂要求有待调整。排入园区污水处理厂时，废水中 8 种常规污染物未规定间排限值，可以协商确定；石油类、氟化物、可吸附有机卤化物的间排限值分别按直排限值的 2～5 倍给出；其余 66 种特征污染物间排限值与直排限值相同。在实际执行过程中，企业如果按接管要求处理，特征污染物很难做到间排要求，如果按直排要求处理，不仅会增加投入和运行成本，还将导致一定程度的重复建设和浪费，也无法发挥园区污水处理厂的价值。

三是清洁生产指标体系有待提高。目前石化行业清洁生产水平分析仍采用 HJ/T 125—2003、《清洁生产标准　基本化学原料制造业（环氧乙烷/乙二醇）》（HJ/T 190—2006）等。由于编制时间较早，石化行业工艺更新较快，规模不断增大，导致标准体系中的部分指标与实际存在偏差，如炼油行业先进企业综合能耗实际上已经可以做到低于 60 kg/t 原油，远小于清洁生产标准中综合能耗一级指标≤80 kg/t 原油；大部分化工装置缺少评价体系，仅发布了环氧乙烷/乙二醇的清洁生产标准。

四是达标判定存在不同。行业排放标准仅适用于污染治理设施正常运行情况，但催化裂化装置、加热炉启停阶段会存在超过排放标准的情况。排污许可技术规范中虽然提出催化裂化装置计划内启动和停机时段 150 h 内的氮氧化物排放浓度不视为许可排放浓度限值判定依据，焚烧炉计划内启动和停机阶段 4 h 内的氮氧化物排放浓度不视为许可排放浓度限值判定依据。由于法律层级低于排放标准，在实际工作过程中仅部分执法部门予以考虑，部分执法部门仍以排放标准为主要依据。

二、对策建议

1. 从能源利用向资源利用转型，优化行业产业结构和发展路径

一是做好行业统筹规划。在国家收严“两高”项目审批并拟开展排查清理的背景下，行业需要从资源能源、“30・60”双碳目标、环境保护、高质量发展等角度出发，以碳达峰目标框定产业发展规模，以资源环境承载能力协调产业发展布局，指导产业绿色低碳转型，加快适应我国应对气候变化中长期目标。

二是优化产业布局。发挥行业产业规划引领作用，加强石化基地上下游产品链协同、能源互供和资源循环利用。强化规划引领及准入管理，从绿色低碳角度实施准入管理，从源头把握好基地绿色发展方向。对《石化产业规划布局方案》确定的石化产业基地开展环境影响跟踪评价，适时优化调整规划，坚持生态优先、绿色发展理念，合理安排产业布局、结构、规模。

三是严格控制炼油产能。新建炼化项目须纳入石化产业规划布局方案。同时，加大落后产能淘汰力度，特别是淘汰单套规模在 200 万 t/a 及以下的炼油产能，禁止现有炼厂违规扩能，力争到“十四五”末期国内原油一次加工能力的过剩趋势得到有效遏制。

四是适度推进“减油增化”。统筹考虑炼油产能过剩和乙烯、芳烃原料供应不足并存的结构性矛盾，坚持宜油则油、宜化则化原则，在确保成品油供应充足、稳定的前提下，适度推进炼厂“减油增化”。

五是优化资源配置。充分优化炼化一体化发展模式下乙烯、芳烃的原料结构。炼油企业通过提高渣油加氢、催化裂化比例，降低延迟焦化比例。适度延伸下游产业链，实施炼油化工产业链之间的资源整合优化。按照高端化的原则做好产业结构优化，重点发展对外依存度比较高的产品，增加航煤、低硫船燃等高附加值产品。

六是评估炼油装置淘汰政策的合理性。鉴于多年无法实现淘汰，建议政策制定部门充分考虑行业现状，结合石油炼制企业全厂工艺及产品种类的特殊性，评估淘汰 200 万 t/a 以下常减压装置政策的合理性。

2. 强化事中事后监管，规范企业守法行为

一是强化事中事后监管。将石化企业纳入“双随机、一公开”监管，用事中、事后监管“倒逼”企业依法落实环评批复要求和环保“三同时”制度，强化企业主体责任。按照《排污许可管理条例》要求，督促做好台账记录、自行监测、信息公开，按时提交执行报告。

二是帮扶企业提高环境管理水平。对于监督检查中发现存在环境问题或收到群众投诉的企业，以及自身环境管理能力不足的企业，通过专家团队技术指导和帮扶协助企业查找问题根源，切实解决实际问题，实现精准治污，同时按照国家和地方相关管理要求完善内部管理规程，切实提高企业环境管理水平。

三是保持执法高压态势。严厉打击未批先建、无证排污、不按证排污等各类违法行为，及时曝光典型案例。在加强监管的基础上强化责任追究，对环境违法行为高压威慑。

3. 提升行业治污水平，推动减污降碳协同控制

一是推广一批试点示范项目，引导企业全过程减少污染物排放。在源头控制上，优化生产工艺，大力推进低（无）VOCs 含量原辅材料替代；优化汽油池中调和组分占比，提高烷基化油和异构化油占比等。在无组织逸散的收集处理上，开展酸性水罐、均质罐等排放废气的收集处理，改造延迟焦化装置出焦、焖焦和焦炭转运方式，强化污水处理厂加盖密闭效果，加强无组织废气收集处理。在末端治理上，根据污染物排放情况和执行标准，科学选取合适的末端治理技术，既符合排放标准又避免无效投入。

二是细化石化行业环境治理操作要求，研究出台行业污染防治可行技术指南。通过制定石化行业污染防治可行技术指南，既落实排污许可管理要求，也为企业选取污染防治技术提供指导和参考，推动行业污染防治措施升级改造和技术进步。如采用法兰焊接、密闭采样等，减少挥发性有机物密封点数量；优化设备安装，采用高效紧固技术；规范开展挥发性有机物动静密封点泄漏检测与修复工作，切实发挥减少挥发性有机物无组织排放的作用等。

三是摸清碳排放家底，探索减污降碳协同控制。从减污降碳协同控制的角度，优化有机废气污染治理技术，探索挥发性有机物治理与氮氧化物、二氧化碳的协同控制路径。如在保障安全的前提下，充分利用有机废气的热值，优先送加热炉、焚烧炉焚烧处理，减少单独燃烧有机废气增加的氮氧化物和二氧化碳排放。加快石化行业参与全国碳排放权交易市场建设，做好石化行业碳排放量统计，为后续制定行业碳排放绩效及总量管控奠定技术基础。

4. 适时修订行业污染物排放标准和清洁生产管理体系，逐步完善行业环境管理

一是优化完善污染源管控要求。在 GB 31570—2015 中补充离子液法烷基化装置催化剂再生烟气排气筒、催化裂化汽油吸附脱硫再生烟气排气筒以及硫黄回收装置废气排放口中氮氧化物的排放限值要求，明确循环水系统挥发性有机物的管控要求。参照《挥发性有机物无组织排放控制标准》（GB 37822—2019），针对 GB 31571—2015 中有机废气排放口在规定非甲烷总烃的去除效率的同时补充排放浓度限值要求，有机废气可以根据进口浓度选取可以实现的管控要求。

二是分类管控废水间接排放的污染物项目。企业委托园区污水处理厂进行废水处理，核心目的是污水处理厂将企业产生的水污染物处理到企业自行处理能够达到的排放控制要求。因此，建议从水污染物对下游污水集中处理设施的影响和被去除状况角度，以避免污染物未被有效去除从而“穿”污水处理厂而过，分类管控废水间接排放的污染物项目，确保污染物被有效去除。下游集中处理设施如具有处理接纳废水中常规和特征污染物能力时，可双方协商废水常规和特征污染物排放限值要求，如不具备处理能力或污染物对下游集中污水处理设施会造成影响的，应明确间接排放的管控要求。

三是适时修订完善行业清洁生产标准体系。建议结合生态环境部发布的《关于加强高耗能、高排放建设项目生态环境源头防控的指导意见》中提出的“两高”项目单位产品物耗、能耗、水耗等达到清洁生产先进水平要求，尽快完善和补充相关清洁生产指标，完善管理要求。

四是规范达标判定要求。结合催化裂化等存在非正常工况的设施实际运行情况，梳理无法避免的超标情形，通过制定行业排污许可证监督检查文件，统一执法要求，解决目前存在的达标判定等不衔接问题。后续条件成熟时，可不断完善排放标准内容，补充不同时段的排放限值要求。

第五章　钢铁行业环境评估报告

第一节　钢铁行业发展现状

一、规模布局

1．产能产量

“十三五”以来，我国钢铁行业供给侧改革取得了阶段性成果，2017 年提前完成 1.5 亿 t 去产能上限目标，1.4 亿 t“地条钢”出清，产能严重过剩矛盾基本化解，产业结构不断优化。

（1）粗钢产量不断创历史新高

2020 年我国生铁、粗钢和钢材产量分别达到 8.88 亿 t、10.65 亿 t 和 13.25 亿 t，粗钢产能利用率超过 90%，同比“十二五”末期分别增长 28.4%、32.5%和 28.1%，创历史新高。随着产量增长，我国粗钢产量在全球的比重也不断上升，自 2017 年起连续 4 年超过全球的一半，从 2010 年的 44.6%提高至 2020 年的 56.7%，且保持年均 5.6%的增速，远高于全球 4.2%的平均增速（图 5-1）。

除北京、海南、西藏无钢铁冶炼产能以外，2020 年全国共有 25 个省（区、市）粗钢产量出现增长，4 个省份负增长。其中广西、甘肃、宁夏、辽宁、内蒙古、吉林、黑龙江省（区）增速超过 10%；上海、重庆、湖北、天津省（市）负增长（表 5-1）。

（2）落后产能逐步得到压减

2017 年完成“十三五”钢铁压减产能任务，此后特别是 2020 年重点地区进一步压减落后产能，其中天津关停 4 家钢铁企业、压减钢铁产能 1 034 万 t；河北关停 8 家钢铁企业、压减退出粗钢 1 401 万 t；江苏徐州 18 家钢铁企业整合成 3 家，“十三五”期间江苏累计压减钢铁产能 1 788 万 t；山东实施“新旧动能转化”，“十三五”期间共压减粗钢产能 2 110 万 t，推动京津冀大气污染传输通道城市 1 936 万 t 粗钢、1 716 万 t 生铁落实产能转移计划。

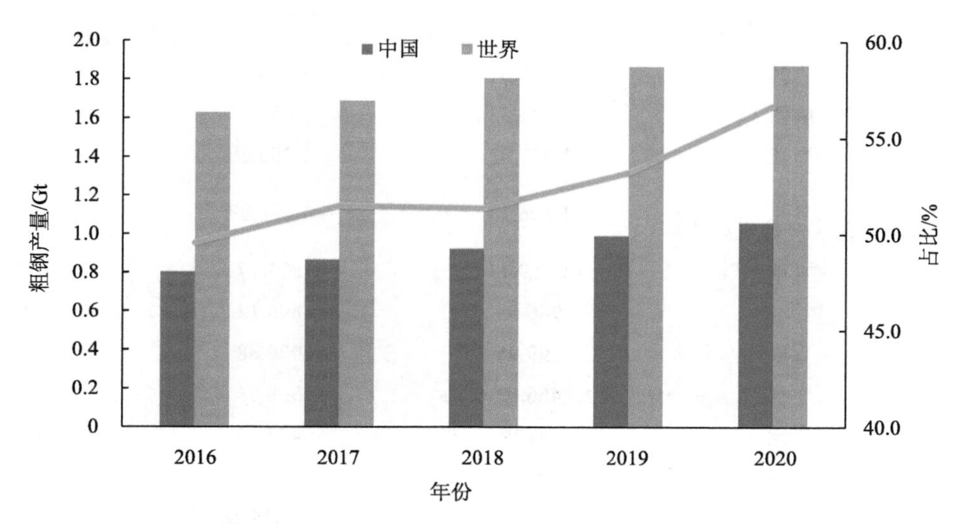

资料来源：国家统计局、世界钢铁协会。

图 5-1 “十三五”期间我国粗钢产量及占比变化情况

表 5-1 2020 年粗钢产量变化情况

序号	省份	2020 年产量/万 t	2019 年产量/万 t	同比/%
1	河北	24 976.95	24 157.7	3.39
2	江苏	12 108.2	12 017.1	0.76
3	山东	7 993.51	7 361.91	8.58
4	辽宁	7 609.4	6 356.98	19.70
5	山西	6 637.78	6 039.05	9.91
6	安徽	3 696.69	3 222.47	14.72
7	湖北	3 557.23	3 611.51	−1.50
8	河南	3 530.16	3 299.09	7.00
9	广西	3 452.23	2 662.71	29.65
10	广东	3 382.34	3 229.12	4.74
11	内蒙古	3 119.87	2 653.69	17.57
12	四川	2 792.63	2 733.31	2.17
13	江西	2 682.07	2 524.48	6.24
14	湖南	2 612.9	2 385.72	9.52
15	福建	2 466.5	2 390.28	3.19
16	云南	2 233.02	2 154.68	3.64
17	天津	2 171.82	2 194.77	−1.05
18	上海	1 575.6	1 640.25	−3.94

序号	省份	2020 年产量/万 t	2019 年产量/万 t	同比/%
19	吉林	1 525.61	1 356.55	12.46
20	陕西	1 521.53	1 430.75	6.34
21	浙江	1 457.03	1 350.68	7.87
22	新疆（含新疆生产建设兵团）	1 306.13	1 236.88	5.60
23	甘肃	1 059.17	877.77	20.67
24	黑龙江	986.55	896.12	10.09
25	重庆	899.95	920.88	−2.27
26	宁夏	466.62	308.56	51.23
27	贵州	461.94	442.34	4.43
28	青海	193.24	178.83	8.06
合计		106 476.67	99 634.18	6.87

来源资料：国家统计局。

2. 产业布局

（1）企业规模仍以中小型为主

据全国排污许可信息平台统计，我国粗钢产能在 500 万 t 以上的钢铁企业为 52 家，约占全国钢铁冶炼企业数量的 11.5%、约占全国粗钢产能的 44.2%。企业粗钢产能规模在 200 万 t 及以下的钢铁企业数量占全国企业总数的 57%，但产能仅占全国粗钢产能的 19%。单体粗钢产能超过 1 000 万 t 的钢铁企业仅 15 家，产能约占全国粗钢产能的 20.8%。

京津冀晋鲁豫地区钢铁企业 2020 年产能规模以 200 万～500 万 t 为主，其中 200 万 t 及以下钢铁企业数量和粗钢产能分别占京津冀晋鲁豫地区的 37.9%和 13.5%，200 万～500 万 t 钢铁企业数量和粗钢产能分别占京津冀晋鲁豫地区的 46.9%和 47.0%，500 万 t 以上钢铁企业数量和精钢产能分别占京津冀晋鲁豫地区的 15.2%和 39.5%。

苏浙沪皖地区钢铁企业 2020 年产能规模以 200 万 t 以下为主，其中 200 万 t 及以下钢铁企业数量和粗钢产能分别占苏浙沪皖地区的 55.6%和 14.1%；200 万～500 万 t 钢铁企业数量和粗钢产能分别占苏浙沪皖地区的 31.8%和 29.4%；500 万 t 以上钢铁企业数量和粗钢产能分别占苏浙沪皖地区的 14.3%和 56.5%。

（2）主要布局在大气污染防治重点区域

2020 年，粗钢产能分布于全国 29 个省（区、市），约一半产能分布于河北、江苏、山东、辽宁 4 省。其中，河北省粗钢产能约占全国粗钢产能的 1/5。2020 年京津冀晋鲁豫、苏浙沪皖地区粗钢产能分别为 44 666 万 t、19 537 万 t，分别占全国粗钢产能的 39.3%、17.2%，较 2019 年降低 2.8%和 0.2%。此外，辽宁的鞍山—本溪—鲅鱼圈、内蒙古的包头—乌兰察布等钢铁（铁合金）产能聚集区对2022年冬奥期间空气质量也形成新的压力。

3．产业集中度

钢铁企业联合重组是深化供给侧改革的有效途径，是增强市场竞争力的现实选择，是全面碳达峰背景下的必由之路，对加快钢铁行业绿色低碳转型具有重大意义。“十三五”以来，我国钢铁企业积极实施兼并重组，前10位钢铁企业粗钢总产量持续增长，由2015年的2.75亿t增至2020年的4.15亿t，增长了50.9%（表5-2）；钢铁行业产业集中度（CR10）由2015年的34.2%提升至38.8%，提高了4.6个百分点。涌现了中国宝武钢铁集团、沙钢集团、建龙集团、德龙集团、敬业集团等一批兼并重组示范企业，有效地推动了钢铁行业产业集中度的提高。钢铁企业重组也由单一的扩大规模向“扩大规模+提高质量”转变，从一般性兼并重组向“兼并重组+整合提升”转变。

表5-2　2020年我国主要钢铁公司产量排名

排名	公司	2020年产量/万t
1	中国宝武钢铁集团	11 529
2	河钢集团	4 376
3	沙钢集团	4 159
4	鞍钢集团	3 819
5	建龙集团	3 647
6	首钢集团	3 400
7	山钢集团	3 111
8	德龙集团	2 826
9	华菱集团	2 678
10	方大集团	1 960
合计		41 505

资料来源：中国钢铁工业协会。

2020年，中国宝武钢铁集团重组了太钢集团并控股重钢集团，粗钢产量突破1亿t，超安赛乐米塔尔集团，居全球首位；同时收购伊犁钢铁、新兴铸管新疆公司，并托管中钢集团。沙钢集团重组安阳地区3家企业（汇鑫、博盛、新普），建龙集团托管海威钢铁、重组哈尔滨轴承集团，敬业集团、方大集团也纷纷收购，民营企业做大、做强，区域内企业加强整合，有利于从根本上扭转长期以来行业“小、散、乱”的竞争格局，进一步提升我国钢铁产业的集中度。

二、装备水平

1. 生产装备以领先与先进水平为主

全国排污许可信息平台数据显示，我国钢铁行业共有 794 台烧结机，其中步进式烧结机 182 台，带式烧结机 612 台；共有 460 台球团生产设施，产能约为 3.21 亿 t，其中竖炉 338 座（10 m^2 及以下竖炉占比约为 60%）；链篦机—回转窑 113 条生产线，共计 14 591 万 t 产能；带式焙烧机 9 台，共计 3 297 万 t 产能。我国钢铁行业共有 755 座高炉（不含铸造、铁合金），总产能约为 94 597 万 t。我国钢铁行业共有炼钢转炉 794 座，其中 200 t 及以上转炉（领先水平）数量 58 座。按照中国钢铁工业装备水平分级标准，烧结机、高炉、炼钢转炉的领先水平和先进水平占比分别达到 57.6%、57.7%、55%，生产装备以领先水平与先进水平为主；其中 4 000 m^3 及以上高炉有 23 座；5 000 m^3 以上高炉有 8 座，高炉数量占全球同级别高炉的 1/4，我国钢铁行业主要装备水平情况如表 5-3 所示。

表 5-3 我国钢铁行业主要装备水平情况

工序		领先水平	先进水平	一般水平	落后水平	合计
烧结机	装备水平/m^2	≥300	180～300	90～180	<90	—
	数量/台	149	308	337	—	794
	占比/%	18.8	38.8	42.4	—	—
高炉	装备水平/m^3	≥2 000	1 000～2 000	400～1 000	<400	—
	数量/座	128	308	319	—	755
	占比/%	16.9	40.8	42.3	—	—
炼钢转炉	装备水平/t	≥200	100～199	50～99	<50	—
	数量/座	58	379	281	76	794
	占比/%	7.3	47.7	35.4	9.6	—
电炉	装备水平/t	≥100	75～99	60～74	<60	—
	数量/座	40	40	108	217	405
	占比/%	9.9	9.9	26.7	53.6	—

资料来源：全国排污许可信息平台。

“十三五”期间，领先水平高炉数量增加 15 座，产能增加 7 615 万 t，产能占比增加 7.7%；一般水平高炉产能减少 8 535 万 t，产能占比降低 9.5%。先进水平球团产能增加 10 276 万 t，其中带式焙烧机产能增加 1 470 万 t，链篦机—回转窑产能增加 8 806 万 t。2020 年新投产河钢乐亭钢铁有限公司 2 台年产 480 万 t 带式焙烧机、广西钢铁防城港基地年产 400 万 t 带式焙烧机，全年球团产量较 2019 年有所上升，整体装备水平显著提升。

2. 短流程工艺占比有所提高

钢铁行业通常包括以铁矿石为主要原料的高炉—转炉长流程和以废钢为主要原料的电炉短流程。相对于长流程，采用短流程工艺冶炼吨钢可节约铁矿石 1.3 t，减少 350 kg 标准煤能耗，减排二氧化碳 1.4 t，还可减少 97%的采矿废弃物排放、86%的废气污染物排放、40%的新水消耗。据全国排污许可信息平台统计，2020 年我国钢铁冶炼企业中长流程和短流程企业粗钢产能分别占 87.1%和 12.9%，短流程比例较“十二五”末期约提高了 3%。

三、绿色低碳

1. 超低排放改造大范围推开

近年来，在国家产业政策和环保政策指导下，我国钢铁行业排放标准不断收严、环保水平不断提升，正式启动并推进实施超低排放改造工作。截至 2021 年 11 月，全国共有 241 家钢铁企业（6.6 亿 t 粗钢产能）已经完成或正在实施超低排放改造，占重点区域粗钢总产能 60%的钢铁企业正在开展评估监测，钢铁行业超低排放改造正在大范围推广，基本形成重点地区（河北、山东、山西、河南、江苏）完成有组织超低改造，其他省（区、市）国有钢铁龙头企业正在开展烟气脱硫脱硝、除尘设施升级改造的局面。

截至 2021 年 11 月，共有 26 家钢铁企业在中国钢铁工业协会公示超低排放改造评估监测情况，其中 19 家全流程通过评估监测，共计 1.15 亿 t 粗钢产能。首钢股份公司迁安钢铁公司、首钢京唐钢铁联合有限责任公司、新兴铸管股份有限公司等企业获得“2020 年钢铁长流程 A 级绩效企业”称号，在重污染天气期间可免停限产，实行自主减排。绩效分级鼓励先进，倒逼落后，让在环保方面投入较多的企业充分享受政策红利，形成“良币驱逐劣币”的公平市场竞争环境。差异化环保管控极大地推动了行业超低排放改造进度，一些基础条件较好、治理水平较高的钢铁企业开展“创 B 争 A”环保绩效提升工程，进一步提高超低排放治理水平。

2. 资源能源利用水平进一步提升

近年来，钢铁行业重点推广应用了一批节能环保新技术、新设施，大力推进超低排放改造，单位能耗、污染物排放指标达到世界先进水平，涌现了一大批清洁工厂、花园工厂、绿色工厂。2020 年重点大中型钢铁企业吨钢综合能耗 545.27 kg 标准煤，比 2019 年降低 6.51 kg 标准煤，同比下降 1.17%（图 5-2）；铁钢比为 0.842 9，比 2019 年下降 0.007 2，同比下降 0.85%，是吨钢综合能耗下降的重要原因，也是我国钢铁工业绿色低碳发展的标志。同时，焦化、烧结、炼铁、电炉炼钢、转炉炼钢工序能耗分别同比下降 2.15%、0.54%、0.72%、0.33%、9.67%，轧钢工序能耗同比上升 0.9%。

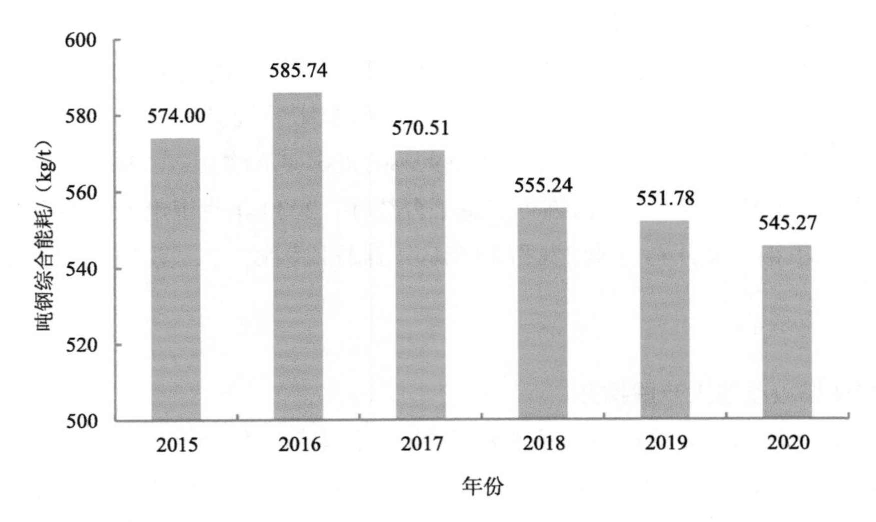

资料来源：中国钢铁工业协会。

图 5-2 重点大中型钢铁企业吨钢综合能耗变化情况

在水资源方面，中国钢铁工业节能环保统计报表显示，2020 年水重复利用率为 98.02%、吨钢用水量 124 m^3、吨钢耗新水量 2.45 m^3，与 2019 年相比，分别提高 0.04%、下降 3.13%、下降 4.3%。2020 年吨钢耗新水指标创出历史最好水平（达到 2.45 m^3/t），25 家重点大中型钢铁企业吨钢耗新水指标低于 2.0 m^3/t。二次能源（高炉煤气、转炉煤气、焦炉煤气）回收利用水平提高，2020 年重点大中型钢铁企业高炉煤气利用率为 98.03%，与 2019 年持平；焦炉煤气利用率为 98.53%，同比提高 0.09%；转炉煤气回收 115.98 m^3/t，同比增长 2.15%（表 5-4）。特别是，在超低排放改造中鼓励回收高炉炉顶均压放散煤气，减少能源浪费和一氧化碳排放对空气质量影响。

表 5-4 2020 年我国钢铁行业能源资源利用水平

指标名称		2020 年	2019 年	增减量	增减比例
能源消耗	吨钢综合能耗/kg（标准煤）	545.27	551.78	−6.51	−1.18
	烧结工序能耗/kg（标准煤）	48.08	48.34	−0.26	−0.54
	球团工序能耗/kg（标准煤）	24.35	23.92	0.43	1.80
	炼铁工序能耗/kg（标准煤）	385.51	387.97	−2.46	−0.63
	转炉冶炼能耗/kg（标准煤）	−15.36	−14.01	−1.35	9.64
	电炉冶炼能耗/kg（标准煤）	55.92	56.1	−0.18	−0.32
	热轧工序能耗/kg（标准煤）	54.75	54.62	0.13	0.24

指标名称		2020 年	2019 年	增减量	增减比例
水资源	吨钢用水量/m^3	124	128	−4	−3.13
	吨钢耗新水量/（m^3/t）	2.45	2.56	−0.11	−4.30
	水重复利用率/%	98.02	97.94	0.04	—
二次能源	高炉煤气利用率/%	98.03	98.03	0	—
	焦炉煤气利用率/%	98.53	98.44	0.09	—
	转炉煤气回收量/（m^3/t）	115.98	113.54	2.44	2.15

资料来源：中国钢铁工业协会。

3．全力推进碳达峰、碳中和工作

2020 年 9 月 22 日，习近平主席在第七十五届联合国大会上宣布了我国碳减排目标。碳达峰、碳中和是我国可持续发展的内在要求，也是生态环境保护和高质量发展的实现途径和有力抓手。党的十九届五中全会、中央经济工作会议、中央全面深化改革委员会均将其纳入重点工作，明确工作目标，提出率先在重点地区、重点行业碳达峰。2021 年 2 月 22 日，国务院印发《关于加快建立健全绿色低碳循环发展经济体系的指导意见》，提出加快实施钢铁等行业绿色化改造。天津要求推动钢铁等重点行业率先达峰；上海着力推动电力、钢铁等重点领域和重点用能单位节能降碳，确保在 2025 年前实现碳排放达峰；湖南提出推进钢铁、建材等重点行业绿色转型。

为贯彻落实国务院 2021 年“做好碳达峰、碳中和工作”重点任务，生态环境部发布了《碳排放权交易管理办法（试行）》等一系列碳交易管理政策；工业和信息化部提出 2021 年要坚决压缩粗钢产量，同时正在制定钢铁等重点行业碳达峰路线图；国家发展改革委将从调整能源结构、推动产业结构转型、提升能源利用率等六方面推动实现碳达峰、碳中和；财政部将研究碳减排相关税收问题，积极支持应对气候变化相关工作；中国人民银行将引导金融资源向绿色发展领域倾斜，推动建设碳排放交易市场为排碳合理定价，全国碳市场也于 2021 年 7 月 16 日上线交易。

在 2030 年碳达峰和 2060 年碳中和的目标约束下，我国多家钢铁企业陆续发布碳达峰行动计划；其中中国宝武钢铁集团率先宣告了碳减排目标：2023 年力争实现碳达峰，2035 年力争减碳 30%，2050 年力争实现碳中和。河钢集团提出 2022 年实现碳达峰，2030 年碳排放量较峰值降 30%以上，2050 年实现碳中和。包钢集团力争 2023 年实现碳达峰，力争 2050 年实现碳中和。中国宝武钢铁集团“八一钢铁—富氢碳循环高炉试验项目”正在进行第二阶段的工程建设，河钢集团在张家口地区建设富氢气体直接还原示范工程。

第二节　污染物排放

根据全国排污许可证管理信息平台，对提交 2020 年年度执行报告的 377 家钢铁冶炼企业（占全国钢铁冶炼企业总数 83.4%）的废气、废水排放情况进行评估，其中废气污染物包括二氧化硫、氮氧化物、烟（粉）尘，废水污染物包括化学需氧量、氨氮。

一、废气污染物排放

1．废气污染物排放量

据 2020 年钢铁冶炼企业年度执行报告统计，已提交执行报告的 377 家企业有组织废气颗粒物、二氧化硫、氮氧化物排放量分别为 49.27 万 t、19.99 万 t、43.13 万 t，其中河北、辽宁、江苏、内蒙古 4 省（区）颗粒物、二氧化硫、氮氧化物排放量合计分别占行业总量的 43.9%、36.8%、35.9%。

颗粒物排放量前 5 位省份分别为河北、辽宁、安徽、江苏、内蒙古，占颗粒物总排放量的 50.9%（图 5-3）；二氧化硫排放量前 5 位省份分别为辽宁、河北、内蒙古、江西、江苏省（区），占二氧化硫总排放量的 42.7%（图 5-4）；氮氧化物排放量前 5 位省份分别为辽宁、河北、内蒙古、安徽、江西，占氮氧化物总排放量的 42.1%（图 5-5）。河北、江苏、辽宁 2020 年产量分别位居行业第一、第二、第四。

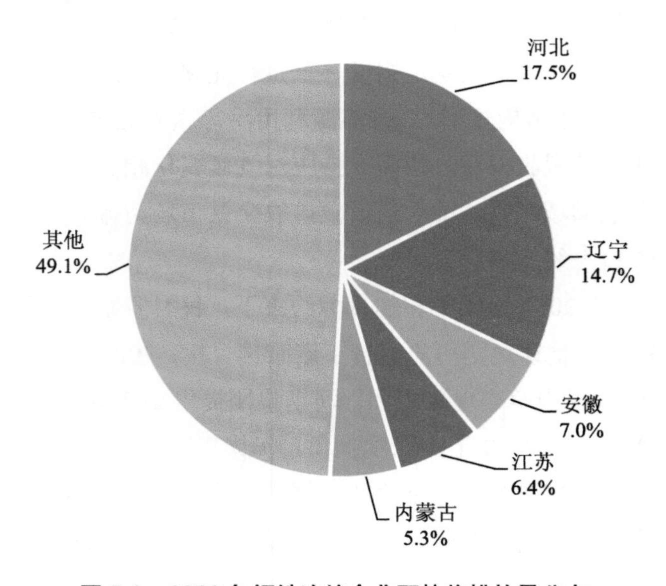

图 5-3　2020 年钢铁冶炼企业颗粒物排放量分布

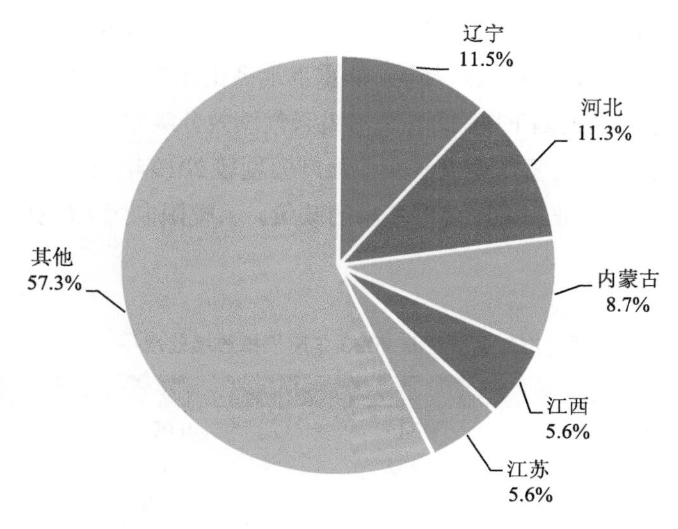

图 5-4　2020 年钢铁冶炼企业二氧化硫排放量分布

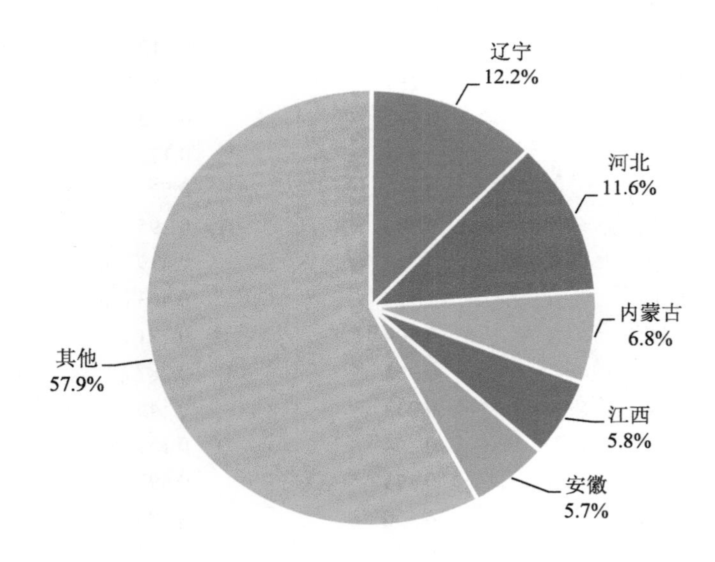

图 5-5　2020 年钢铁冶炼企业氮氧化物排放量分布

2．废气污染物排放强度

（1）全国总体情况

377 家钢铁冶炼企业 2020 年有组织废气颗粒物、二氧化硫、氮氧化物吨钢排放量分别达到 0.49 kg、0.20 kg、0.44 kg（表 5-5）。辽宁、内蒙古、湖南等省（区）3 种污染物排放强度分别为 0.83～1.12 kg/t 钢、0.30～0.56 kg/t 钢、0.69～0.94 kg/t 钢，远高于行业平均水平，也远高于重点地区（京津冀晋鲁豫、苏浙沪皖地区）的 0.34 kg/t 钢、0.11 kg/t 钢、0.26 kg/t 钢。主要原因是重点地区超低排放改造加速，非重点地区正在推进烧结烟气脱硫脱硝治理，二氧化硫、氮氧化物排放量大幅下降。此外重污染天气绩效分级政策更加科学、精准推行，北方地区采暖季常态化管控与重污染天气企业限产力度较 2019 年进一步细化，针对 C 类、D 类环保绩效水平不佳的企业，采取多停多限的政策，大幅限制污染物排放强度较大企业的生产负荷。

表 5-5 各省（区、市）钢铁企业 2020 年废气排放绩效水平

单位：kg/t 钢

序号	省（区、市）	颗粒物	二氧化硫	氮氧化物
1	河北	0.345	0.094	0.212
2	江苏	0.262	0.093	0.190
3	辽宁	0.949	0.302	0.690
4	山东	0.279	0.114	0.258
5	山西	0.218	0.098	0.285
6	安徽	0.939	0.286	0.668
7	湖北	0.210	0.312	0.768
8	河南	0.269	0.134	0.306
9	广西	0.771	0.158	0.455
10	广东	0.353	0.172	0.492
11	内蒙古	0.830	0.557	0.942
12	四川	0.396	0.295	0.419
13	江西	0.795	0.419	0.931
14	湖南	1.115	0.463	0.745
15	福建	0.509	0.181	0.615
16	云南	0.362	0.287	0.657
17	天津	0.234	0.145	0.198
18	上海	0.204	0.153	0.511
19	吉林	0.873	0.393	0.650
20	陕西	0.430	0.280	0.458
21	浙江	0.557	0.239	0.536
22	新疆（含新疆生产建设兵团）	0.432	0.468	0.685
23	甘肃	1.022	0.218	0.569
24	黑龙江	1.190	0.242	0.724
25	重庆	0.244	0.260	0.737
26	宁夏	0.413	0.649	0.842
27	贵州	1.340	0.307	0.700
28	青海	1.491	0.271	0.347
平均		0.49	0.20	0.44

由表 5-5 可知，非重点地区［辽宁、内蒙古、吉林、江西、湖南等省（区）］排放强度高；重点地区（河北、江苏、山东、山西、河南等省份）二氧化硫、氮氧化物排放强度更低。

（2）典型省份

河北、江苏作为钢铁行业典型省份，产能分别位列第一、第二，其中河北钢铁冶炼企业以长流程为主（电炉炼钢产能占比仅为 1%），江苏电炉炼钢占比较高（产能占比达到 27.7%），而且两省超低排放改造进度和水平也位列全国前列。以 2020 年河北、江苏钢铁冶炼企业年度执行报告为依据，分析了废气污染物排放绩效（表 5-6、图 5-6）。

表 5-6　部分省份钢铁企业 2020 年有组织废气排放绩效对比

项目指标	河北	江苏	全国
统计企业数量/家	59	28	377
产量/万 t	24 976.95	12 108.2	99 397
吨钢颗粒物排放量/kg	0.34	0.245	0.49
吨钢二氧化硫排放量/kg	0.094	0.076	0.20
吨钢氮氧化物排放量/kg	0.212	0.154	0.34

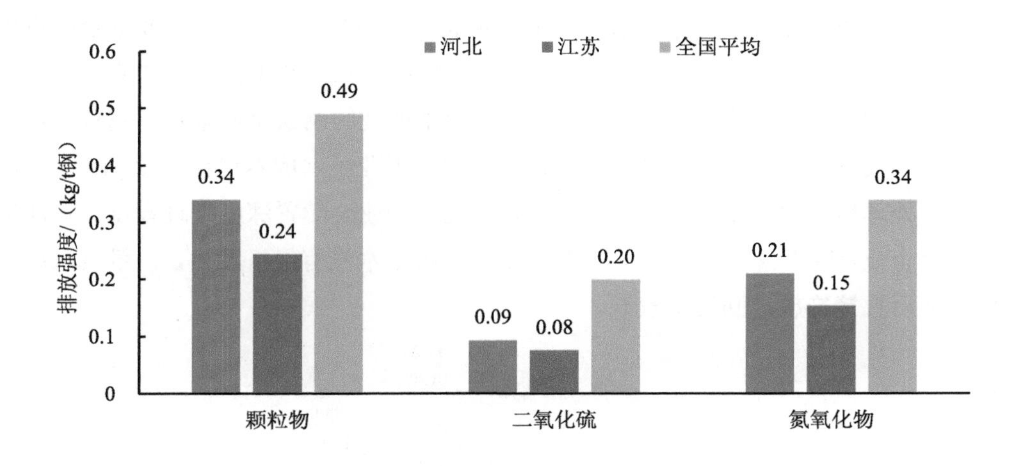

资料来源：全国排污许可信息平台。

图 5-6　部分省份钢铁企业 2020 年废气排放绩效对比

由图 5-6 可知，河北、江苏废气排放绩效水平远远优于全国平均水平，且江苏排放绩效水平也优于河北；主要原因是两省钢铁生产工艺结构不同，江苏短流程产能占比远高于河北（高出 26%），短流程相比长流程而言可减少 86%废气污染物排放量。从单因子来看，颗粒物排放绩效水平相差不大，说明全国钢铁行业正在或已完成烟（粉）尘治理，尤其是无组织排放治理；二氧化硫、氮氧化物排放绩效水平相差巨大，说明超低排放改造对废气污染物减排贡献较大。通过对不同地区废气排放绩效对比表明，钢铁行业应该持续推进超低排放改造和提高电炉炼钢占比（替代部分长流程产能），有助于全行业污染物减排和重点区域环境质量改善。

二、废水污染物排放

1. 废水污染物排放量

据 2020 年钢铁冶炼企业年度执行报告统计，377 家企业中仅 112 家企业外排生产废水（含直接排放外部水体或城镇污水处理厂），共计排放 COD、氨氮分别为 5 874.77 t、403.15 t；吨钢 COD、吨钢氨氮排放量分别为 5.9 g、0.4 g。约 70%钢铁冶炼企业不排放生产废水，全行业废水污染物排放量较小。

2020 年年度执行报告显示，COD 排放量前 5 位省份分别为江苏、湖北、安徽、内蒙古、广东，占 COD 总排放量的 53%；氨氮排放量前 5 位省份分别湖北、吉林、广东、内蒙古、贵州，占氨氮总排放量的 50%（图 5-7）。天津、陕西、新疆、宁夏、山西、山东等省（区、市）废水排放量较小。通过对 2020 年河北、江苏钢铁冶炼企业年度执行报告分析，河北省仅 5 家企业直接外排废水（占全部企业数量的 8.5%），江苏省 8 家企业直接外排废水（占全部企业数量的 28.6%）；COD 和氨氮排放量相差几十倍。主要原因是受工业用水成本的影响，不同企业废水回用率不同。对缺水地区的钢铁企业来说，完善废水回用设施可以节省较大的用水开支。以京津冀地区为例，工业用水成本已接近 8 元/t，但如果把废水深度处理后回用，成本只需 2～3 元/t，因此，企业会配置深度处理设施。长江地区附近的部分企业，取水仅几角钱 1 t，企业重复利用再生水没有经济动力，一般废水达到国家排放标准后直接排放，回用率较低。

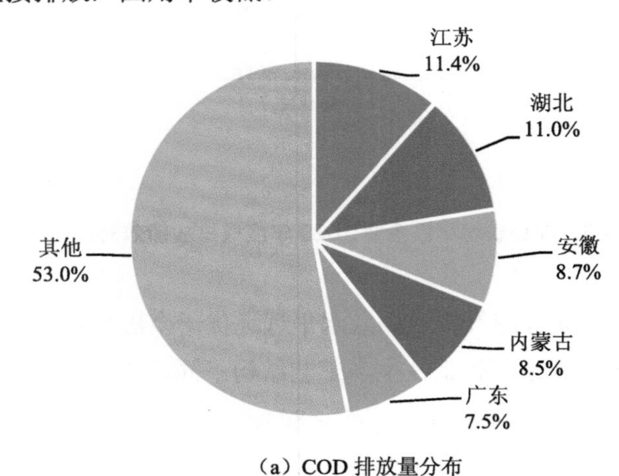

（a）COD 排放量分布

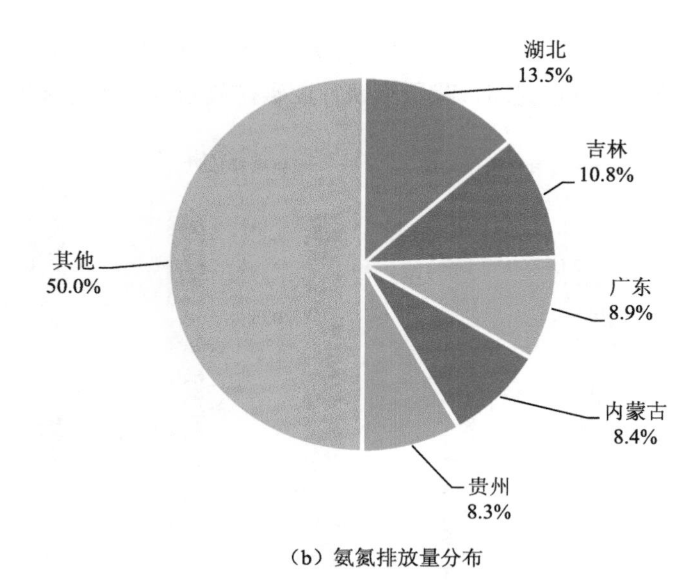

（b）氨氮排放量分布

资料来源：全国排污许可信息平台。

图 5-7　2020 年钢铁冶炼企业废水污染物排放量分布

2．废水“零排放”探索

钢铁行业是用水大户，水耗约占工业总水耗的 10%，废水排放量占工业废水总排放量的 14%。大量钢铁企业布局在水资源相对匮乏的北方地区，钢铁行业采用“分质供水、梯级利用”串级利用技术，不断提高废水重复利用，实现废水“减量化、资源化、循环化”，探索实现全厂无外排废水。目前，已有不少钢铁联合企业在尝试实现废水“零排放”模式，宝钢湛江钢铁有限公司 2020 年全工序实现废水“零排放”，并且中国宝武钢铁集团正在集团内推广废水“零排放”。

三、二氧化碳排放

1．二氧化碳排放量

钢铁行业是能源消耗高度密集型行业，消耗的能源主要是煤炭，用作还原剂或燃料，其次是电力和天然气。我国钢铁行业碳排放量占全球钢铁行业碳排放总量的 60%以上，估算 2020 年我国钢铁行业吨钢二氧化碳排放 1.843 t，略高于全球平均排放强度。

在钢铁生产过程中炼铁工序（焦炉、烧结机/球团、高炉）碳排放量最大，约占全工序的 70%，短流程炼钢比高炉—转炉长流程可减排 1.4 t 二氧化碳/t 粗钢，因此废钢替代铁水生产粗钢是减少碳排放量最有效的途径。我国钢铁行业碳排放总量仍在持续缓慢上升，单位粗钢碳排放强度略有下降；2015—2018 年碳排放强度变化不大，2019 年以后，铁钢比下降至历史最好水平（0.812），碳排放强度大幅下降（图 5-8）。特别是 2017 年“地条钢”出清，全社会废钢资源供应量也提高，我国钢铁行业碳排放强度进入持续下降趋势。

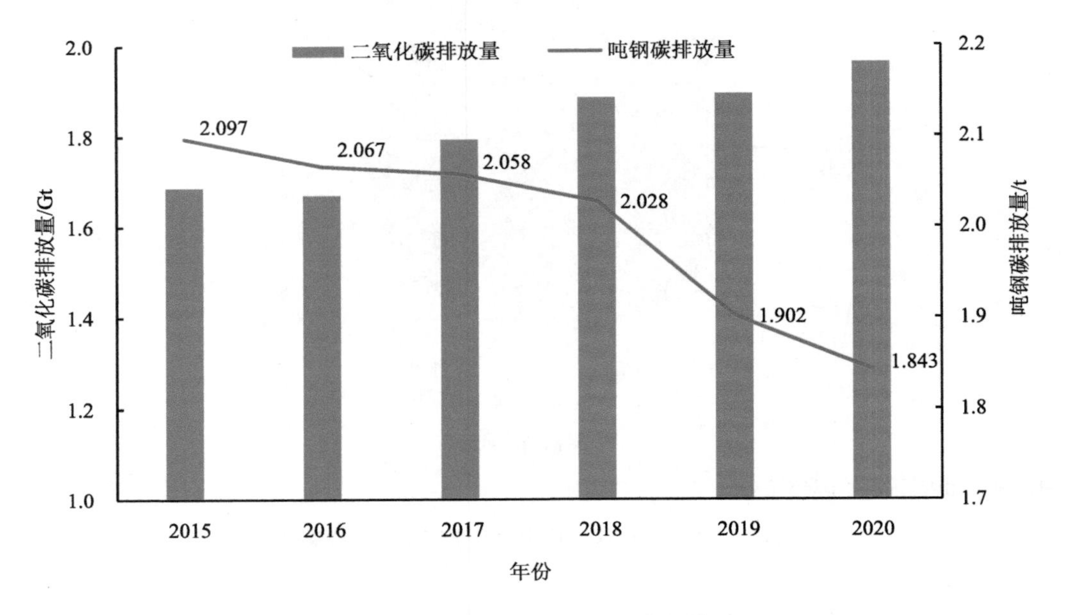

图 5-8 我国钢铁行业碳排放变化情况

从图 5-9 来看，近年来并未出现突破性进展，钢铁行业的脱碳进程缓慢而艰难。我国钢铁行业生产工艺流程高碳化、用能结构高碳化、市场需求大等因素决定了钢铁行业碳达峰、碳中和的复杂性和艰巨性。

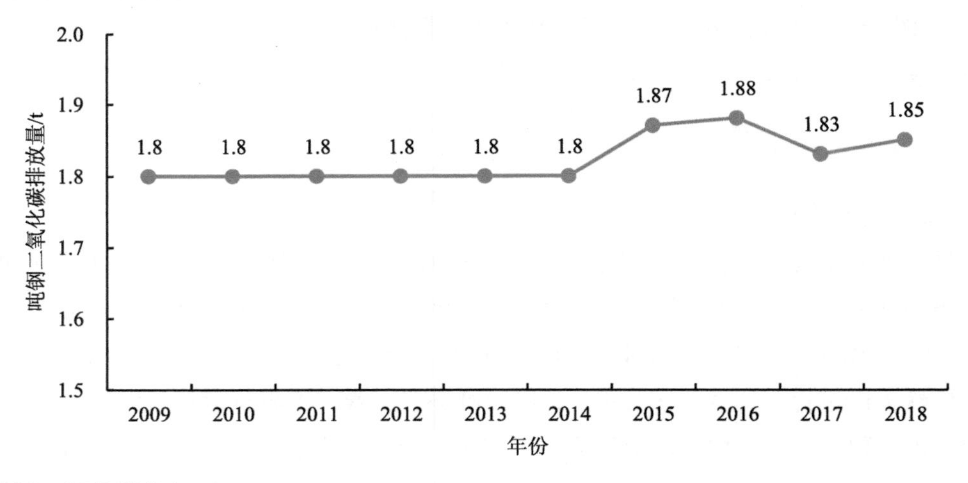

资料来源：世界钢铁协会。

图 5-9 2009—2018 年全球平均吨钢碳排放

2．碳排放强度

受生产工艺结构、生产工序长短、能耗水平高低影响，仅仅比较分析吨钢二氧化碳排放量指标难以衡量一个地区或者一个企业碳排放水平。例如，上海钢铁行业碳排放强度最高，主要是以高炉—转炉长流程为主（产量占比约为 90%），产品以高端板材为主，工序最全，包括焦化、烧结、炼铁、炼钢、发电等。江苏在电炉钢占比较高情况下，吨钢二氧化碳排放量高于河北、河南、天津，说明江苏长流程钢铁企业能耗水平高于上述地区，节能减碳潜力较大（表 5-7、图 5-10）。

表 5-7　部分省（市）钢铁行业 2020 年碳排放强度

省（市）	总企业数量/家	长流程/家	短流程/家	独立烧结、球团/家	独立轧钢/家	吨钢二氧化碳排放量/t
天津	11	6	0	0	5	1.458
河北	253	75	10	19	149	1.594
山东	99	28	28	3	40	1.713
山西	65	24	2	33	6	1.868
河南	46	19	9	1	17	1.592
江苏	78	22	37	1	18	1.699
辽宁	85	50	13	9	13	2.042
上海	10	3	4	0	3	2.299

注：吨钢二氧化碳排放量未包含生产过程排放。

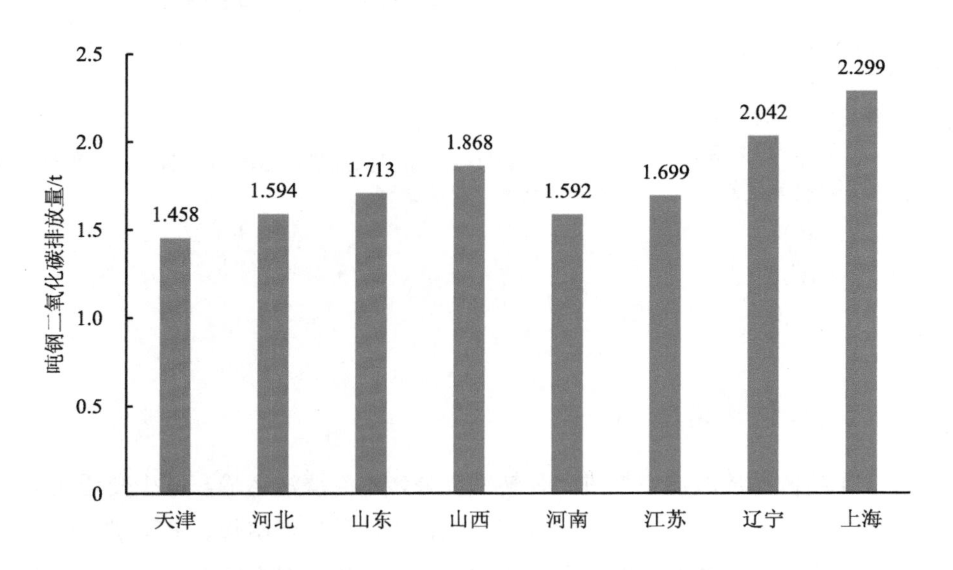

图 5-10　部分省（市）2020 年吨钢碳排放量

第三节　污染防治措施

钢铁行业污染防治措施主要包括废气、废水和固体废物防治，其中废气以环境除尘和燃烧类烟气脱硫脱硝治理为主；废水以除油、中和、沉淀、过滤、深度处理的分质、阶梯、循环利用为主；固体废物以直接回用或加工成其他建材替代品为主，总体上体现“源头减排、协同治理、末端优化”的技术思路。本节重点分析钢铁行业废气的治理情况（表 5-8）。

表 5-8　钢铁行业废气主要治理技术应用

技术名称			适用环节
除尘	电除尘		主要用于烧结机头烟气、转炉一次除尘，其中三电场静电除尘器出口颗粒物浓度为 80～150 mg/m^3，四电场颗粒物浓度约为 50 mg/m^3
	湿式电除尘		在湿法脱硫后，或高含湿烟气，出口颗粒物浓度为 5～25 mg/m^3
	袋式除尘		适用原料系统供卸料设施、烧结机机头、烧结机机尾、破碎废气、配料废气、焙烧废气、高炉出铁场、矿槽、转炉二次及电炉等除尘，出口颗粒物浓度为 4～18 mg/m^3
	电袋复合除尘		适用原料系统供卸料设施、烧结机机头、烧结机机尾、破碎废气、配料废气、焙烧废气等冶金除尘，出口颗粒物浓度为 4～18 mg/m^3
	折叠滤筒除尘		与袋式除尘器相同，适用占地面积小，出口颗粒物浓度为 3～11 mg/m^3
	塑烧板除尘器		高含湿烟气，如精轧机除尘、烧结混料除尘
脱硫	湿法	石灰石/石灰—石膏法、氧化镁法、氨法等	焦炉烟囱烟气、烧结机头烟气、球团焙烧烟气、石灰窑烟气、自备电厂烟气、锅炉烟气
	半干法	循环流化床法、旋转喷雾法、密相干塔法等	
	干法	活性焦（炭）法	
脱硝	SCR		
	活性焦		
	氧化法		

一、废气污染防治措施

钢铁行业在超低排放改造中推进“公转铁、公转水”清洁运输，减少交通运输产生大气污染；在生产工艺上鼓励长流程向短流程转变，推广使用低硫煤、低硫矿、煤气精脱硫技术、低氮燃烧技术、烧结烟气循环利用等源头治理措施；对在物料储存、输送和生产工艺过程中无组织排放点位的废气进行封闭、收集、治理，通过无组织管控治一体化系统实现“全过程”管理；实施以除尘器升级改造和烟气脱硫脱硝为主的末端治理；基本形成了“源头减排、过程控制、末端治理”为主的超低排放改造技术路线。

根据钢铁企业排污许可证信息统计，烧结机头、球团焙烧烟气除尘采用四电场静电除尘器或电+袋除尘器的企业比例约为 90%，其中三电场静电除尘器占比约为 9%；烧结机尾废气除尘采用袋式除尘器、电袋复合除尘器、静电除尘器比例分别约为 66.5%、16.5%、17%；高炉出铁场和矿槽废气采用袋式除尘器的比例均达 98%以上；转炉二次和三次烟气除尘均采用袋式除尘器；其他废气除尘系统采用袋式（含电袋）除尘器的比例达 90%以上，重点地区袋式除尘器基本采用了覆膜或超细纤维材质滤料。

烧结、球团焙烧烟气主要采用除尘（静电除尘器）+湿法或半干法/干法脱硫工艺净化处理，其中，湿法脱硫（石灰石/石灰—石膏法、氨法、氧化镁法、双碱法等）约占 64%，半干法/干法脱硫［循环流化床法、旋转喷雾法、密相干塔法、活性炭（焦）法等］约占 35%。根据生态环境部大气司全国钢铁行业超低排放改造情况调度分析，2020 年共有 626 台（占全行业 79%）烧结机已完成或正在实施烟气脱硫脱硝治理。由于“十二五”期间钢铁行业先开展烧结烟气脱硫治理，基本以湿法为主；随着逐步实施烧结烟气脱硝，传统的石灰石/石灰—石膏法（湿法脱硫）逐渐被干法/半干法脱硫取代，基本形成了“石灰（石）—石膏法脱硫+SCR 脱硝”“SDA 半干法脱硫+SCR 脱硝”“循环流化床脱硫+SCR 脱硝”“活性焦脱硫脱硝一体化”等技术路线（表 5-9）。

表 5-9　我国钢铁行业烧结烟气脱硫脱硝技术应用情况

污染物：二氧化硫	
污染治理设施名称	污染治理设施数量/套
石灰石/石灰—石膏法	262
循环流化床法	92
旋转喷雾法	32
活性炭（焦）法	72
氧化镁法	11
氨法	3
双碱法	1
密相干塔法	9
其他脱硫工艺	41
未确定工艺	13 台

污染物：氮氧化物	
污染治理设施名称	污染治理设施数量/套
SCR	326
活性炭（焦）法	66
氧化法	72
其他脱硝工艺	5
未确定工艺	54 台

目前，已开展超低排放改造的钢铁企业烧结烟气脱硝率约为 72%，脱硝技术基本以 SCR 为主，活性炭（焦）法、氧化法为辅（图 5-11）。

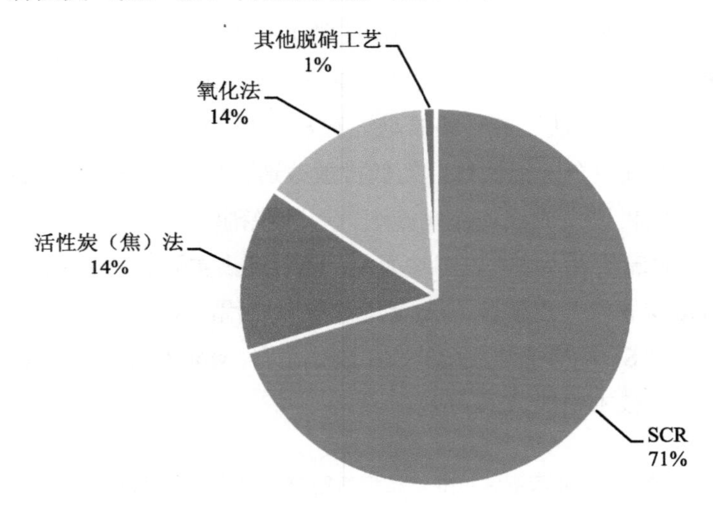

资料来源：超低排放改造情况调度信息。

图 5-11 烧结烟气脱硝技术占比情况

通过对部分钢铁企业烧结机机头烟气在线监测数据和典型企业现场监测结果分析，烧结烟气脱硫后经 SCR 脱硝的 SO_2、NO_x 可分别稳定控制在 10～25 mg/m^3 和 15～40 mg/m^3，两级活性炭脱硫脱硝一体化处理后的 SO_2、NO_x 浓度可分别稳定控制在 10 mg/m^3 以下和 20～35 mg/m^3，稳定达到超低排放限值。鉴于钢铁行业 SCR 脱硝技术占比超过 70%，氨逃逸问题需要重点关注。

二、源头减污降碳协同

（1）优化炉料结构（高炉大比例球团冶炼）

球团生产过程中原辅料中硫含量和燃烧温度偏低，废气量和污染物（二噁英、氮氧化物、二氧化硫、颗粒物）产生量都低于烧结。以首钢京唐公司 3 条 504 m^2 带式焙烧机（产能 1 200 万 t）为例，每年颗粒物排放量减少 108 t，SO_2 排放量减少 302.4 t，NO_x 排放量减少 432 t，CO_2 排放量减少 81.87 万 t（表 5-10）。

表 5-10　首钢京唐公司烧结、球团节能减排对比分析

项目	球团	烧结	减排量
烟气量/（Nm^3/t）	1 800	2 800	−1 000
颗粒物/（kg/t）	0.018	0.028	−0.01
二氧化硫/（kg/t）	0.063	0.098	−0.035
氮氧化物/（kg/t）	0.09	0.14	−0.05
二氧化碳/（kg/t）	62.86	159.98	−97.12
工序能耗/（kgce/t）	20.17	48.31	−28.14

资料来源：首钢京唐公司提供。

注：烧结、球团颗粒物、二氧化硫、氮氧化物分别按照超低排放浓度限值计算。

同时高炉使用球团矿相比烧结矿也更有优势，有利于提高炼铁综合入炉品位，改善高炉冶炼的各项技术经济指标，降低燃料比，提高产量和煤气利用率，减少焦炭消耗量，降低能耗，减少高炉渣产生量。大比例球团冶炼工艺将成为钢铁企业节能减排源头治理的重要手段。首钢京唐公司入炉球团矿比例从30%提至55%，入炉综合品位由59.5%提至61.6%，高炉渣比由 300 kg/t 降至 225 kg/t，采用大比例球团矿后，一座 5 500 m^3 高炉每年产生直接经济效益约为 2 000 万元。但是，高炉炉料结构受资源条件、炉容操作等限制，不得不统筹考虑资源、成本、生产工艺和产品质量、高炉操作技术以及对现有烧结处置固体废物等因素。在有条件地区、充分论证基础上实施高炉大比例球团冶炼，切莫“一拥而上”，适得其反。

（2）优化运输结构（电动重卡代替柴油货车）

钢铁行业超过 50%（每年近 20 亿 t）物料采用汽车运输，以“公转铁”“公转水”“汽车运输清洁化”为基础的运输结构调整是钢铁行业减污降碳的重要措施。京津冀及周边、汾渭平原 6 省（市）中 57%的钢铁联合企业未规划或未建设铁路专用线；29%的企业已建成铁路专用线，但火车运输比例超过 50%的企业占比仅三成。环渤海港口优势、晋中煤矿资源的运输范围都不在经济里程中（未超过 400 km），客观条件上决定了该区域“公转铁”推进速度偏慢，需要建立“电动重卡替代柴油货车”的辅助清洁运输方式。

安阳钢铁公司探索出“铁路运输为主、电动重卡运输为辅”的内陆钢铁联合企业调整运输结构减污降碳的技术路线。2020 年，安阳钢铁陆续投入 127 辆电动重卡（近 2 亿元），将清洁运输比例（火车运输比例）从 65%提高至 81%，每年减少柴油货车运输 25 233 车次，预计每年减少 NO_x 排放量 28.4 t，减少柴油消费 19.3 万 L，增加电消耗 130 万 kW·h（折算 CO_2 排放量 744 t），预计增排 CO_2 265 t；如果考虑使用绿电替代，可减排 CO_2 478 t。

第四节　环境管理

一、环评审批

1. 审批权限

我国环境影响评价（以下简称环评）文件实施分类管理、分级审批，2015 年环评审批权限下放后，生态环境部不再审批钢铁类建设项目环评文件。各省级生态环境主管部门出台了建设项目环境影响评价文件分级审批权限管理文件，北京、黑龙江、山东、海南、河南将炼铁炼钢建设项目审批权限全部下放至地方，其中北京、海南无钢铁冶炼类项目；河北、浙江、广东、安徽、福建将部分炼铁炼钢建设项目审批权限下放，主要包含废铁、废钢再生利用炼钢项目并赋予部分地市审批权限；其他省份炼铁炼钢项目审批权限均在省级部门（表 5-11）。由于省级审批部门技术力量相对较强，在一定程度上保证了钢铁类建设项目环评文件质量。

表 5-11　钢铁建设项目环境影响评价文件审批权限情况

序号	省份	文件名称/文号	省级生态部门负责审批的项目	下放情况	下放内容
1	河北	《河北省生态环境厅审批环境影响评价文件的建设项目目录》（2020 年本）（河北省生态环境厅通告　2020年　第1号）	烧结、球团、焦化、炼铁（包括直接还原、熔融还原）、炼钢项目（不包括建设脱硫、脱磷等铁水预处理项目，LF、RH、VD、VOD 等钢水炉外精炼等不涉及新增钢铁产能的项目）	部分下放	下放建设项目环境影响评价文件审批省级行政许可权限，包括唐山市曹妃甸经济技术开发区、沧州临港经济技术开发区和邯郸经济技术开发区等（资料收集途径限制，下放地方数量可能收集不全面）
2	四川	《四川省环境保护厅关于调整建设项目环境影响评价文件分级审批权限的公告》（公告　2019 年　第 2 号）	黑色金属冶炼（不含铁合金制造）	未下放	—

序号	省份	文件名称/文号	省级生态部门负责审批的项目	下放情况	下放内容
3	河南	《河南省生态环境厅审批环境影响评价文件的建设项目目录》（2019 年本）（河南省生态环境厅公告　2019 年　6 号）	炼铁（包括直接还原、熔融还原）、炼钢项目；烧结、钢铁联合企业的焦化项目	全部下放	钢铁冶炼项目
		《河南省生态环境厅关于进一步下放部分建设项目环境影响评价文件审批权限的公告》（2019 年修订）	钢铁行业全部建设项目环评文件审批权限至省辖市生态环境主管部门		
4	湖南	《湖南省环境保护行政主管部门审批环境影响评价文件的建设项目目录（2017 年本）》	炼钢、炼铁（含球团、烧结）项目	未下放	—
5	广东	《广东省生态环境厅审批环境影响报告书（表）的建设项目名录（2021 年本）》	采掘冶金：以矿石为原料的金属冶炼项目	部分下放	废铁、废钢再生利用炼钢项目
6	贵州	《贵州省省级生态环境部门审批环境影响评价文件的建设项目目录（2021 年本）》	球团、烧结、炼铁（包括直接还原、熔融还原）、炼钢项目	未下放	—
7	广西	《广西壮族自治区建设项目环境影响评价分级审批管理办法（2019 年修订版）》	钢铁（包括烧结、球团、焦化、直接还原、熔融还原）项目；炼钢项目	未下放	—
8	湖北	《省人民政府办公厅关于调整建设项目环境影响评价文件分级审批权限的通知》（鄂政办发〔2019〕18 号）	炼铁、炼钢	未下放	—
9	安徽	《安徽省建设项目环境影响评价文件审批权限的规定（2019 年本）》	以矿石为原料的炼铁、炼钢项目	部分下放	废铁、废钢再生利用炼钢项目
10	福建	《福建省建设项目环境影响评价文件分级审批管理规定（2015 年本）》（闽环发〔2015〕8 号）	新建、扩建炼铁、炼钢项目（废铁、废钢再生利用除外）	部分下放	技改炼铁、炼钢和废铁、废钢再生利用炼钢项目
11	甘肃	《甘肃省环境保护厅审批环境影响评价文件的建设项目目录（2015 年本）》（甘环发〔2015〕153 号）	炼铁、炼钢项目	未下放	—
12	海南	《海南省建设项目环境影响评价文件分级审批管理规定（试行）》（琼府办〔2017〕209 号）	《环境保护部审批环境影响评价文件的建设项目目录》和本目录规定市、县环境保护行政主管部门审批权限之外编制环境影响报告书类的建设项目	全部下放	无钢铁项目

序号	省份	文件名称/文号	省级生态部门负责审批的项目	下放情况	下放内容
13	江西	《江西省环境保护厅审批环境影响评价文件的建设项目目录（2015 年本）》（赣环评字〔2015〕138 号）	炼铁、炼钢项目	未下放	—
14	青海	《青海省生态环境厅审批环境影响评价文件的建设项目目录（2019 年本）》	炼铁、球团、烧结、炼钢	未下放	—
15	山西	《山西省生态环境厅审批环境影响评价文件的建设项目目录（2019 年本）》	炼钢、炼铁、烧结项目	未下放	—
16	陕西	《陕西省生态环境厅审批环境影响评价文件的建设项目目录（2020 年本）》	冶金：以矿石为原料的金属冶炼项目；炼钢、炼铁项目	未下放	—
17	上海	《上海市环境保护局审批环境影响评价文件的建设项目目录（2016 年版）》	钢铁加工（仅限钢铁冶炼部分）	未下放	—
18	云南	《云南省生态环境厅关于发布厅审批环境影响评价文件的建设项目目录（2020 年本）》	钢铁（含球团、烧结）	未下放	—
19	重庆	《重庆市生态环境局关于印发重庆市建设项目环境影响评价文件分级审批规定（2020 年修订）的通知》（渝环〔2020〕97 号）	炼铁、炼钢（单纯技术改造除外），铁合金冶炼	未下放	—
20	西藏	《西藏自治区环境保护厅下放环境影响评价文件审批权的建设项目目录（2018 年本）》	炼铁、炼钢	未下放	—
21	天津	《天津市环境保护局审批环境影响评价文件的建设项目目录（2018 年本）》	炼铁、炼钢项目	未下放	—
22	山东	《山东省环境保护厅审批环境影响评价文件的建设项目目录（2017 年本）》	（1）符合省钢铁行业发展规划的炼钢、炼铁项目； （2）赋予济南、青岛、烟台市环保局除跨市和辐射类建设项目外的省级环境影响评价文件审批权限	全部下放	—
		《山东省人民政府关于调整实施部分省级行政权力事项的决定》（山东省人民政府令　第 333 号）	赋予其他地级市环保局除跨市项目外的省级环境影响评价文件审批权限		

序号	省份	文件名称/文号	省级生态部门负责审批的项目	下放情况	下放内容
23	辽宁	《辽宁省环境保护厅审批环境影响评价文件的建设项目目录（2017 年本）》	炼铁、炼钢项目	未下放	—
24	内蒙古	《环境影响评价文件（非辐射类）分级审批及验收意见》	炼铁、炼钢	未下放	—
25	江苏	《江苏省建设项目环境影响评价文件分级审批管理办法》	炼铁、炼钢项目	未下放	—
26	宁夏	《宁夏回族自治区建设项目环境影响评价文件分级审批规定（2015 年本）》	黑色金属：炼铁、炼钢项目	未下放	—
27	新疆	《新疆维吾尔自治区建设项目环境影响评价文件分级审批目录（2018 年本）》	炼铁、球团、烧结、炼钢	未下放	—
28	浙江	《省生态环境主管部门负责审批环境影响评价文件的建设项目清单（2019 年本）》	以金属矿石为原料的炼铁、炼钢项目	部分下放	副省级城市、计划单列市、舟山市生态环境主管部门享有辖区内建设项目省级环评审批权限；金华市生态环境主管部门享有义乌辖区内建设项目省级环评审批权限、废铁、废钢再生利用炼钢项目
29	黑龙江	《黑龙江省生态环境厅审批环境影响评价文件的建设项目目录（2019 年本）》	无炼铁、炼钢	全部下放	—
30	北京	《北京市生态环境局环境影响评价文件管理权限的建设项目目录（2018 年本）》	无	全部下放	无钢铁冶炼项目
31	吉林	《吉林省生态环境厅审批环境影响评价文件的建设项目目录（2020 年本）》	炼铁、球团、烧结项目，炼钢项目	未下放	—
32	新疆生产建设兵团	《新疆生产建设兵团环境保护局审批环境影响评价文件的建设项目目录（2015 年本）》（兵环发〔2015〕149 号）	冶炼：炼钢、炼铁、轧钢项目，以矿石为原料的金属及类金属冶炼项目	未下放	—

2．审批情况

据四级联网平台相关数据统计，2020 年共审批钢铁类建设项目 391 个，以压延加工类为主；其中冶炼类（炼铁炼钢）82 个，压延加工 309 个。受 2020 年钢铁建设项目产能置换暂停影响，冶炼类审批项目较少，主要以烧结机升级改造、新增球团产能以及电炉炼钢项目为主，均符合钢铁行业绿色低碳发展。除河北、江苏部分项目未填报项目实施后污染物增减量信息以外，46 个冶炼类项目增加 TSP 14 247 t、SO_2 11 237 t、NO_x 20 150 t（图 5-12）。

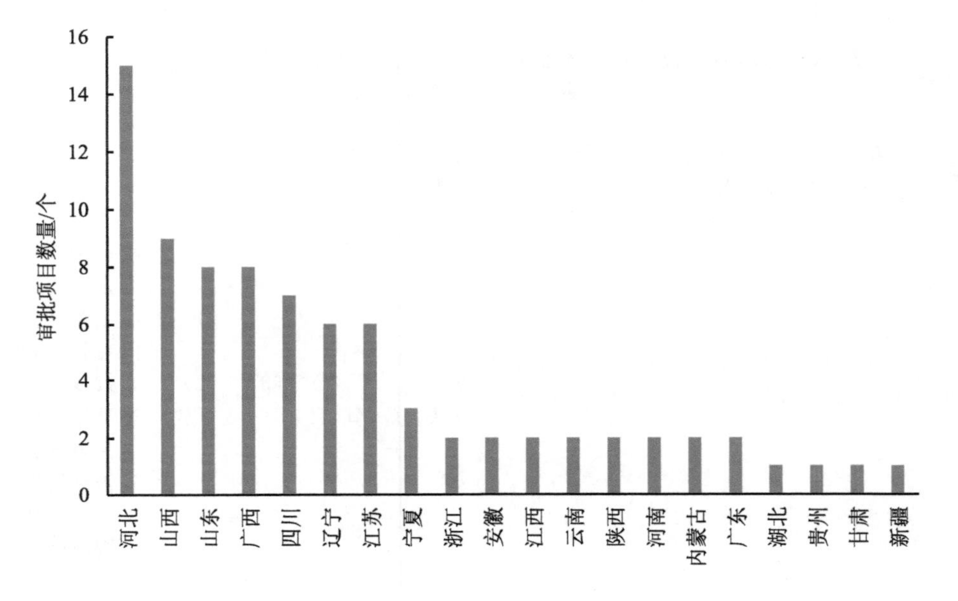

资料来源：四级联网平台。

图 5-12 2020 年部分省份审批钢铁冶炼类建设项目分布

二、排污许可

1．核发情况

截至 2021 年 3 月 31 日，全国黑色金属冶炼和压延加工业（不含铁合金冶炼）共发放排污许可证企业 4 429 家、发放整改通知书企业 41 家，其中黑色金属冶炼企业 871 家（含 C3110 炼铁 277 家，C3120 炼钢 145 家，黑色金属冶炼和压延加工业 449 家）、钢压延加工企业（C3130）3 558 家，企业类型主要为独立轧钢企业（钢压延加工），山东聊城、浙江温州、江苏无锡独立轧钢企业位居全国前三位；重点管理 1 064 家（含 193 家钢压延加工企业），简化管理 3 365 家。

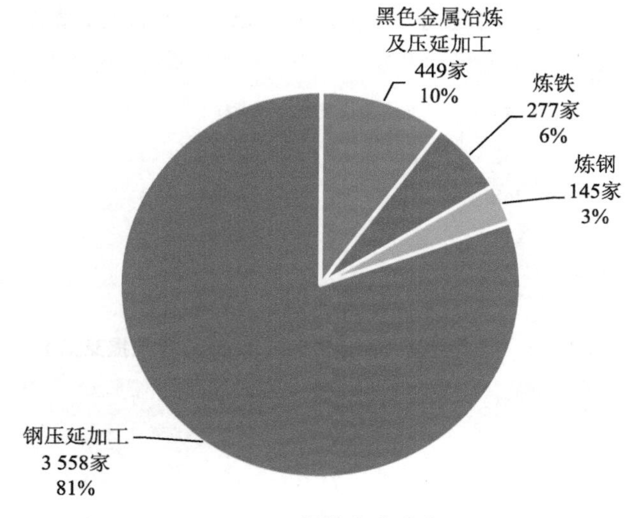

（a）钢铁企业分布

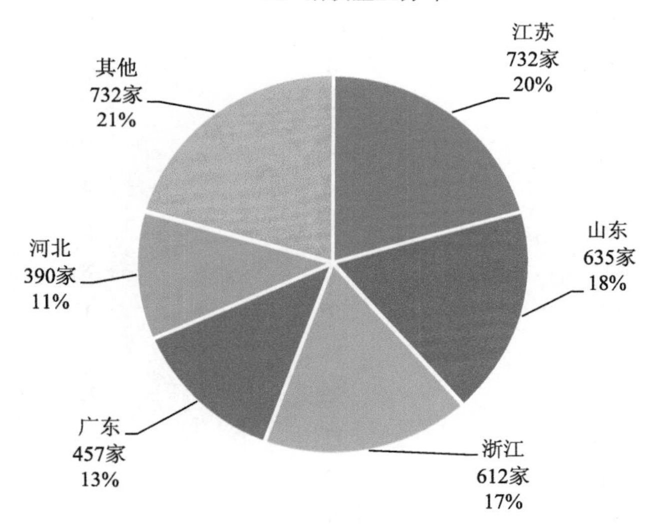

（b）钢压延企业分布

资料来源：全国排污许可信息平台。

图 5-13　钢铁企业排污许可证发放情况

2. 执行报告提交情况

截至2021年7月30日，钢铁企业（不含轧钢企业）2020年度执行报告报送率为82.5%，且基本呈现逐年上升的趋势（表5-12）。2021年新的排污许可管理条例实施，推动了执行报告报送的及时性和准确性。全国需要提交年报排污单位共32.03万家，2020年年度执行报告报送率约为60%，钢铁行业提交情况明显好于全国整体情况（表5-13、图5-14）。

表5-12 钢铁企业（不含轧钢）年度执行报告提交情况

年份	应提交企业数量/家	实际提交企业数量/家	提交率/%
2017	155	71	45.8
2018	552	399	72.3
2019	768	484	63.0
2020	871	719	82.5

资料来源：全国排污许可信息平台。

表5-13 钢铁企业（不含轧钢）2020年年报提交情况

序号	省份	发证冶炼企业数/家	未提交企业数量/家	提交率/%
1	安徽	33	4	87.9
2	福建	24	8	66.7
3	甘肃	10	0	100.0
4	广东	36	2	94.4
5	广西	21	15	28.6
6	贵州	14	3	78.6
7	河北	127	26	79.5
8	河南	36	4	88.9
9	黑龙江	3	0	100.0
10	湖北	25	8	68.0
11	湖南	9	1	88.9
12	吉林	11	1	90.9
13	江苏	95	30	68.4
14	江西	15	3	80.0
15	辽宁	73	4	94.5
16	内蒙古	29	3	89.7
17	宁夏	8	2	75.0
18	青海	4	0	100.0
19	山东	58	2	96.6
20	山西	82	13	84.1
21	陕西	12	3	75.0
22	上海	5	0	100.0
23	四川	51	6	88.2
24	天津	8	3	62.5
25	新疆（含新疆生产建设兵团）	25	1	96.0

序号	省份	发证冶炼企业数/家	未提交企业数量/家	提交率/%
26	云南	26	4	84.6
27	浙江	24	2	91.7
28	重庆	7	4	42.9
合计		871	152	82.5

资料来源：全国排污许可信息平台。

注：由于排污许可信息平台存在部分应注销企业，可能存在提交率统计计算偏差的情况。如果扣除该影响因素，实际提交率更高。

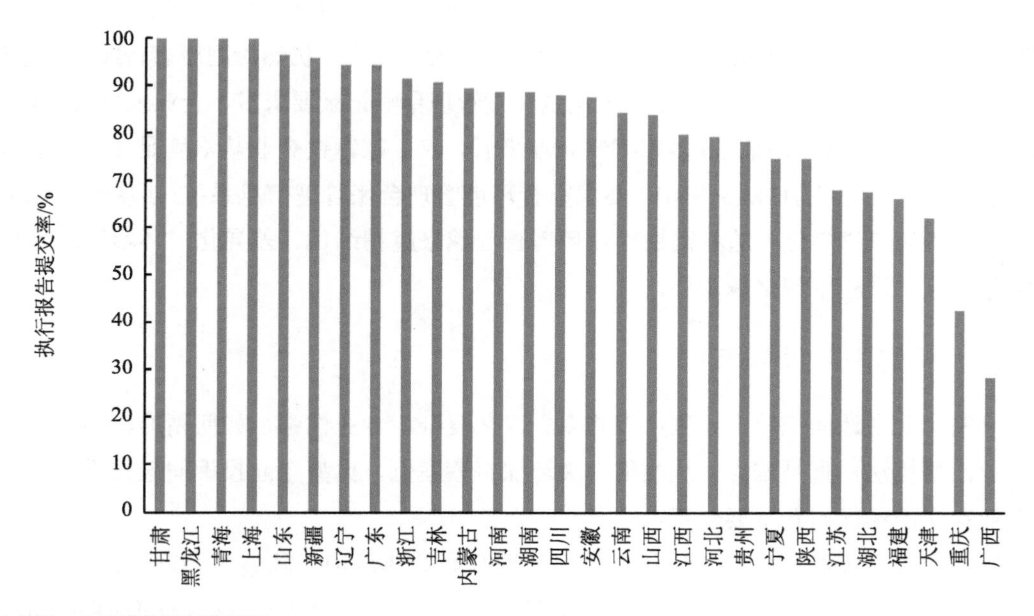

资料来源：全国排污许可信息平台。

图 5-14　钢铁冶炼企业 2020 年年度执行报告提交情况

上海、黑龙江、甘肃、青海 2020 年钢铁冶炼类企业年度执行报告提交率均达到 100%。此外，广西钢铁企业执行报告提交情况应引起重点关注，由于存在部分原“地条钢”转电炉生产的钢铁企业环保意识不足、环境管理薄弱等问题，导致年度执行报告提交率较低。

2021 年 8 月 30 日，生态环境部发布了《生态环境部办公厅关于钢铁冶炼行业排污许可证有效期届满未延续和未按规定提交执行报告有关问题的通报》（环办环评函〔2021〕410 号），通报了对全国 871 家钢铁冶炼企业排污许可证执行情况核查情况。截至 2021 年 7 月 29 日，核查发现排污许可证有效期届满但未延续的钢铁冶炼企业 85 家，未按规定提交 2020 年年度排污许可证执行报告的钢铁冶炼企业 152 家。要求相关省（区、市）生态环境厅（局）对检查发现的问题进一步核实，并督促相关企业限期整改；对整改不及时或拒不整改的企业，依法严肃查处并在社会媒体曝光。通过各地管理部门加强监管，钢铁企业执行报告提交率不断提高。

3. 环境管理台账

《排污许可申请与核发技术规范 钢铁工业》（HJ 846—2017）规定，钢铁工业排污单位应建立环境管理台账制度，设置专职人员进行台账的记录、整理、维护和管理，并对台账记录结果的真实性、准确性、完整性负责。台账应记录生产设施运行管理信息、原辅料及燃料采购信息、污染治理设施运行管理信息、非正常工况及污染治理设施异常情况记录信息、监测记录信息、其他环境管理信息。特别是生产设施和污染防治设施按班次进行记录，钢铁企业一般将此类台账由各生产岗位管理填报，大多数企业仍然沿用原有台账记录模板，内容上不完全满足排污许可要求。由于钢铁环境管理台账记录要求多、企业未严格执行 HJ 846—2017 要求，从调研的 30 多家钢铁企业来看，仅 1 家钢铁企业基本满足要求。中国宝武钢铁集团正在按照 HJ 846—2017 要求整合环境管理台账管理信息系统，实现台账记录规范化、准确化、科学化。随着钢铁行业环境管理越来越精细化、差异化，环境管理台账在日常监督执法过程中越来越重要。

三、环境监督与执法

钢铁企业占地面积较大、生产设施多、工艺复杂、专业性强，如何精准、高效开展钢铁行业监督执法一直是难点。从收集中央环保督察案例、典型企业投诉问题来看，目前钢铁企业存在的环保问题主要包括：

（1）部分污染源不能稳定达标排放，特别是高炉热风炉、轧钢热处理炉、发电锅炉；

（2）污染治理设施运行不正常，包括脱硫脱硝设施、布袋除尘器运行维护不及时等；

（3）城市钢铁企业的噪声、异味扰民以及无组织排放投诉问题；

（4）冶金渣固体废物处置不及时，长期露天堆存，对地表水、地下水和土壤环境造成影响；

（5）沿江布局的钢铁企业原辅燃料露天储存对地表水和大气环境造成影响；

（6）建厂年代较早的钢铁企业厂区雨污未分流，存在外排废水超标的风险；

（7）钢铁企业发展产生的资源能源消耗、污染物排放与城市环境容量、资源利用上线矛盾突出。

四、其他环境政策

1. 钢铁行业标准体系进一步完备

一是国家钢铁标准体系更加科学、准确。2020 年，生态环境部启动并完成了烧结/球团、轧钢大气污染物和水污染物排放标准修改单，增加了烧结、球团焙烧烟气含氧量，修改了热处理炉含氧量和二氧化硫、氮氧化物排放限值，增加了烧结和总排放口废水中铊排放限值，解决了钢铁系列排放标准实施中难点问题，提高了行业污染物达标率，让标准更科学、更符合实际。

二是各地因地制宜出台地方排放标准保障超低排放改造实施。2019 年，生态环境部联合五部委发布了《关于推进实施钢铁行业超低排放的意见》，作为鼓励性政策实施，但对于钢铁产业密集、环境质量改善迫切的重点地区有必要强制实施。河北、山东、河南、山西均发布了地方钢铁排放标准，江苏、天津正在制定相关标准，一定程度上弥补了超低排放限值的法律地位，有利于日常管理和监督执法。

三是不鼓励出台末端治理的“超超低排放”政策。目前唐山地区受制于钢铁产业结构和环境容量限制，一味加严有组织排放限值，出台“超超低排放限值管控（烧结/球团 TSP 5 mg/m^3、SO_2 20 mg/m^3、NO_x 30 mg/m^3，高炉热风炉/轧钢加热炉 TSP 10 mg/m^3、SO_2 30 mg/m^3、NO_x 100 mg/m^3）”要求，特别是在高炉煤气精脱硫等源头控制技术不完全成熟条件下，对高炉热风炉、轧钢加热炉等燃烧类烟气实施脱硫脱硝末端治理，产生大量难以处置的钠基干法脱硫灰和废催化剂（危险废物），且增加碳排放，在经济上以及碳减排方面不可接受。例如，河北某钢铁公司 8 座加热炉，新建 8 套中高温 SCR 脱硝装置［烟气量（标态）合计 145 万 m^3/h］，总投资 8 800 万元，预计每年新增环保运行费用近 4 000 万元，可减排 NO_x 508 t，增加 CO_2 排放 22.6 万 t。

2．钢铁超低排放保障措施多样化

一是多地采用评估监测制度确保超低排放改造质量。2019 年 12 月，生态环境部发布《关于做好钢铁企业超低排放评估监测工作的通知》（环办大气函〔2019〕922 号），正式启动钢铁企业超低排放评估监测工作，并委托中国钢铁工业协会公示结果、接受全社会监督。一些重点大型钢铁企业委托技术能力强的第三方技术单位指导、把关超低排放改造和评估监测，力求改造四真——“企业领导真重视、资金真投入、实施真工程、管理水平真提升”，总体上确保超低排放改造实施效果以及评估监测结果经得起检验。

二是实施差别化电价促进超低排放改造。根据《国家发展改革委关于创新和完善促进绿色发展价格机制的意见》（发改价格规〔2018〕943 号）和生态环境部等五部委联合印发的《关于推进实施钢铁行业超低排放的意见》要求，严格落实钢铁行业差别化电价政策，对逾期未完成超低排放改造的钢铁企业，省级政府可在现行目录销售电价或交易电价基础上实行加价政策。截至 2021 年 3 月，全国共有河北、河南、山东、山西、江苏 5 省已发布实施钢铁行业超低排放差别化电价，公布执行差别化电价企业名单和加价标准。山东将全省 24 家钢铁联合企业（山钢日照除外），江苏将全省 32 家钢铁联合企业，河南将全省

28 家钢铁企业（安阳钢铁除外，含铸造生铁企业）纳入差别化电价执行名单，预计吨钢生产成本增加 2～24 元，平均 10 元/t 钢。重点地区钢铁企业已开始感受到差别化电价政策压力，正在加快推进超低排放改造，很多企业开展“创 B 争 A”。同时越来越多地方管理部门发挥市场价格机制，促进钢铁行业差异化管控。

表 5-14 试点地区钢铁差别化电价标准

地方	未达要求项数	执行时间	加价标准/[元/（kW·h）]
山西	0	2021 年 1 月 10 日—2023 年 1 月 9 日	0
	1		0.01
	2		0.03
	3		0.06
江苏	有组织	2021 年全年	0.01
		2022 年全年	0.015
		2023 年 1 月 1 日—2025 年 12 月 31 日	0.02
江苏	无组织	2021 年全年	0.005
		2022 年全年	0.01
		2023 年 1 月 1 日—2025 年 12 月 31 日	0.015
	清洁运输	2021 年全年	0.003
		2022 年全年	0.005
		2023 年 1 月 1 日—2025 年 12 月 31 日	0.01
山东	0	2020 年 7 月 1 日起	0
	1		0.01
	2		0.03
	3		0.06
河南	0	2020 年 8 月 1 日起	0
	1		0.01
	2		0.03
	3		0.06
河北	未完成超低排放改造	2018 年 9 月 1 日起	0.1

3．重污染天气绩效分级管控更科学

一是重点地区钢铁企业均纳入绩效分级管理，评级结果基本合理。2020 年，河北、天津、河南、山西、山东、江苏、上海、安徽等 16 个省（市）按照《重污染天气重点行业应急减排措施制定技术指南（2020 年修订版）》（以下简称指南）（环办大气函〔2020〕340

号）要求，对 238 家长流程和 261 家短流程钢铁企业进行绩效分级管理。长流程企业绩效分级结果基本合理，除江苏、安徽外，其他省份 A 级绩效企业达到超低排放要求并通过评估监测；短流程企业中仅唐山市玉田金州实业有限公司、唐山正丰钢铁有限公司、徐州金虹钢铁集团有限公司 3 家被评为“A 级企业”，15 家企业被评为“B 级企业”，其余全部为“C 级企业”。

表 5-15　长流程钢铁企业 2020 年绩效分级结果

省份	绩效分级						
	A	B	B-	C	D	民生豁免	合计
河北	4	10	9	29	16	—	68
天津	—	3	1	—	2	—	6
山东	1	6	3	10	1	4	25
山西	1	—	11	9	6	7	34
河南	—	1	2	9	4	2	18
江苏	2	3	10	6	—	—	21
上海	—	—	—	1	—	—	1
安徽	2	1	—	4	2	—	9
甘肃	—	—	—	—	1	—	1
湖北	—	—	—	1	7	—	8
湖南	—	—	1	—	3	—	4
辽宁	—	—	—	17	9	1	27
宁夏	—	—	—	1	2	—	3
四川	—	—	—	1	6	—	7
浙江	—	—	—	1	1	—	2
重庆	—	—	—	4	—	—	4
合计	11	24	37	92	60	14	238

资料来源：2020 年各地绩效分级清单。

二是 A 级绩效企业正在产生减污降碳协同效益。调研首钢迁钢、首钢京唐、太钢、山钢日照、新兴铸管等 A 级绩效企业 2020 年产量同比增加（太钢除外，其 2020 年 1 座高炉大修），表明重污染天气期间基本未受停限产影响，正在享受超低排放改造的政策红利。废气污染物排放总量同比下降，但降幅均不大；能源消费总量受产量影响均有所上升，但吨钢综合能耗均下降；5 家企业（不含太钢）二氧化碳排放量均上升，吨钢二氧化碳排放量均下降。

第五节 问题及建议

“十三五”期间，钢铁行业从生产结构、装备技术、智能制造、节能环保等方面推进高质量发展，但产业布局、兼并重组、绿色发展、碳减排等问题依然未得到有效解决，制约了行业发展质量和效益。

一、问题

1. 产业集中度及布局问题依然明显

（1）小企业数量多，产业集中度低。京津冀晋鲁豫、苏浙沪皖地区 200 万 t 以下产能规模企业数量占比分别为 38%、56%。我国钢铁行业集中度一直处于较低水平，2020 年排名前四的钢铁企业产业集中度仅为 22.4%，24 家千万吨级钢铁企业占比也仅为 56.6%，而美国、日本和欧盟前四位钢铁企业的钢产量在本国占比均超过了 60%。我国钢铁企业小而散的局面导致在资源掌控能力、市场有序竞争、淘汰落后产能、技术研发创新、节能环保等方面缺乏行业约束力和自律能力。

（2）重点地区产能布局高度集中，区域间布局不平衡。“2+26”城市钢铁产能总量大、结构重，钢铁产能占全国的 30.8%。唐山地区和晋冀豫交界地区问题较为突出，唐山钢铁产能达到 1.44 亿 t，晋冀豫交界钢铁产能达到 9 000 万 t，而上述地区普遍存在资源和环境承载力不足、污染形势严峻等问题。全国钢铁布局“北重南轻、东多西少”，钢材跨区域运输量大，在柴油货车承担约 50%运输量情况下，也带来大量运输排放。

（3）地方上马钢铁项目意愿强烈，加剧行业先进产能过剩。钢铁行业是中国经济的“压舱石”，据国家统计局数据，2020 年，黑色冶炼及压延加工业投资增速一直处于工业行业领先地位，投资累计增长 26.5%，比制造业投资增速高 28.7 个百分点以上。通过梳理各地公布的 2020 年重点项目规划或产能置换方案，涉钢项目投资规模超 1 万亿元，未来三年将在淘汰粗钢产能 1.92 亿 t 的基础上形成 1.8 亿 t 更先进、更环保的新产能。广西、云南、福建等原本钢铁产量小的地区承接新建产能较多，河北、江苏、山东等传统钢铁大省新项目仍较多。“十四五”时期，钢铁供给能力高位增长，甚至阶段性严重过剩的压力仍将持续，一批甚至是一大批竞争力弱的钢铁企业将被迫退出钢铁市场。

2. 资源能源消费结构约束低碳转型

我国钢铁行业碳排放量占全国碳排放总量的 15%左右，是碳排放量最高的制造业行业，比全球平均排放强度高 10%左右。一是行业生产规模总量大，导致资源能源消费量偏大。2020 年我国钢铁行业消耗煤炭超过 6 亿 t 标准煤、天然气 120 亿 m^3、废钢 2.2 亿 t，粗钢产量突破 10 亿 t，占比世界总产量的 56.7%。二是生产工艺以高污染、高碳排放的高炉—转炉长流程为主，导致资源能源消费量偏大。长流程工艺的能源消费结构高碳化，煤、焦炭占能源投入近 90%；短流程电炉钢产量占 10%左右，废钢资源供应不足，极大地增加了短流程炼钢生产成本，使其产品在市场上缺少竞争力。三是技术水平参差不齐带来资源能源消耗量大。钢铁冶炼企业数量较多（约 450 家），且能源结构、消费水平差异较大，2020 年全国重点钢铁企业燃料比平均值约为 535.5 kg/t，范围在 495.1～600.5 kg/t，碳排放强度相差 20%左右。

3．生产装备和污染防治水平仍待提高

（1）限制类装备占比仍较高。步进式烧结机比带式烧结机投资大、占地多、污染物排放量大、能耗高，是一种相对落后生产工艺。我国钢铁行业步进式烧结数量仍较多，占比为 23%，且超过 60%步进式烧结机属于限制类装备。1 000 m^3 以下高炉（限制类）仍占全国总数的 42%。100 t 以下转炉（限制类）占全国转炉数量的 57.6%。电炉规模小、布局分散，装备水平低下，60 t 以下（落后水平）数量占比为 53%以上。

（2）电炉短流程企业治理进展偏缓。截至 2020 年，我国钢铁行业共有炼钢电炉 400 多座，调研发现其部分未纳入 2016 年国务院钢铁冶炼装备底单内，无法实施产能置换、升级改造，导致大多数企业维持现有低端、落后的生产模式，多数治理设施落后，无组织排放严重。我国电炉炉型主要为开盖顶加料式和连续水平加料系统（Consteel 电炉），未解决二噁英排放问题。据排污许可信息平台数据分析，仅 13.4%电炉配置了烟气急冷措施。在调研过程中发现少数企业即使配置了，但实际运行过程中也未达到相应效果。

表 5-16　我国钢铁行业电炉装备水平情况

企业类型	领先水平	先进水平	一般水平	落后水平	合计
	≥100 t	≥75 t，<100 t	≥60 t，<75 t	<60 t	
短流程企业/座	14	33	97	203	347
长流程企业/座	26	7	11	14	58
合计/座	40	40	108	217	405
占比/%	9.9	9.9	26.7	53.6	100

资料来源：全国排污许可信息平台。

（3）治理技术未实现协同减污降碳。在清洁运输方面，钢铁企业“公转铁”“公转水”等清洁运输结构调整推进较慢，单纯依靠使用高排放阶段柴油车满足管理要求；在有组织排放方面，对高炉煤气精脱硫试点技术持观望态度，不惜对高炉热风炉、轧钢加热炉开展脱硫脱硝末端治理，产生大量干法脱硫灰和废催化剂（危险废物）难以处置等问题；缺乏

对全厂超低排放治理技术统筹考虑，往往废气治理达标了，却出现废水、固体废物等新的环境问题，且增加碳排放。

4. 行业环境管理尚需进一步规范

一是超低排放评估监测水平参差不齐，绩效评级准确性有待提高。钢铁行业超低排放改造复杂性，不可能“一蹴而就”，已出台技术指南可操作性仍有待加强，特别是无组织评估标准不确定性和不可量化，一定程度上需要企业“真改造、真投入”和技术评估单位“能力强、严把关”；但部分企业对评估监测严肃性认识不足，第三方把关不严，评估监测走过场等，导致超低排放改造质量下滑。同时各地为鼓励企业积极开展超低排放改造，对B级企业（含B−）、C级企业评判略放松，虽然也能体现差异化管控，但各省评判尺度不一，也会造成行业间的不公平。

二是部分冶炼类建设项目环评管理不规范。①个别项目存在降低审批权限的情形，或者规避审批炼铁炼钢类项目。②部分项目环评批复中污染防治措施未落实。比如，要求对电炉烟气采用“炉盖排烟+烟气急冷+导流罩+屋顶罩”方法收集、连铸烟气采用“移动烟尘捕集罩”方法收集，但现场电炉冶炼、连铸环节未配置有效收集措施，导致无组织排放严重；电炉第四孔烟气未单独收集、急冷，产生过量二噁英排放。由于后续电炉享有等量置换的优惠政策，各地审批电炉炼钢项目将越来越多，需要重视电炉颗粒物无组织和二噁英排放问题。

三是排污许可证后管理整体效果不佳。①已退出企业许可证应注销未注销问题突出；据不完全统计，截至2020年年底，43家已停产搬迁或产能置换拆除的钢铁企业未注销排污许可证。如天津2020年淘汰退出3家钢铁联合企业，河北的唐钢、石钢、首秦等钢铁企业搬迁，江苏徐州18家钢铁企业淘汰置换整合成3家企业。②排污许可证内容与实际相符性有待提高；钢铁企业升级置换、超低排放改造工程多，产排污设施变化快，很多钢铁企业对排污许可制度认识不足，重视程度不够，管理水平不高，导致大量生产设施未纳入排污许可管理；调研发现很多企业存在停产生产设施或改建、扩建工程新增环保设施遗漏填报，以及一般排放口（环境除尘）遗漏等情形。

四是许可排放量管理需进一步强化。①许可排放量核算方法有待改进。缺乏对特殊时段（重污染天气期间）污染物排放总量管控，也难以支撑基于污染物排放水平的钢铁行业碳排放约束、压减产量管理机制。②许可排放量普遍偏大。大量无组织排放转为有组织治理，钢铁排污许可技术规范规定的无组织排放系数偏大与行业实际排放水平相差较大；超低排放有组织改造正在加快实施，除部分出台地方排放标准地区外，全行业普遍面临排放标准偏松的情况。③由于行业超负荷生产现象较为普遍，部分企业排放的污染物总量超过许可排放量。例如，对河北省钢铁冶炼企业2020年年度执行报告核查发现7家企业存在超总量排污行为，但未进行监督执法。邯郸7家钢铁企业几乎每条烧结机都存在超负荷生产情况，利用烧结机冷却段继续烧结，烧结机尾出“红矿”，导致大量二氧化硫、一氧化碳等污染物在冷却时无组织排放。

五是在线监测和无组织排放问题突出。①在线监测造假逃避监管问题多；烧结机、球团生产设施、焦炉、石灰窑、发电锅炉等受生产工况影响存在断续超标情况，由于缺乏在线监测达标判定方法，部分钢铁企业选择性造假。钢铁行业治理技术路线较多，缺乏工程实施技术规范，导致环保工程质量“良莠不齐”“以次充好”，难以稳定达标排放，部分钢铁企业主观性造假。②无组织排放违法违规问题频发；钢铁企业无组织点位多、管理分散，合规性标准不明确，部分企业重视程度不够，无组织排放问题突出。2021年监督帮扶发现邯郸、唐山、包头、忻州、鞍山、承德等地区钢铁企业问题较多，60%以上钢铁企业存在无组织排放问题，占总问题量的28%。

表 5-17　钢铁企业监督执法发现问题情况

时间	检查企业数量/家	问题企业数量/家	问题率/%	问题数量/个
5月	41	37	90.24	102
6月	46	28	60.87	78
7月	105	76	72.38	294

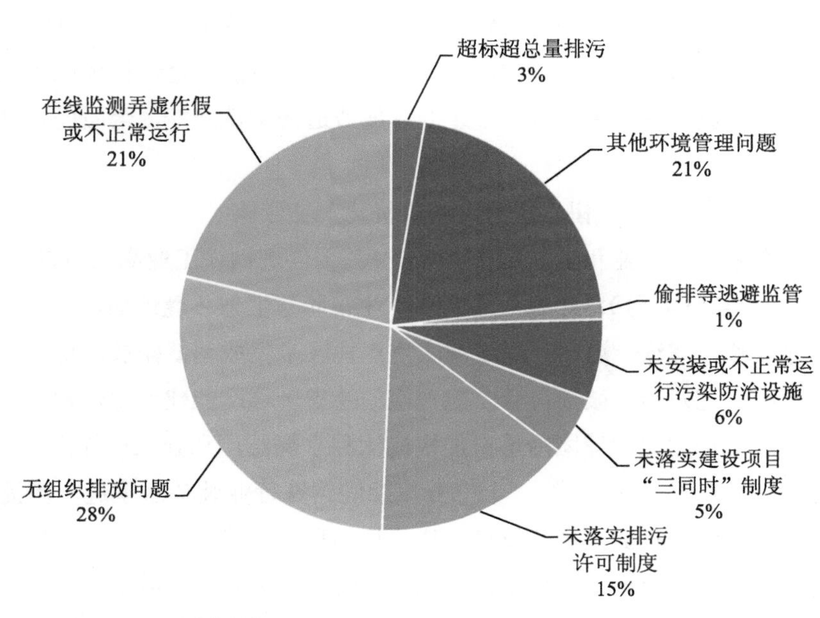

资料来源：生态环境部2021年5—7月夏季监督帮扶。

图 5-15　钢铁企业存在环境问题分类

5．市场化和政策性激励机制不健全

一是多以停限产和电价加价等惩罚性机制为主。部分地方受环境质量改善目标要求，长期采取停限产等行政手段干预，缺少市场化手段和过程性激励性政策，钢铁企业政策预期不明确，对污染治理仍停留在被动接受，缺少主动提升、主动减排的意识。

二是缺少提高电炉短流程竞争力的市场化手段。目前废钢供应、电价是制约短流程炼钢发展重要因素，国家、地方均出台相关文件鼓励推进，但不解决长、短流程环境约束成本难以推广短流程应用，缺少能源消耗总量、碳排放权交易等市场化手段的长流程约束机制。

三是缺少全产业链发展的激励机制。钢铁行业绿色低碳发展要基于全生命周期评价，现有“绿色工厂评价”“水效领跑者”“能效领跑者”“超低排放”激励不足，缺少“产业结构、能源结构、运输结构”协同优化的激励机制。缺少钢铁上下游产业链循环发展的激励机制，包括“煤—钢—焦”一体化、固体废物资源与建材生产协同化、煤气资源的低碳产业链循环发展等。

二、建议

“十四五”时期，在保障钢铁需求前提下，最大限度压减钢铁产量，以供给侧结构性改革为主线，以严控源头排放、强化过程控制、优化末端治理为原则，对标钢铁工业高质量发展指导意见，深化超低排放改造和评估监测，加速低碳前沿技术研发应用，推进废气、废水、废渣和土壤协同治理，构建“环评—许可—执法”全过程环境管理体系，建立市场化环境绩效机制，逐步淘汰未完成超低排放改造的钢铁产能，全面提升钢铁工业绿色低碳发展水平。

1．强化“全国一盘棋”理念，统筹优化产业结构

一是继续优化产业和工艺结构。结合《关于促进钢铁工业高质量发展的指导意见》（工信部联原〔2022〕6 号），开展全国钢铁产业布局与生态环境评估，推进产能聚集地区钢铁产能有序转移、淘汰、退出，逐步淘汰重点地区未完成超低排放改造的长流程产能。大力支持短流程工艺发展，鼓励符合产能置换的跨省转移产能建设电炉短流程；鼓励增加球团产能，发展高炉大比例球团冶炼；加快淘汰独立烧结厂和独立热轧生产线。

二是持续压减钢铁产能。“十三五”期间钢铁行业装备水平进一步提升，先进装备水平产能完全能满足行业高质量发展，建议运用环保、能耗、安全、价格等综合性政策，倒逼限制类装备逐步退出。特别是加快淘汰 2016 年年底单外或手续不全的电炉，出台短流程钢铁生产优惠政策，为电炉短流程发展营造良好市场环境。

三是推进实质性兼并重组，提高产业集中度。钢铁企业联合重组是深化供给侧改革的有效途径，是增强市场竞争力的现实选择，是全面碳达峰背景下的必由之路，对加快钢铁行业绿色低碳转型具有重大意义。建议各级地方政府积极鼓励和引导钢铁企业进行实质性联合重组，优势互补，落实“十四五”钢铁工业高质量发展目标；钢铁企业要转变发展观念，避免盲目追求产业集中度和规模效应，减少资源、能源消耗和污染物、二氧化碳排放。

2. 以“降碳”为抓手，推进产业和工艺结构调整

一是做好顶层设计，制定钢铁工业的分阶段、分步骤的碳中和技术路线图。从生产、消费、能源、技术四个方面，以“优化产业结构、优化工艺流程结构、优化炉料结构、优化产业链结构、优化能源结构、优化运输结构”六个维度，制定“30·60”双碳技术路线。

二是强化产业链协同。加强上下游资源协同，在现有煤—钢—焦产业链基础上拓展上游原材料（铁矿、废钢、合金）保障体系建设，延伸“钢铁+化工”大产业链。充分利用建材行业消纳高炉水渣、炼钢钢渣等工业固体废物生产水泥熟料、骨料、路基等，发展循环经济。鼓励地方出台相关政策，支持利用钢铁冶金高温炉窑处置城市危险废物，解决危险废物处置能力不足，化解危险废物跨省转移风险。

三是提高废钢资源利用率，构建废钢“产—供—用”战略体系。目前在低碳冶炼技术及 CCUS 未大规模应用前提下，“多吃废钢，降低铁钢比”仍将是落实“30·60”双碳目标最有效的措施。建议出台激励政策支持废钢加工配送体系建设，提升废钢资源保障能力，提高废钢产业集中度；将废钢资源纳入资源综合利用所得税优惠目录，实现炼钢炉料结构优化。

3. 完善超低排放治理，推动减污降碳协同控制

一是完善钢铁超低排放改造技术体系。修订《钢铁企业超低排放改造技术指南》，细化南、北地区无组织排放环节改造标准，加快推进长三角地区和非重点地区龙头企业超低排放改造。跟踪评价 A 级绩效企业污染防治措施水平，推广中低温余热/余压利用、烧结烟气循环利用、钢渣显热回收、煤气精脱硫、低氮燃烧以及电动或氢能重卡替代柴油货车等低碳技术或措施，制定钢铁行业减污降碳协同可行技术指南。

二是强化源头减排，建立综合治理技术体系。开展绿色洁净电炉炼钢技术研究应用，重点解决绿色化关键工艺技术（无组织排放和二噁英）及智能化制造技术，为电炉炼钢推广提供技术保障。构建燃烧类烟气阶梯利用、减量化研究体系，探索钢铁企业水、气、渣多领域综合减排技术方案，加强多污染物（氮氧化物、VOCs、重金属）协同减排关键技术攻关，推进焦炉煤气制氢低碳冶金工艺研究应用。

三是优化差别化价格机制促进超低排放。参考试点地区经验，分阶段在全国范围实施钢铁超低排放差异化电价。对于逾期未按照各省《钢铁超低排放改造实施方案》进度要求完成超低排放改造的，实行加价政策。对超低排放改造和评估监测中弄虚作假的，实行惩罚性电价政策。将差别化电价执行情况纳入中央生态环境保护督察。

四是完善钢铁超低排放评估监测的环境监管机制。建立监督机制，组织开展超低排放改造专项抽查，严查资金投入不足、改造实际效果不佳的“A 级 B 级企业”；严查第三方机构出具的评估监测报告质量，建立“黑名单”退出制度；严查重污染天气绩效分级结果准确性，防止“弄虚作假”放松监管。发挥协会公示和 NGO 组织监督作用，严把超低排放改造和评估监测质量关。

4．实施差异化管控，构建“环评—许可—执法”全过程管理

一是扩大差异化环保管控范围，保障冬奥空气质量。鼓励全行业开展绩效分级，强化对内蒙古、辽宁钢铁企业绩效分级管理，冬奥期间实施差异化管控。对纳入冬奥传输通道城市的钢铁企业实施驻点监督，重点关注错峰生产和应急减排措施执行情况、在线监测数据准确性以及无组织措施有效性。

二是以碳评价试点为契机，强化环评管理，助力“30・60”双碳目标。构建钢铁碳排放水平数据库和评价指标体系，推动炼铁炼钢类建设项目碳评价，遏制钢铁类“两高”项目盲目上马。严格执行钢铁类建设项目审批权限，严禁以任何名义下放；加大钢铁建设项目环评技术复核，重点核查能耗预警地区煤炭消费减量替代措施和区域污染物削减方案的执行情况。

三是构建以排污许可制为核心的钢铁全过程管理体系。完善钢铁工业排污许可技术体系，与重污染天气期间绩效分级衔接。强化排污许可证事中、事后监管，省、市两级生态环境主管部门组织开展钢铁冶炼企业排污许可证及执行报告质量专项检查，夯实排污许可核心制度基础。

四是完善监督执法内容、方法和标准。开展钢铁行业在线监测专项执法检查，严查弄虚作假；尽快制定钢铁行业在线监测设施达标判定方法，尽早开展钢铁行业在线监测标记试点工作；强化依排污许可证执法，压实企业“按证排污”主体责任。

5．健全环境绩效激励约束机制，鼓励企业自我环境规制

一是建立长流程钢铁企业环境绩效约束机制。长流程占比高是钢铁行业污染物和二氧化碳排放量大的重要因素。建议重点地区逐步淘汰未完成超低排放改造的长流程产能，对长流程钢铁企业实行能源消费、碳排放、污染物排放总量控制，提高长流程钢铁企业环保成本。

二是发挥碳交易市场机制，促进节能减碳。建议尽早将钢铁行业纳入全国统一碳交易市场，建立科学合理、可监测、可计量、可评估的碳配额分配机制；制定基于生产全流程的碳足迹核算方法和统一的碳减排成本核算方法。

三是完善生态环境协同监管。制定钢铁行业绿色低碳发展评价标准，鼓励钢铁企业创建绿色低碳示范企业。建议将温室气体控制纳入钢铁长流程企业绩效分级标准，能源消费和污染物排放协同控制，实现 CO 和 CO_2 协同管理。

参考文献

[1] 郑常乐. 我国钢铁行业 CO_2 排放现状及形势分析[N]. 世界金属导报，2020（35）：B14.

[2] 王维兴. 2020 年中钢协会员单位能源消耗评述[N]. 世界金属导报，2021（11）：B15.

[3] 吴礼云. 高炉大比例球团冶炼浅析[N]. 世界金属导报，2021（18）：B02.

第六章　水泥行业环境评估报告

第一节　行业发展现状

一、产能产量

1．全国水泥和熟料总产量趋稳

我国水泥产量自1985年以来一直稳居世界第一位，2020年受新冠肺炎疫情影响，以及国家“六保”“六稳”政策的实施，水泥行业呈现“急下滑、快恢复、趋稳定”的特征，相较2019年产量有小幅增长，位居历史第四位（2014年达到峰值），约占世界总产量的58%。随着水泥供给和需求结构的双调整，近年来我国熟料用量逐年增加，2020年全国水泥熟料产量创历史新高，达15.79亿t（图6-1）。

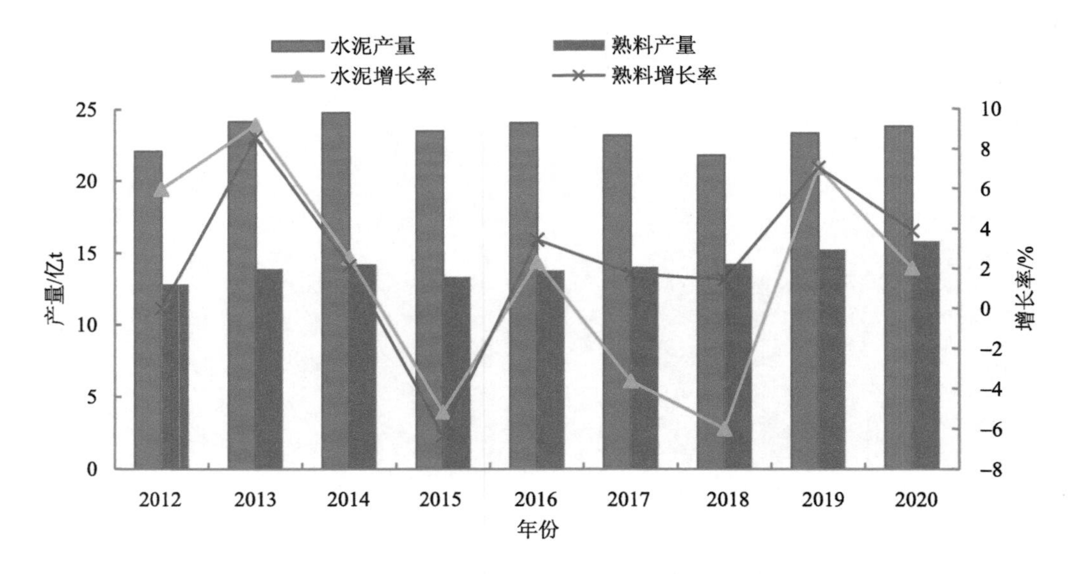

图6-1　近年来全国水泥、熟料产量变化情况

资料来源：中国水泥协会。

2. 部分省份产能扩大

根据中国水泥协会数据，相较于2019年，我国2020年熟料设计产能增长0.94%，福建、广东、广西、贵州、云南、西藏和宁夏等省（区）产能仍在增长，西藏、云南、宁夏产能增速位列前三，分别为41.35%、15.01%和11.36%，其余省份持平或有小幅下降。其中，广西产能增长，与中央第七生态环境保护督察组向广西反馈督察情况中反映的"'两高'项目管控不力，水泥熟料等高耗能行业产能持续扩张"吻合（图6-2）。

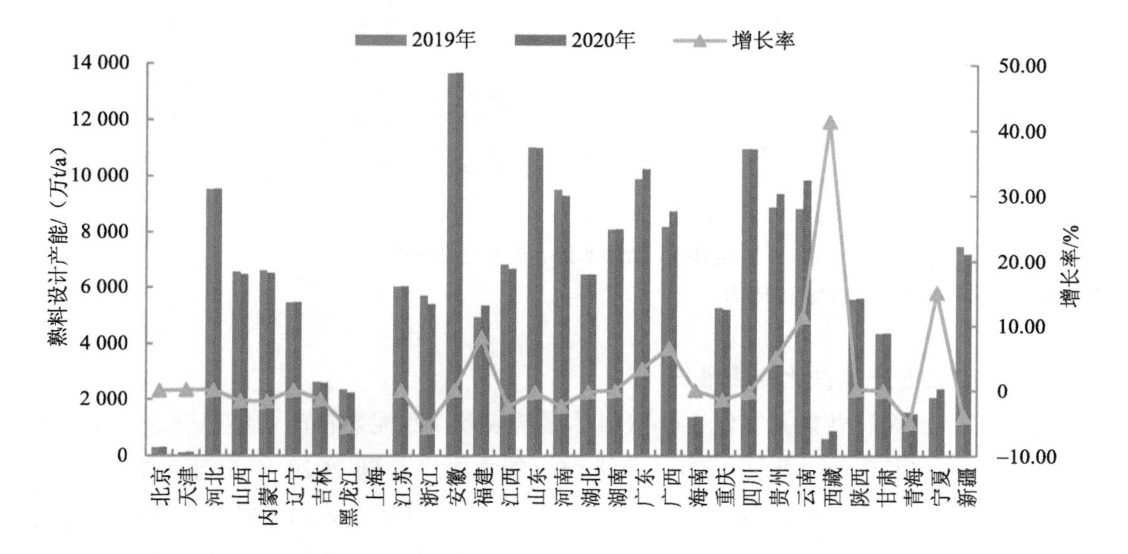

图6-2　2019—2020年各省份熟料设计产能变化情况

资料来源：中国水泥协会。

二、规模布局

1. 行业总体呈现南强北弱态势

我国水泥企业遍布全国31个省（区、市）。2020年水泥产量过亿的省份有13个，依次为广东、山东、江苏、四川、安徽、浙江、云南、广西、河南、河北、湖南、贵州、湖北，产量合计17.06亿t，约占全国的72%。据全国排污许可证信息管理平台统计，截至2021年8月底，水泥制造企业（含独立粉磨站企业）共3 440家；水泥熟料企业共计1 213家、生产线1 663条，熟料产能17.3亿t（由生产线日规模按照年生产310天合计），除上海无熟料企业分布以外，其余各省份均有分布，其中安徽、山东、四川和广东4省熟料产能超过亿吨，合计4.60亿t，约占全国的25%。总体来看，华东地区、中南地区、西南地区占据了全国80%以上的水泥产量，呈现出南强北弱态势（图6-3）。

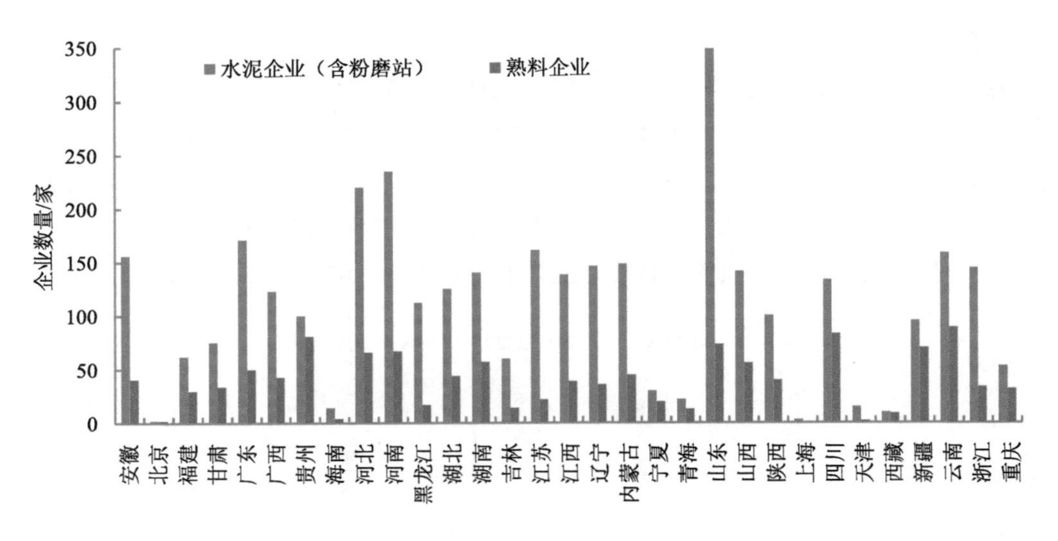

图 6-3 全国水泥、熟料企业分布

资料来源：全国排污许可证信息管理平台。

2. 大型企业产能占比持续增长

近年来，水泥行业兼并重组工作取得了显著成效，水泥熟料产业集中度进一步提升。从 2013 年前十家企业（集团）熟料产能 50%的集中度，到 2020 年熟料产能集中度提升至 57.33%，水泥产业组织结构得到了进一步优化，但尚未达到《建材工业发展规划》（2016—2020 年）中 2020 年前十家企业（集团）水泥熟料生产集中度 60%的目标。2017—2020 年，10 家企业（集团）一直位居前十，前五强位置一直未变。2020 年熟料产能前十强中，中国建材集团和海螺水泥熟料产能占比超 30%，与 2019 年相比，海螺水泥、华润水泥、华新（含拉法基豪瑞）和红狮水泥熟料产能增大，中国建材集团、山水集团熟料产能有所减少，其余四大集团保持不变（表 6-1）。

表 6-1 2017—2020 年水泥熟料产能前十企业（集团）情况

排名	企业	2017 年		2018 年		2019 年		2020 年	
		熟料产能/万 t	占比/%	熟料产能/万 t	占比/%	熟料产能/万 t	占比/%	熟料产能/万 t	占比/%
1	中国建材集团	39 376	21.63	39 020	21.45	40 071	22.04	39 116	21.32
2	海螺水泥	20 736	11.39	21 077	11.59	20 906	11.50	21 551	11.75
3	金隅冀东	10 432	5.73	10 481	5.76	10 528	5.79	10 528	5.74
4	华润水泥	6 526	3.58	6 495	3.57	6 495	3.57	6 687	3.64

排名	企业	2017 年		2018 年		2019 年		2020 年	
		熟料产能/万 t	占比/%	熟料产能/万 t	占比/%	熟料产能/万 t	占比/%	熟料产能/万 t	占比/%
5	华新（含拉法基豪瑞）	6 417	3.52	6 231	3.43	6 092	3.35	6 299	3.43
6	山水集团	5 419	2.98	5 342	2.94	5 534	3.04	5 457	2.97
7	红狮水泥	4 644	2.55	4 852	2.67	5 375	2.96	5 721	3.12
8	台泥水泥	4 067	2.23	4 067	2.24	4 083	2.25	4 083	2.23
9	天瑞水泥	3 395	1.86	3 395	1.87	3 519	1.94	3 519	1.92
10	亚洲水泥	2 062	1.13	2 063	1.13	2 235	1.23	2 235	1.22
前十合计		103 022	56.58	103 073	56.66	104 838	57.67	105 194	57.33
全国		182 081	100.00	181 923	100.00	181 774	100.00	183 488	100.00

资料来源：中国水泥协会。

三、工艺装备

1．新型干法回转窑生产工艺集中，2 500 t/d 以上窑型为主要产能

在全国 1 213 家企业 1 663 条生产线中，除仍有 6 家企业 21 条建通窑以外，其余均为新型干法生产线（占比为 98.7%），新型干法窑外分解窑已基本取代其他工艺成为我国水泥生产的主要工艺。其中，72%以上的熟料产能来自日产 2 500～5 000 t 及以上生产线；熟料生产线大型化趋势明显，目前已有 16 条日产万吨生产线取得排污许可证。若全国均按照山东省《关于印发〈全省水泥行业淘汰落后产能工作方案〉的通知》（鲁工信原〔2021〕134 号）中提出的“2022 年年底前，全面拆除退出 2 500 t/d 及以下水泥熟料生产线”的要求，我国尚有 728 条生产线（含建通窑）27.65%的水泥熟料产能面临退出。我国新型干法熟料生产线统计情况如表 6-2 所示。

表 6-2 国内新型干法熟料生产线统计

规模/（t/d）	生产线/条	生产线占比/%	产能/（万 t/a）	产能占比/%
10 000 以上	16	0.96	5 192.5	3.01
5 000～10 000（含）	45	2.71	8 441.3	4.89
2 500～5 000（含）	827	49.73	110 920.2	64.28
2 000～2 500（含）	429	25.80	33 191.7	19.23
700～2 000（含）	278	16.72	14 065.8	8.15
700 以下（不含建通窑）①	47	2.83	287.4	0.17
建通窑	21	1.26	462.5	0.27
合计	1 663	100.01	172 561.3	100.00

资料来源：全国排污许可证信息管理平台。

注：①为特水企业。

2．水泥窑协同处置固体废物生产线比例超“十三五”行业规划目标

据不完全统计，截至 2021 年 8 月底，我国水泥窑协同处置固体废物（含危险废物、生活垃圾、城市和工业污水处理污泥、污染土壤等）企业共 227 家、涉及生产线 299 条、处置固体废物能力 2 481.316 万 t，协同处置固体废物企业、生产线和固体废物能力占全国水泥熟料企业、生产线条数、水泥熟料设计产能的比例分别为 18.71%、17.98%和 1.44%，其中生产线占比已超《建材工业发展规划（2016—2020 年)》（工信部规〔2016〕315 号）中 2020 年水泥窑协同处置生产线占总量 15%的目标。

从各省（区、市）分布来看，227 家企业中，除上海因无水泥熟料企业、无水泥窑协同处置固体废物企业以外，宁夏、西藏也暂无协同处置固体废物企业、在推进水泥窑协同处置固体废物项目进展外，其余各省（区、市）均有协同处置固体废物企业分布，以河北、浙江、湖北、重庆、广西、贵州、陕西、安徽、山东、河南等省（区）居多，企业数量均在 10 家以上，10 省（区、市）企业、生产线和产能占全国的比例分别为 60.79%、61.54%和 62.86%。从大型水泥企业（集团）来看，海创（海螺水泥+尧柏水泥）、金隅冀东、华新、红狮水泥、中国建材集团等企业（集团）水泥窑协同处置企业较多，其中海创占比近 16%、金隅冀东占比近 12%。协同处置固体废物企业分布与大型企业（集团）分布正相关，河北 27 家协同处置企业中，16 家（59%）为金隅旗下企业；安徽 12 家协同处置企业中，8 家（67%）为海螺水泥旗下企业（图 6-4)。

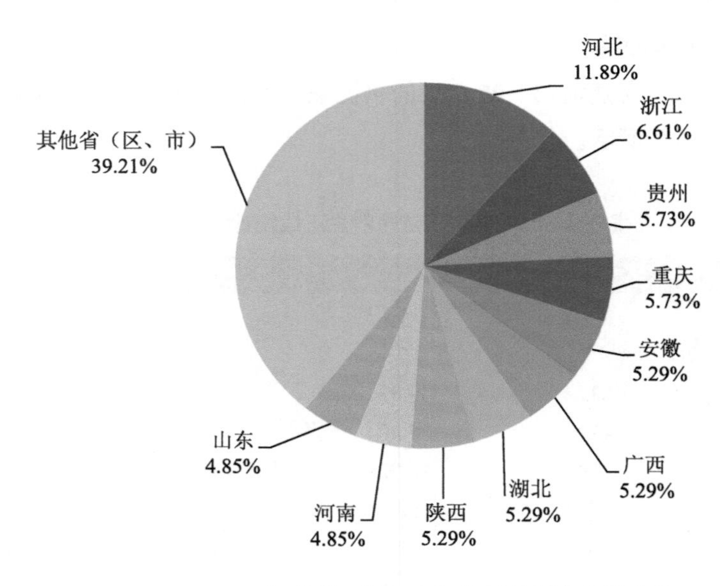

（a）各省（区、市）协同处置企业数占比

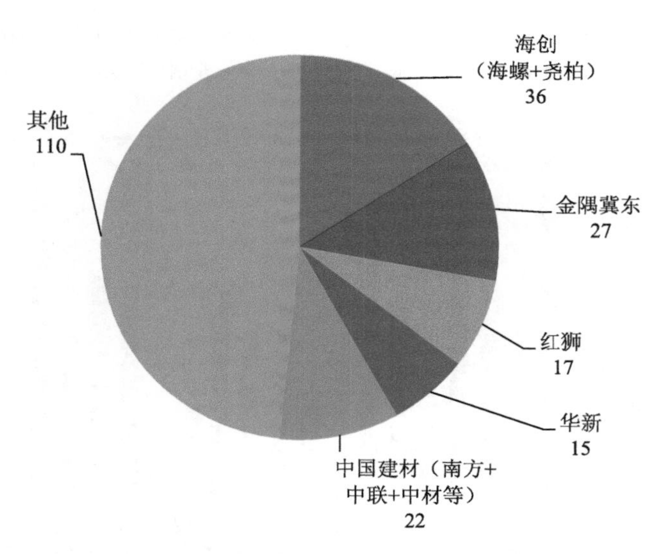

（b）大型水泥企业（集团）协同处置企业数量

图 6-4 协同处置固体废物企业分布情况

四、能耗水平

能源结构以燃煤为主，单位产品能耗未达“十三五”行业规划目标。根据《中国统计年鉴 2020 年》，建材行业能耗、煤耗占整个工业的比例分别为 10.54%、6.39%，而水泥行业能耗约占建材行业能耗的 60%、煤耗约占 84%。在水泥生产能源结构中，以燃煤为主，煤炭、电力和其他燃料消耗分别占 87%、12%和 1%。“十三五”期间，水泥工业能耗呈逐年下降趋势，水泥熟料单位产品平均综合能耗由 2015 年的 112 kgce/t 下降到 2020 年的 108 kgce/t，但与《建材工业发展规划（2016—2020 年）》中 2020 年水泥熟料综合能耗为 105 kgce/t 的目标仍有差距。

本书通过全国排污许可证管理信息平台对水泥熟料企业的熟料产量、煤炭消耗量（实物煤耗）进行了统计，1 089 家企业（占全国水泥熟料企业的 89.8%）同时填报了熟料产量和煤炭消耗量，水泥熟料单位产品平均煤耗为 139.80 kg/t。对各省份单位熟料煤耗分析结果表明，云南、天津平均煤耗相对较高，由于天津仅 2 家水泥熟料企业，且其中的凯诺斯（中国）铝酸盐技术有限公司（特种水泥）燃料为天然气，实际数据为另一家企业填报数据，所以煤耗整体偏高（图 6-5）。

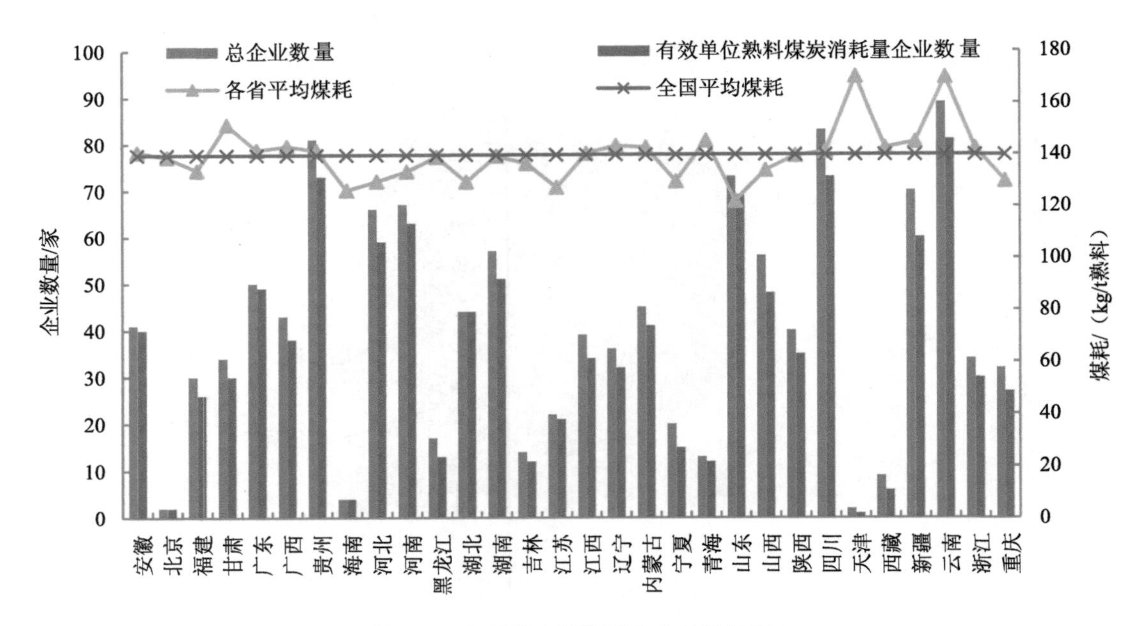

图 6-5 各省份水泥熟料企业单位煤耗

资料来源：全国排污许可证管理信息平台。水泥熟料产量和煤炭消耗量均为企业填报数据。

五、多地探索超低排放改造

在国家层面，尚未发布水泥行业超低排放实施方案，但 2020 年发布的《重污染天气重点行业应急减排措施制定技术指南 （2020 年修订版）》中，对重点区域水泥行业进行了细化分级，分为 A、B、C、D 四级，其中对于 A、B、C 三级企业污染物排放浓度限值要求，均严于现行《水泥工业大气污染物排放标准》（GB 4915—2013）特排限值要求，A 级企业要求窑尾颗粒物、二氧化硫和氮氧化物排放限值分别达到 10 mg/m^3、35 mg/m^3 和 50 mg/m^3，与国家要求的超低排放限值（不分行业，对于有组织排放，均要求达到燃气轮机的排放水平）一致，由于 A 级企业在重污染天气期间可享受豁免停限产，因此，多地开展了环保治理设施改造工作。根据计划，下一步国家层面将在水泥行业推行超低排放改造。在地方层面，截至目前，河南、浙江、宁夏、山西等省（区）发布了水泥行业超低排放实施方案，当地水泥企业正在进行（或已完成）超低排放改造。在上述政策要求中，以氮氧化物排放限值为例，A 级、山西超低方案为 50 mg/m^3，B 级河南、宁夏和浙江（2022 年年底前）省（区）超低方案中均为 100 mg/m^3。

各省级生态环境主管部门官网公开信息显示，截至 2021 年 8 月底，重点区域 11 省（市）中，除北京、浙江尚未公开重污染天气重点行业绩效评级结果以外，其余 9 省（市）均公开了结果（上海无熟料企业），非重点区域的四川也公开了其绩效评级结果。公开结果显示，10 省（市）中，A 级、B 级企业分别为 18 家、128 家，对应生产线分别为 24 条、223 条。此外，河南于 2021 年 6 月公开了其超低排放结果，显示 50 家水泥熟料企业达到河南省超低排放要求；因此，共有 169 家企业 278 条生产线氮氧化物排放限值均低于 100 mg/m^3（表 6-3）。

表 6-3 水泥行业绩效评级及超低评估监测情况

省份	重污染天气重点行业绩效评级结果				通过省内超低评估监测	合计	
	A 级		B 级				
	企业数量/家	生产线/条	企业数量/家	生产线/条	企业/生产线	企业数量/家	生产线/条
山西	2	2	19	21	—	21	23
河南	4	4	23	31	50/66①	50	66
安徽	1	1	24	70		25	71
河北	8	14	28	39		36	53
山东	1	1	10	20		11	21
江苏	1	1	10	21		11	22
天津	1	1	0	0		1	1
陕西	0	0	2	4		2	4
四川	0	0	12	17		12	17
合计	18	24	128	223		169	278

注：①河南省通过省内超低评估监测的企业共 50 家，生产线 66 条，除已评为国家 A、B 级的 27 家 35 条生产线以外，剩余尚有 23 家 31 条生产线。

从各省（区、市）分布情况来看，位于重点区域的河南、河北、安徽和山西 4 省改造生产线相对为多，其中河南、河北、安徽 3 省位居前三位，这与 3 省已发布水泥地标（超低）有关；从企业数量来看，3 省开展超低排放改造的数量占比分别为 74.6%、53.7%和 58.1%，河南企业数为最多；从生产线来看，3 省生产线数量占比分别为 71.0%、58.9%和 72.4%，安徽已改造生产线数量为第一。此外，陕西、四川企业也开展了超低排放改造，但目前未有 A 级企业。

第二节 污染物排放

水泥行业为大气污染重点管控行业，且由于其氮氧化物和二氧化硫基本均由水泥熟料制造企业排放，本书依托全国排污许可证管理信息平台对水泥熟料企业废气排放情况进行评估，污染物种类包括颗粒物、二氧化硫和氮氧化物；同时，给出行业二氧化碳排放情况。

一、废气污染物排放

1．广东、安徽和贵州等省废气污染物排放量较高

根据全国排污许可证管理信息平台上 1 108 家（占比为 91.3%）水泥熟料制造排污单位执行报告，2020 年水泥熟料制造企业废气污染物中颗粒物、二氧化硫和氮氧化物实际排放量分别为 6.338 万 t、5.069 万 t 和 64.191 万 t。氮氧化物排放主要集中在广东、云南、安徽、广西、贵州、江西等省（区），占全国排放量的 43.99%；二氧化硫排放主要集中在贵州、安徽、广东、重庆、四川和江西等省（市），占全国排放量的 47.01%；颗粒物排放主要集中在云南、贵州、四川、安徽、广东、广西、湖南等省（区），占全国排放量的 42.60%（图 6-6）。

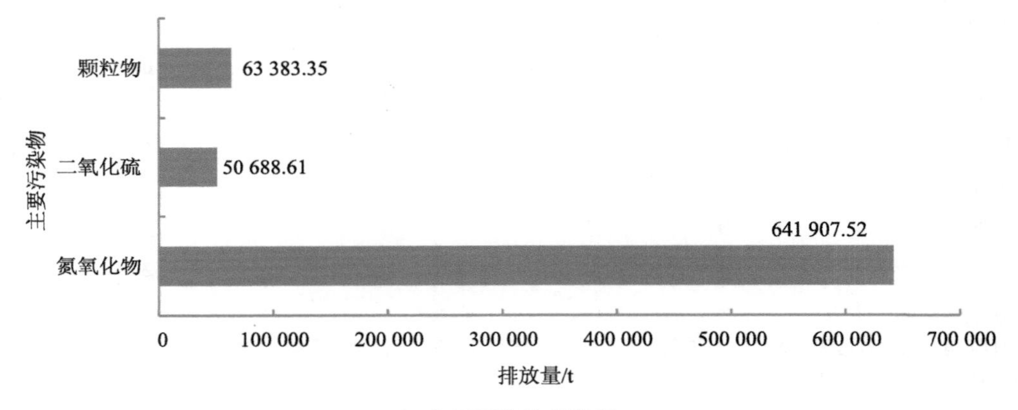

（a）主要污染物排放量

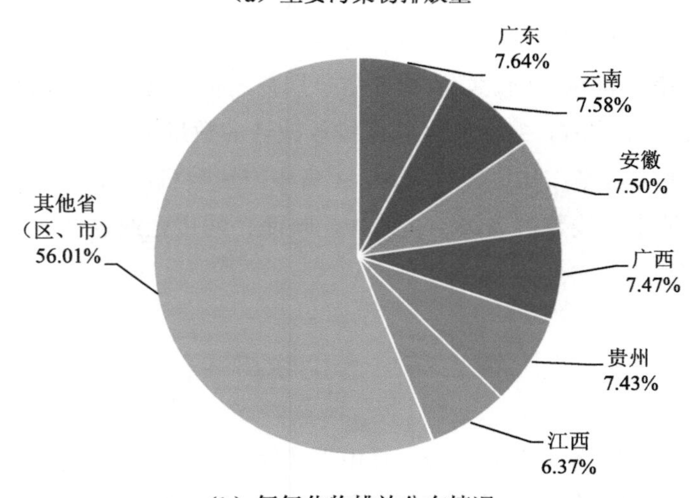

（b）氮氧化物排放分布情况

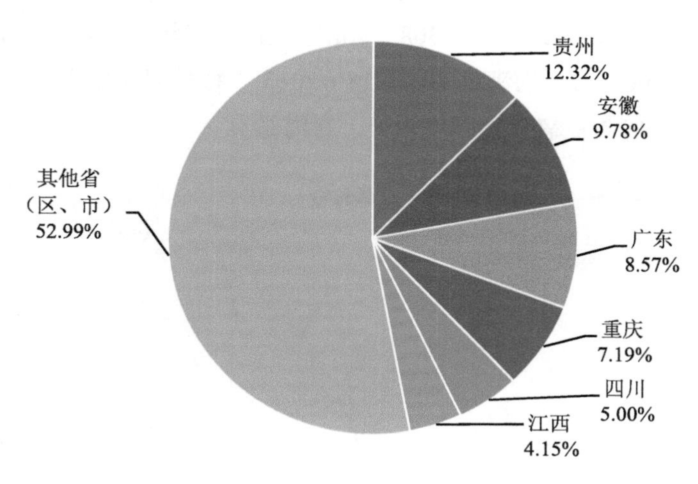

（c）二氧化硫排放分布情况

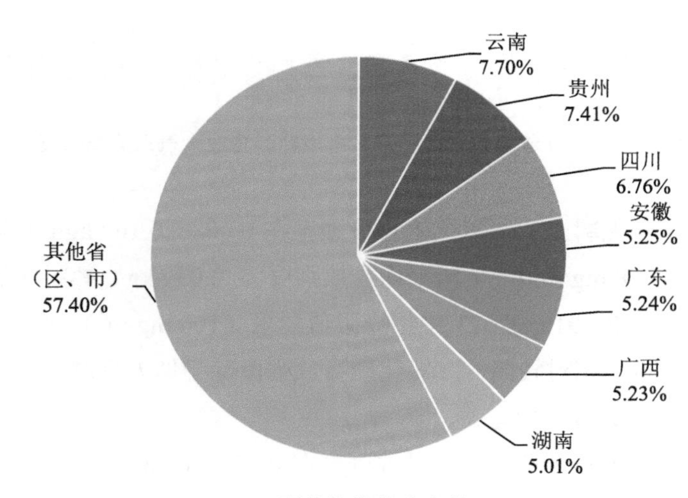

（d）颗粒物排放分布情况

图 6-6　全国水泥熟料行业废气主要污染物排放情况

资料来源：全国排污许可证管理信息平台。由于执行报告尚未实现 100%提交，统计数据存在一定偏差。

2．河北、河南等省排放强度低

通过全国排污许可证信息管理平台，提交了执行报告的水泥熟料企业中，1 085 家（占比为 89.4%）企业同时填报了 2020 年水泥熟料产量和主要污染物实际排放量，主要大气污染物排放强度如图 6-7 所示。

一是全国各省水泥熟料企业氮氧化物排放强度在 0.134～0.771 kg/t 熟料［按照《排污许可证申请与核发技术规范　水泥工业》（HJ 847—2017）确定的窑尾烟气量 2 500 m^3/t 熟

料来计，折合氮氧化物排放浓度为 54～308 mg/m^3]，全国平均排放强度为 0.430 kg/t 熟料（折合排放浓度为 172 mg/m^3），均满足 GB 4915—2013 中特排限值要求（320 mg/m^3），江苏、河北、河南、山东等省氮氧化物强度较低，青海最高。

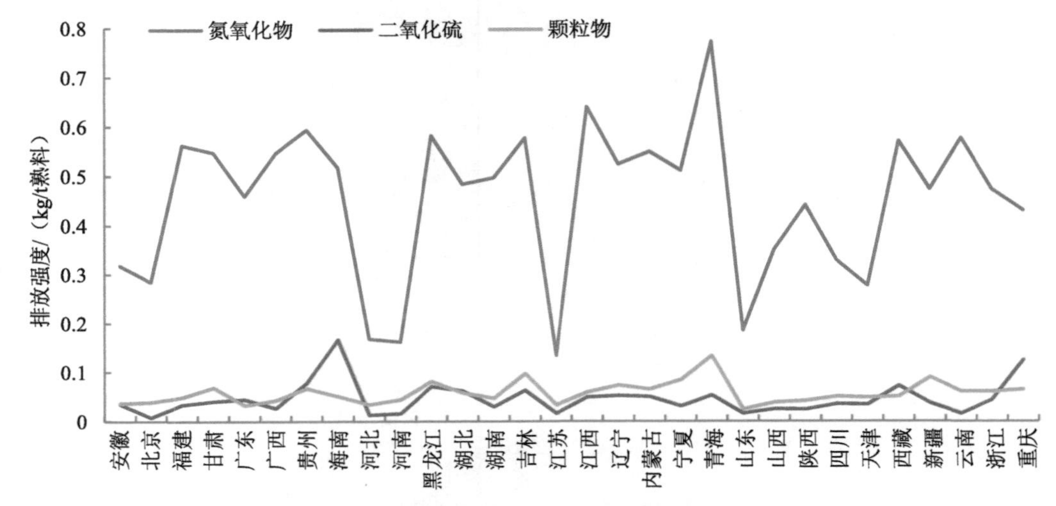

图 6-7　2020 年各省（区、市）水泥熟料企业大气污染物强度

二是全国各省水泥熟料企业二氧化硫排放强度在 0.008～0.167 kg/t 熟料（折合二氧化硫排放浓度为 3.2～66.8 mg/m^3），全国平均排放强度为 0.039 kg/t 熟料（折合排放浓度为 15.6 mg/m^3），均满足 GB 4915—2013 中特排限值要求（100 mg/m^3）。河北、河南等较低，海南、西藏、重庆、贵州相对较高，二氧化硫排放强度除受地方标准、环境管理政策影响以外，还与所用石灰岩矿硫含量有关。

三是全国各省水泥熟料企业颗粒物排放强度在 0.024～0.133 kg/t 水泥，全国平均排放强度为 0.054 kg/t 水泥。除部分省（区）（青海、新疆、吉林、黑龙江、辽宁等）较高以外，普遍低于全国平均水平。

二、二氧化碳排放

水泥工业是我国二氧化碳的主要工业排放源之一，其排放来源包括工艺过程（原料碳酸盐等分解）、燃料燃烧的直接排放以及电力消耗产生的间接排放，三者排放比例约为 63∶31∶6，其中直接排放占比近 94%。根据中国水泥协会数据，随着水泥熟料产量的增加，我国水泥行业二氧化碳排放量从 2010 年的 10.38 亿 t（其中直接排放 9.74 亿 t）逐步增加到 2020 年的 13.70 亿 t（其中直接排放 12.94 亿 t），直接排放约占全国总排放的 12%（表 6-4）。

表 6-4　水泥行业主要碳排放源

序号	排放源	具体的排放源	主要的固定设施
1	工艺过程排放	原材料碳酸盐分解产生的排放	水泥窑、分解炉
2	燃料燃烧排放	煤、燃油、天然气等化石燃料燃烧排放	水泥窑、分解炉、烘干炉（如有）
3	购入的电力、热力产生的排放	生料制备、煤粉制备、熟料煅烧、水泥粉磨等工序的用电设备	生料磨、煤磨、水泥磨、预热器、水泥窑、分解炉、冷却机、风机等设备和系统

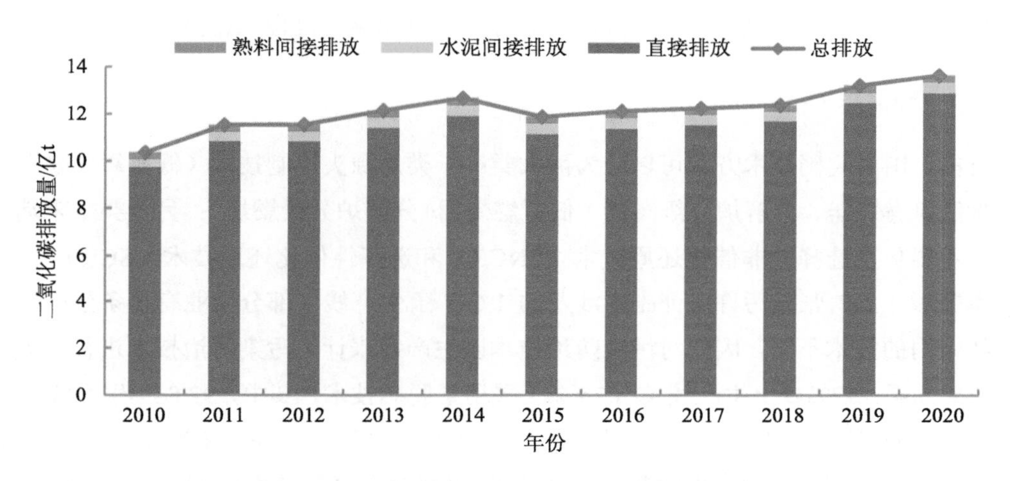

图 6-8　2010—2020 年我国水泥行业二氧化碳排放情况

我国水泥行业单位熟料二氧化碳直接排放量呈逐年下降趋势。受燃料品质、工艺过程管控、原燃料替代、协同处置固体废物、污染防治措施等多方面影响，单位熟料二氧化碳排放量逐年降低，从 2014 年的 839 kgCO_2/t 熟料降至 2020 年的 819 kgCO_2/t 熟料（图 6-9）。

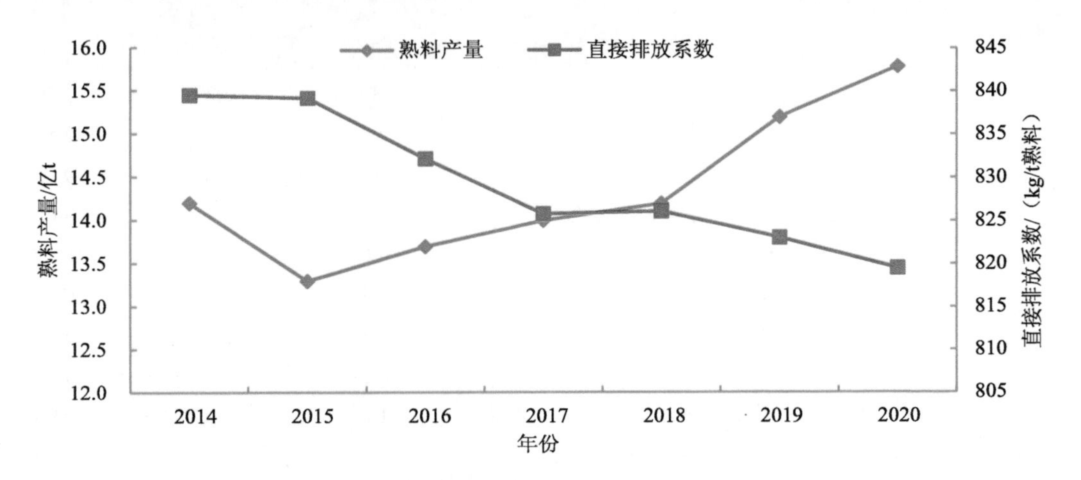

图 6-9　全国水泥熟料行业单位熟料二氧化碳排放变化趋势

第三节　污染防治措施

水泥行业废气污染物主要为氮氧化物、颗粒物和二氧化硫，水泥行业已成为继火电之后的第二大氮氧化物排放源，行业污染控制重点和难点在窑尾烟气脱硝，本书依托全国排污许可证管理信息平台，对氮氧化物、颗粒物和二氧化硫污染控制技术现状进行评估，重点对氮氧化物控制技术进行评估；同时，对行业二氧化碳全过程减排措施进行评估。

一、脱硝技术

目前，国内脱硝技术方案可以分为两大类：一类是源头控制技术（低氮氧化物燃烧技术，含低氮燃烧器、分解炉分级燃烧、低氮燃烧器+分解炉分级燃烧）；另一类是末端治理技术，主要包括选择性非催化还原技术（SNCR）和选择性催化还原技术（SCR）。

本书对 1 213 张排污许可证副本涉及的 1 663 条生产线（部分企业有多条生产线，各生产线采用的技术不同，因此对污染防治技术以生产线来计）污染防治技术进行了系统梳理。结果表明，97%以上生产线（1 625 条）采用了脱硝技术，其中，92.84%生产线（1 544 条）末端仍采用以 SNCR 为主体的脱硝技术，3.19%生产线（53 条）末端配置了 SCR 脱硝技术，1.02%生产线（17 条）采取其他脱硝技术（热碳催化还原复合脱硝、ERD、LCR 等），0.66%生产线（11 条）仅采用了低氮氧化物燃烧技术，尚有 2.29%生产线（38 条）未采用任何脱硝技术（表 6-5）。

表 6-5　水泥熟料企业脱硝技术

脱硝技术		生产线		占比/%
		数量/条	占比/%	
未采取脱硝工艺		38[①]	2.29	2.29
源头控制技术	低氮燃烧器	9	0.66	0.54
	分解炉分级燃烧	1		0.06
	低氮燃烧器+分解炉分级燃烧	1		0.06
SNCR	SNCR+低氮燃烧器+分解炉分级燃烧	360	92.85	21.65
	SNCR+低氮燃烧器	463		27.84
	SNCR+分解炉分级燃烧	278		16.72
	SNCR	443		26.64
SCR	SCR+SNCR/低氮燃烧器/分解炉分级燃烧	16	3.18	0.96
	SCR+SNCR+低氮燃烧器+分解炉分级燃烧	36		2.16
	SCR	1		0.06

脱硝技术		生产线		占比/%
		数量/条	占比/%	
其他	热碳催化还原复合脱硝、ERD、LCR 等	17	1.02	1.02
合计		1 663	100.00	

注：①本次对 38 条未采取脱硝技术的生产线进行了分析，其中包括石膏制硫酸联产水泥熟料生产线（3 家企业 5 条生产线，窑尾烟气直接进入硫酸装置制酸，与常规生产线不同，不需要专门配置窑尾烟气脱硝设施）、排污许可证过期未延续企业生产线（4 家企业共计 5 条生产线），剩余的 28 条生产线中，20 条为建通窑生产线，5 条为特水生产线（规模较小），其余 3 条为常规生产线。

对已进行超低排放改造的 169 家企业共 278 条生产线脱硝技术梳理结果表明，除山东滕州东郭水泥有限公司（JT 窑，7 条）未采取脱硝措施为 B 级企业以外，其余 271 条生产线均采取了脱硝措施（表 6-6）。在 271 条生产线中，SNCR 脱硝为主体技术的共 220 条生产线，占比为 81.18%；其余技术则包括 SCR、ERD、LCR 等，以 SCR 为主，占比为 16.97%（表 6-7）。

表 6-6　超低排放企业脱硝技术

脱硝技术		生产线数量/条		占比/%	
SNCR	SNCR+低氮燃烧器+分解炉分级燃烧[①]	220	80	81.18	29.52
	SNCR+低氮燃烧器/分解炉分级燃烧[①]		119		43.91
	SNCR+低氮燃烧器+分解炉分级燃烧+精准脱硝		3		1.11
	SNCR		18		6.64
SCR	SCR+SNCR/低氮燃烧器/分解炉分级燃烧	46	10	16.97	3.69
	SCR+SNCR+低氮燃烧器+分解炉分级燃烧		35		12.92
	SCR		1		0.36
ERD	ERD	4	3	1.48	1.11
	低氮燃烧器+分级燃烧+SNCR+其他-ERD		1		0.37
LCR	LCR+SNCR+低氮燃烧器+分解炉分级燃烧	1	1	0.37	0.37
合计		271		100.00	

注：①天瑞集团部分生产线均采用了德国洪堡技术，为燃烧过程控制技术（烟气脱硝炉技术），许可证填报时，填报的为这两种技术。

表 6-7　各脱硝技术控制效果

序号	各措施		NO_x 削减率/%	NO_x 排放浓度/（mg/m^3）
1	低氮氧化物燃烧技术	低氮燃烧器	5～15	—
2		分解炉分级燃烧	10～20	—
3		低氮燃烧器+分解炉分级燃烧	20～30	—
4	SNCR：通过向高温烟气（850～1 100℃）中喷入还原剂，将烟气中的氮氧化物还原为氮气和水		30～60	300～500（与低氮燃烧技术联合使用）

序号	各措施	NO_x 削减率/%	NO_x 排放浓度/（mg/m³）
5	SCR：在适当温度（300～400℃）下，在水泥窑预热器出口处的催化反应器前喷入还原剂，在催化剂的作用下，将烟气中的氮氧化物还原为氮气和水。需采用可靠的清灰技术和合适的催化剂	70～90	200 以下（与低氮燃烧技术联合使用）

注：NO_x 初始排放浓度为 800～1 200 mg/m³。

一般地，根据企业调研结果及典型企业在线监测数据，采用“低氮燃烧器+分解炉分级燃烧+SNCR”脱硝技术，水泥窑尾氮氧化物排放浓度能够满足 GB 4915—2013 中特排限值要求（320 mg/m³）；采用“低氮燃烧器+分解炉分级燃烧+SNCR+SCR”脱硝技术，可满足环办大气函〔2020〕340 号中 A 级企业标准限值要求（50 mg/m³）。

二、除尘技术

在水泥生产过程中的熟料煅烧系统是最主要大气污染物产生源，产生的污染物包括颗粒物、二氧化硫、氮氧化物、氟化物、汞及其化合物等，其他生产环节主要产生颗粒物。其中，窑尾和窑头颗粒物排放量最大，占全厂颗粒物的 60%～65%。水泥工业目前使用的除尘技术主要是袋式除尘、静电除尘、电袋复合除尘。

本书对所有生产线窑尾和窑头除尘技术均进行了梳理，调查结果表明，对于窑尾排放口，除石膏制硫酸联产水泥熟料生产线（3 家企业 5 条生产线）未采取除尘技术以外，其余生产线均采用了除尘技术；其中，92.58%生产线（1 535 条）采用布袋除尘或电袋复合除尘技术，布袋除尘多采用覆膜滤袋等材料；7.42%生产线（123 条）采用静电除尘技术。而对于窑头排放口，除部分特水和建通窑无窑头排放口、部分企业设计无窑头排放口以外，共有 1 606 条生产线填报了窑头除尘措施，其中，72.35%生产线（1 162 条）采用布袋除尘或电袋复合除尘技术，布袋除尘多采用覆膜滤袋等材料；27.65%生产线（444 条）采用静电除尘技术（表 6-8、表 6-9）。

表 6-8 全国水泥企业窑尾颗粒物治理技术

窑尾颗粒物技术		生产线数量/条	占比/%
袋式除尘器	P84 滤料	23	1.39
	玻纤滤料	191	11.52
	诺梅克斯袋	66	3.98
	聚酰亚胺袋	80	4.83
	复合滤料	25	1.51
	覆膜滤料	828	49.94

窑尾颗粒物技术		生产线数量/条	占比/%
袋式除尘器	其他	186	11.22
	合计	1 399	84.39
电袋复合除尘器		136	8.20
静电除尘器	三电场	44	2.65
	四电场	30	1.81
	五电场及以上	39	2.96
	合计	123	7.42
合计		1 658	100.01

表 6-9　全国水泥企业窑头颗粒物治理技术

窑头颗粒物技术		生产线数量/条	占比/%
静电除尘器	三电场	235	14.63
	四电场	175	10.90
	五电场及以上	34	2.12
	合计	444	27.65
袋式除尘器	覆膜滤料	552	34.37
	其他	484	30.14
	合计	1 036	64.51
电袋复合除尘器		126	7.85
合计		1 606	100.01

采用袋式或电袋复合除尘技术以及五电场及以上静电除尘技术时，窑尾和窑头颗粒物排放浓度均可达到 10 mg/m^3（目前确定的超低排放限值）。

三、脱硫技术

新型干法水泥窑本身具有良好的固硫效果，如硫碱比合适，水泥窑排放的二氧化硫很少。当原燃料中挥发性硫含量较高时，挥发性硫超过窑系统内氧化钙吸附能力，这部分硫就会对窑尾二氧化硫排放浓度影响大。西南、华南等部分地区企业石灰石中挥发性硫含量超过 0.3%，导致窑尾二氧化硫浓度大幅增加，有的企业高达 2 000 mg/m^3 以上，需安装脱硫装置。目前国内脱硫的主流技术有干法、半干法和湿法脱硫。

本书对所有生产线脱硫技术进行了梳理，调查结果表明，80%的生产线（1 328 条）未采取脱硫措施，可确保二氧化硫满足达标排放要求（国标或地标）；剩余的 335 条生产线中，167 条生产线（49.9%）采用湿法脱硫技术，其余均采用干法、半干法脱硫技术。在超低排放要求指引下，部分企业确保生料磨停机等正常生产情况下均能达标排放[生料磨（窑磨一体机）内的低温碱性生料可协同去除二氧化硫，最高可达 80%]，再进行生产线脱硫技术改造。典型企业在线监测数据表明，采用湿法脱硫，二氧化硫排放浓度可稳定低于 35 mg/m^3（目前确定的超低排放限值）；采用干法、半干法脱硫，二氧化硫排放浓度可稳定低于 100 mg/m^3（GB 4915—2013 特排限值）。

四、减碳技术

目前在水泥行业二氧化碳减排措施中，除水泥熟料产能产量和水泥消费量控制、绿色矿山碳汇、低碳水泥开发以外，主要的减排措施有提升能效、原燃料替代和末端碳捕集与利用 3 种。测算结果表明，除末端碳捕集与利用以外，替代燃料应用减排潜力最大（表 6-10）。

表 6-10　各主要减排措施减排潜力分析

序号	种类	具体减排措施	减排潜力	单位
1	能效利用	能源利用率提升	6～10	kg CO_2/t 水泥
2		新型能源开发利用	30～60	kg CO_2/t 熟料
3		余热发电应用	3	kg CO_2/t 熟料
4		燃烧效率优化	20～50	kg CO_2/t 熟料
5		智能工业系统	5～10	kg CO_2/t 熟料
6	替代原燃料	替代原料应用	4～7	kg CO_2/t 熟料
7		替代燃料应用	140～285	kg CO_2/t 熟料
8		熟料利用系数	120～170	kg CO_2/t 水泥
9	末端措施	碳捕集与利用	350	kg CO_2/t 熟料

注：基于《通用硅酸盐水泥低碳产品评价方法及要求》（CNCA/CTS0017—2014）中的通用硅酸盐水泥熟料 CO_2 排放强度：860 kg CO_2/t 熟料。单位水泥强度为 580 kg CO_2/t 水泥。

1．应用替代燃料减少温室气体排放潜力大

水泥厂中替代燃料代替传统化石燃料，是有效减少温室气体排放的方法。根据《水泥工厂设计规范》（GB 50295—2016），作为替代燃料的可燃废弃物组分满足：①实物基的热值宜大于 11 MJ/kg；②灰分含量宜小于 50%；③水分含量宜小于 30%。因此，按照上述要求，水泥窑传统化石燃料原则上可 100%由替代燃料所替代，但有热值、湿含量、微量元素或氯等副产物含量的限制。我国水泥行业目前替代燃料主要有生活垃圾衍生燃料（RDF）、生活污泥、生物质燃料等。

一是水泥行业生物质燃料替代工作已试点起步。在“循环经济”和“绿色能源低碳化”理念的指引下，我国水泥熟料企业生物质燃料替代工作已开始试点起步。以某水泥企业为

例，其建成投产了 30 万 t/a 生物质燃料（稻草、稻壳等生物质）替代项目，最高可替代原煤 40%，实现减排约 120 kg CO_2/t 熟料。

二是水泥窑协同处置固体废物燃料替代尚处于初级阶段。发达国家视水泥窑协同处置废弃物为重要的二氧化碳减排途径，在利用替代燃料时，一般都是由燃料制备公司（独立的或工厂自己的）先将废料制备成替代燃料，因此替代燃料不仅供应量大，而且热值高，质量稳定，可大幅替代化石类燃料，且不会影响水泥窑的产量。德国水泥工业的热值替代率从 1987 年的 4.1%已提升至 2019 年的 69%。水泥窑协同处置固体废物在我国已得到快速发展，但在利用水泥窑协同处置固体废物作为替代燃料方面还处于初级阶段，部分企业开展协同处置，是为规避错峰生产、重污染天气应急管控等，享受政策红利，不重视其燃料替代功能；目前发展最快的是危险废物处置业务（利润高），但从替代燃料角度来看，危险废物总体规模有限，且种类成分复杂，热值贡献率低；据测算，目前我国水泥工业的热值替代率不到 2%。

2．个别企业已实施碳捕集试点示范项目

我国水泥行业碳捕集技术在进行探索示范。海螺集团于 2018 年建成世界首条水泥窑烟气二氧化碳捕集纯化（CCS）示范项目，规模为 5 万 t CO_2/a；该项目为对窑尾废气进行部分收集处理（窑尾烟气量的 5%），经捕集（水洗脱硫、吸收解吸）、精制（压缩吸附、精馏及成品、冷冻液化）等工序制取产品。福建龙麟集团也在开展新型干法旋窑 CO_2 碳捕集纯化示范项目（CCS），技术路线与海螺集团不同，主要是通过增设外燃窑，将原预热后直接进入水泥窑的部分石灰石分出改为进入外燃窑，石灰石在外燃窑内加热分解，将分解后产生的高纯度 CO_2 气（为矿物型 CO_2 气）进一步加工纯化为高等级（食品级）产品，项目规模为捕集纯化（减排）5 万 t CO_2/a。

第四节　环境管理

一、环评审批

1．部分省份上收环评审批权

水泥熟料制造项目环评审批权限集中在省、市、县三级生态环境主管部门。本书梳理了全国 32 个省（区、市）（含新疆生产建设兵团）现行有效的省级审批环评文件目录，其中，辽宁、贵州、重庆按照《关于加强高耗能、高排放建设项目生态环境源头防控的指导意见》中“依法调整上收审批权限”“将碳排放影响评价纳入环境影响评价体系”等要求，将水泥熟料制造项目审批层级由市、县级上收至省生态环境厅。对于水泥熟料制造项目，

19 个省（占比为 59%）由省级审批，另 41%的省（区、市）由市、县级审批。

2．批复项目中常规水泥熟料制造项目总体偏少，以协同处置固体废物项目为主

从 2017 年以来全国审批水泥行业项目情况来看（2021 年项目截至 7 月 15 日），常规水泥熟料制造项目总体偏少，而水泥窑协同处置固体废物项目则呈先增长后放缓的趋势（图 6-10）。

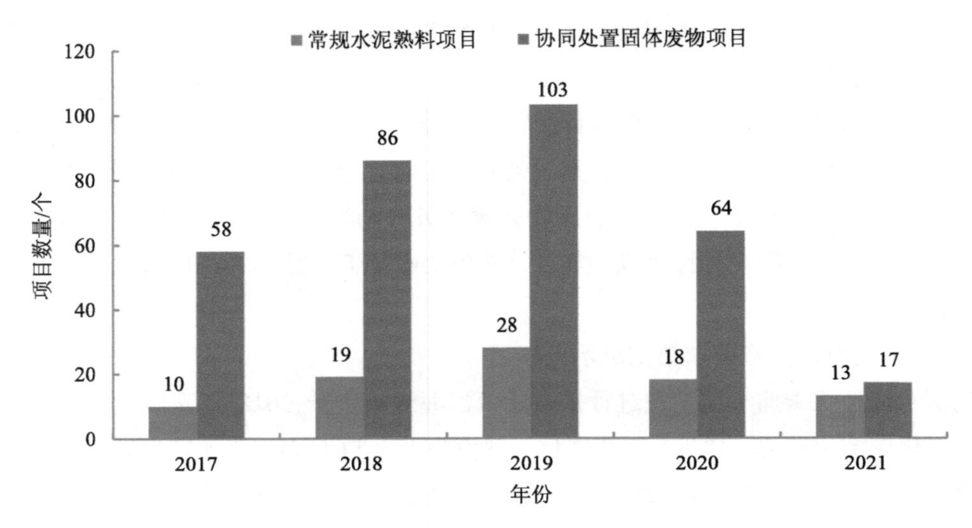

图 6-10　全国审批水泥行业项目情况

资料来源：环评智慧监管平台。

3．一些省（区、市）试点环评文件增加碳评内容

关于重点行业建设项目碳环境影响评价，国家出台了《关于开展重点行业建设项目碳排放环境影响评价试点的通知》（环办环评函〔2021〕346 号），我国各省（区、市）中，重庆、浙江、海南等地均发布了建设项目碳排放评价相关文件，上述文件中均涵盖水泥熟料制造建设项目，均要求以独立专章（或单独编制成册）体现在环境影响报告书中。本书对重庆市生态环境主管部门批复的水泥行业建设项目进行分析，其中“重庆富皇建材有限公司水泥窑协同处置污泥技改项目”报告书中专章对碳排放进行了评价，总体符合《重庆市建设项目环境影响评价技术指南——碳排放评价（试行）》的相关规定，对水泥窑协同处置项目碳排放评价开展了有益的探索。

二、排污许可

1．排污许可证基本实现“应发尽发”

基于全国排污许可证信息管理平台以及各省（区、市）工信厅官网公开的水泥熟料生产线现状清单情况分析表明，作为较早实施排污许可管理的行业（要求 2017 年年底完成发放），目前水泥熟料制造排污单位排污许可证基本实现了“应发尽发”，且基本按照要求完成了许可证延续换发等工作。截至 2021 年 8 月底，全国共核发水泥熟料制造排污单位排污许可证 1 213 张，均为重点管理（表 6-11）。

表 6-11　各省（区、市）排污许可证核发情况统计

省（区、市）	核发数量/张	省（区、市）	核发数量/张
安徽	41	辽宁	36
北京	2	内蒙古	45
福建	30	宁夏	20
甘肃	34	青海	13
广东	50	山东	73
广西	43	山西	56
贵州	81	陕西	40
海南	4	四川	83
河北	66	天津	2
河南	67	西藏	9
黑龙江	17	新疆	70
湖北	44	云南	89
湖南	57	浙江	34
吉林	14	重庆	32
江苏	22	上海	0
江西	39	合计	1 213

本报告同时分析了水泥熟料制造排污单位在京津冀及周边地区“2+26”城市、汾渭平原、长三角、苏皖鲁豫交界城市、珠三角共 5 个大气重点地区分布情况以及污染物许可排放量情况。根据全国排污许可证信息管理平台统计，全国水泥熟料行业废气污染物氮氧化物、二氧化硫和颗粒物许可排放量分别为 1 181 410 t/a、303 073 t/a 和 260 701 t/a。废气重点地区核发了 30.26%的排污许可证，熟料产能占全国的 35.05%，其氮氧化物、二氧化硫和颗粒物许可排放量占全国水泥行业许可排放量的比例分别为 22.78%、22.52%和 23.34%（表 6-12）。

表 6-12　各地区水泥行业废气污染物许可排放量情况

各地区		许可证数量/家	熟料		氮氧化物		二氧化硫		颗粒物	
			产能/（t/d）	占比/%	许可量/（t/a）	占比/%	许可量/（t/a）	占比/%	许可量/（t/a）	占比/%
重点地区	“2+26”城市	140	530 560	9.53	57 295.4	4.85	13 661.3	4.51	14 674.8	5.63
	汾渭平原	58	265 960	4.78	52 706.7	4.46	9 544.1	3.15	8 718.7	3.34
	长三角	98	768 930	13.81	106 266.7	8.99	30 210.3	9.97	23 737.8	9.11
	苏皖鲁豫交界	56	292 420	5.25	31 017.7	2.63	9 709	3.20	9 989.3	3.83
	珠三角	15	93 350	1.68	21 823.7	1.85	5 118.5	1.69	3 730.2	1.43
	合计	367	1 951 220	35.05	269 110.17	22.78	68 243.22	22.52	60 850.84	23.34
其他地区		846	3 615 274	64.95	912 299.83	77.22	234 829.78	77.48	199 850.16	76.66
全国		1 213	5 566 494	100	1 181 410	100	303 073	100	260 701	100

此外，本报告结合重点地区分析情况，同时分析了位于“2+26”城市的河北，位于“2+26”城市和汾渭平原的山西，以及位于“2+26”城市、汾渭平原和苏皖鲁豫交界的河南，占 3 省水泥行业许可证及污染物排放量的情况。可以看出，河北、山西和河南 3 省内重点地区企业数占本省比例分别为 77.27%、80.36%和 94.03%，河南占比最大，重点地区污染物许可排放量也均在 93%以上（表 6-13）。

表 6-13　典型省份重点区域占全省产能和污染物许可量情况

省份		许可证数量/张	熟料产能/（t/d）及其占比/%	许可量/（t/a）及其占比/%		
				氮氧化物	二氧化硫	颗粒物
河北	重点地区	51	203 943	21 021.1205	4 446.541	5 845.728
	本省	66	253 643	27 784	5 457.3	9 060
	占比/%	77.27	80.41	75.66	81.48	64.52
山西	重点地区	45	142 470.556	29 722.6	3 246.09	4 884.11
	本省	56	188 970.556	41 269	4 382.6	7 337
	占比/%	80.36	75.39	72.02	74.07	66.57
河南	重点地区	63	282 708	25 194	7 311.7	7 322.2
	本省	67	303 008	26 648	7 798	7 664
	占比/%	94.03	93.30	94.54	93.76	95.54

2. 执行报告提交情况总体较好

根据全国排污许可证管理信息平台统计，截至 2021 年 8 月底，全国 1 108 家水泥熟料制造企业提交了 2020 年执行报告年报，占总数的 91.3%。其中，北京、海南、湖北、天津和重庆 100%提交，宁夏、黑龙江提交率偏低（表 6-14）。

表 6-14 各地区 2020 年执行报告年报提交情况

省（区、市）	许可证数量/家	年报提交数/家	提交比例/%	省（区、市）	许可证数量/家	年报提交数/家	提交比例/%
安徽	41	40	97.6	辽宁	36	32	88.9
北京	2	2	100.0	内蒙古	45	41	91.1
福建	30	26	86.7	宁夏	20	15	75.0
甘肃	34	32	94.1	青海	13	12	92.3
广东	50	49	98.0	山东	73	69	94.5
广西	43	37	86.0	山西	56	51	91.1
贵州	81	73	90.1	陕西	40	35	87.5
海南	4	4	100.0	四川	83	77	92.8
河北	66	61	92.4	天津	2	2	100.0
河南	67	62	92.5	西藏①	9	5	55.6
黑龙江	17	13	76.5	新疆	70	59	84.3
湖北	44	44	100.0	云南	89	81	91.0
湖南	57	51	89.5	浙江	34	33	97.1
吉林	14	12	85.7	重庆	32	32	100.0
江苏	22	21	95.5	上海	0	0	0
江西	39	37	94.9	合计	1 213	1 108	91.3

注：①西藏区有 3 家企业排污许可证分别为 2020 年年底和 2021 年首次申请，因此无 2020 年年报。

三、环境监管与执法

在生活垃圾焚烧发电行业率先实现应用自动监测数据实施监管执法，形成“发现—处理—调查处置—信息公开”的闭环环境管理模式后，围绕“精准治污、科学治污、依法治污”相关要求，借鉴垃圾焚烧监管的实践经验，按照生态环境部的统一部署，2021 年在河北、江苏、浙江、山东、广西、四川 6 省（区、市）试点开展了水泥行业污染物排放自动监测数据标记和电子督办工作，地方生态环境主管部门开展了电子督办工作。核算结果表明，试点省份开展工况标记后，污染物达标情况均有一定提升（表 6-15）。

表 6-15　试点省（区）污染物达标率分析情况　　单位：%

省（区）	情景[①]	窑尾			窑头
		颗粒物	二氧化硫	氮氧化物	颗粒物
河北	情景 1	81.60	88.80	88.70	97.80
	情景 2	83.10	89.50	89.40	97.90
山东	情景 1	79.10	83.20	92.00	99.90
	情景 2	90.80	94.00	96.60	100
江苏	情景 1	98.40	99.70	100	100
	情景 2	98.40	99.70	100	100
浙江	情景 1	97.20	98.40	98.70	99.80
	情景 2	99.60	99.50	99.80	99.90
四川	情景 1	92.20	99.20	99.60	100
	情景 2	99.20	100	100	100
广西	情景 1	90.80	94.30	97.80	99.90
	情景 2	97.10	98.10	99.50	100

注：①基于 6 省（区）水泥企业 2021 年 6 月 1 日—7 月 15 日的自动监测数据小时数据；情景 1：不考虑生产设施工况和自动监测设备标记情况；情景 2：考虑生产设施工况标记和自动监测设备标记情况。

四、其他环境政策

1. 行业产能置换扩展至全国，产能置换比例加大

水泥行业作为传统的产能过剩行业，自 2013 年开始，国家要求项目建设需实施等量或减量置换原则。按照要求，工信部先后四次印发了行业产能置换文件，目前最新产能置换文件为《工业和信息化部关于印发水泥玻璃行业产能置换实施办法的通知》（工信部原〔2021〕80 号）。对比不同阶段文件要求，结合碳达峰要求和行业技术进步等，行业产能置换要求、减量置换区域和产能置换比例均发生变化，一是在置换要求方面，由执行等量或减量置换，全部变为减量置换；二是在地域方面，由京津冀、长三角、珠三角等环境敏感区域扩展至全国区域（西藏地区也不再执行等量置换）；三是在产能置换比例方面，由之前的仅京津冀、长三角、珠三角等环境敏感区域的 1.25∶1，变为大气污染防治重点区域（目前为“2+26”城市、长三角地区和汾渭平原）和非大气污染防治重点区域产能置换比例分别不低于 2∶1、1.5∶1，此外，使用国家产业结构调整指导目录限制类水泥熟料生产线作为置换指标和跨省置换水泥熟料指标，产能置换比例不低于 2∶1。

2. 地方纷纷出台超低排放控制要求

目前国家层面的“超低排放标准”，即为环办大气函〔2020〕340 号中 A 级企业排放

标准（窑尾颗粒物、二氧化硫和氮氧化物排放限值分别达到 10 mg/m^3、35 mg/m^3 和 50 mg/m^3）；同时，为有效控制氨逃逸，对 A、B 级企业从氨排放浓度限值、氨水单耗以及氨在线监测三方面提出了要求，要求氨排放浓度限值不低于 5 mg/m^3、氨水耗量低于 4 kg/t 熟料（25%质量浓度，下同）、安装氨逃逸在线监测。在地方层面，从 2017 年河南推行《河南省绿色环保调度制度（试行）》开始，拉开了河南水泥行业超低排放改造的序幕，之后河北唐山、邢台、邯郸等地也纷纷开展水泥行业超低排放改造。截至 2021 年 12 月，河南、河北、安徽、江苏和四川 5 省已经发布水泥行业地标，浙江正在制定水泥行业地标，河南、浙江、宁夏、山西等省（区）发布了水泥行业超低排放实施方案。从各地已发布的水泥地标来看，以窑尾污染物为例，颗粒物要求一致，均为 10 mg/m^3；二氧化硫为 30 mg/m^3、35 mg/m^3、50 mg/m^3 三种情况；氮氧化物则为 50 mg/m^3、100 mg/m^3、150 mg/m^3 三种情况。从各地发布的超低排放实施方案来看，排放限值方面，以窑尾污染物为例，颗粒物要求一致，均为 10 mg/m^3；二氧化硫为 35 mg/m^3、50 mg/m^3 两种情况；氮氧化物则为 50 mg/m^3、100 mg/m^3 两种情况。此外，河南、山西、宁夏省（区）超低方案中对窑尾氨排放限值提出了要求，河南对单位熟料氨水消耗量提出了要求；河南、山西、宁夏省（区）要求窑尾自动监控因子增加氨。以窑尾主要污染物为例，国家及地方水泥地标及超低方案中限值要求具体见表 6-16。

表 6-16　国家及地方水泥企业窑尾污染物排放要求

名称	分类	窑尾污染物/（mg/m^3）				氨水消耗量要求/（kg/t 熟料）	氨逃逸在线监测要求
		颗粒物	二氧化硫	氮氧化物（以 NO_2 计）	氨		
一、国标及地标							
GB 4915—2013	标准限值	30	200	400	10	—	—
	特排限值	20	100	320	8	—	
河北 DB 13/2167—2020	现有（2021 年 10 月 1 日起），新建（2020 年 5 月 1 日起）	10	30	100	8	—	—
河南 DB 41/1953—2020	现有（2021 年 1 月 1 日起），新建（2020 年 6 月 1 日起）	10	35	100	8	—	—
安徽 DB 34/3576—2020	现有（2020 年 10 月 1 日起），新建（2020 年 4 月 1 日起）	10	50	100	8	—	—
江苏 DB 32/414—2021	现有（2023 年 7 月 1 日起）	10	35	100	8	—	—
	现有（2024 年 7 月 1 日起），新建（2022 年 7 月 1 日起）	10	35	50	8	—	—

名称	分类		窑尾污染物/（mg/m^3）				氨水消耗量要求/（kg/t 熟料）	氨逃逸在线监测要求
			颗粒物	二氧化硫	氮氧化物（以 NO_2 计）	氨		
四川 DB 51/2864—2021	现有（2023 年 7 月 1 日起）	攀枝花市、阿坝、甘孜、凉山州	10	50	150	8	—	—
	新建（2022 年 7 月 1 日起）							
	现有（2023 年 7 月 1 日起）	其他城市	10	35	100	8	—	—
	新建（2022 年 7 月 1 日起）							
二、国家重污染天气应对								
重污染天气应对（环办大气函〔2020〕340 号）	A 级		10	35	50	5	4（25% 浓度）	是
	B 级		10	50	100	8		
	C 级		20	100	260	8	—	—
	D 级		未达到 C 级				—	—
三、地方超低方案要求								
河南 豫环攻坚办〔2021〕24 号	2020 年年底前		10	35	100	8	4（25% 浓度）	是
浙江 浙环函〔2020〕60 号	2022 年年底前		10	50	100	—	—	—
	2025 年 6 月底前		10	35	50	—		
山西 晋环发〔2021〕16 号	2021 年 12 月底前，大同、宿州		10	35	50	5	—	是
	2022 年 12 月底前，11 个城市规划区以及太原及周边“1+30”县（市、区）							
	2024 年 12 月底前，全面完成							
宁夏 宁环发〔2021〕4 号	各企业分时序		10	50	100	8	—	是

3．重污染天气应急分级管控细化，分级分类对待

重污染天气应急预警期间，细化了不同级别企业的限停产要求，分级分类对待。作为重污染天气预警期间的应急减排措施，相较于 2019 年《关于印送〈关于加强重污染天气应对夯实应急减排措施的指导意见〉的函》（环办大气函〔2019〕648 号）对水泥行业未分级、红橙预警期间水泥熟料生产线和满足一定条件的协同处置固体废物生产线均要停产，

2020 年的环办大气函〔2020〕340 号中，对水泥行业进行了细化分级，分为 A、B、C、D 四级，各级别对应不同的减排措施要求。

4. 错峰生产范围不断扩大，要求更加严格

水泥行业开展错峰生产，作为控制水泥熟料产量、大幅降低污染物（含二氧化碳）排放的措施之一，工业和信息化部、生态环境部先后三次联合发文，分别发布了《关于在北方采暖区全面试行冬季水泥错峰生产的通知》（工信部联原函〔2015〕542 号）、《关于进一步做好水泥错峰生产的通知》（工信部联原〔2016〕351 号）和《关于进一步做好水泥常态化错峰生产的通知》（工信部联原〔2020〕201 号）。对比不同阶段错峰生产文件，要求越来越严：一是由试行转变为常态化错峰。二是错峰生产地域和生产线范围不断扩大，在地域方面，由之前的 15 省变为全国。三是在生产线方面，由之前的水泥熟料生产线执行（承担居民供暖、协同处置城市生活垃圾及危险废物等特殊任务的熟料生产线除外）到目前的所有水泥熟料生产线都应进行错峰生产（仅有全年协同处置城市生活垃圾及有毒有害废弃物等任务的生产线可以不进行错峰生产，但要适当降低水泥生产负荷）。

第五节　问题及建议

一、问题

1. 行业“批小建大”问题仍普遍存在

环评审批时严控新增产能，产能实施等量或减量替代，由于难以取得产能替代指标或者历史原因，出现了批建不符、批小建大的情况。随着新型干法生产技术的进步，设计的成熟，管理控制水平的提高，存在实际产能大于设计产能的情况。通过对比企业排污许可证中窑径与环评批复产能，1 595 条新型干法回转窑中（除 JT 窑、特水以外），对照《水泥建设项目重大变动清单（试行）》中重大变动情形“水泥熟料生产能力增加 10%及以上”，646 条涉及重大变动（占比为 40.5%）。其中，主力窑型 4.8 m（对应产能为 5 000 t/d）窑径的 564 条中，有 332 条为重大变动，占比为 58.9%，企业填报生产能力大多为 4 000～4 500 t/d。

2. 行业排污许可证后管理有待强化

（1）尚未全面实现“持证排污”“按证排污”

一是可能存在“无证排污”的情况。一方面，存在已点火但未取得排污许可证的情况。例如，某公司现行有效排污许可证中仅为一条生产线，而该省工信部门公开的 2021 年第一季度水泥熟料现状清单显示其二线已于 2020 年年底投产。另一方面，截至 2021 年 8 月底，全国仍有 8 家企业共 10 条生产线排污许可证到期未延续，分布在江苏、河南、湖北、湖南、广西和宁夏 6 个省（区）。

二是存在应注销而未注销的情况。国家产能置换文件中明确“用于建设项目置换的产能，在建设项目投产前必须关停，并在建设项目投产一年内拆除退出”，据不完全统计，截至 2021 年 8 月底，产能置换公告显示产能已经置换、置换企业已申领许可证但被置换企业许可证应注销但仍未注销的企业 9 家，涉及生产线 10 条，分布在河北、浙江、内蒙古、陕西、新疆 5 个省（区）。2021 年年初“中央第五生态环境保护督察组向中国建材集团有限公司反馈督察情况”中也反映到类似问题，即 A 项目产能已置换给 B 项目，但 B 项目投运后，A 项目仍在违规生产。

三是存在实际排放量大于许可排放量的情况。本书结合 2020 年执行报告年报实际排放量数据，发现 60 家企业实际排放量大于许可排放量，主要是氮氧化物实际排放量大于许可排放量，未“按证排污”。一方面，部分地区（如河北、安徽、河南等省）因地标发布以及部分地区（如湖南、江西、浙江等省）执行特别排放限值，在 2020 年进行了许可证延续、变更等，但在许可排放量核算时，未按照执行更严标准限值的时间节点，分前后两个时段来核算污染物许可排放量，而是按照更严标准限值统一重新核算了许可排放量，导致许可量变小，从而造成执行报告中实际排放量大于许可排放量。另一方面，尚有部分企业实际排放量确实大于许可排放量。

（2）排污许可和执行报告质量有待改进

一是排污许可证许可排放限值确定有误。本书重点对许可排放限值进行了梳理，结果显示，绝大部分企业许可排放浓度限值确定正确，但也存在部分企业未按照标准时限进行许可的情况。以河南为例，该省《水泥工业大气污染物排放标准》（DB 41/1953—2020）规定，现有企业自 2021 年 1 月 1 日、新建企业自 2020 年 6 月 1 日（标准实施之日）起执行该标准限值，但截至 2021 年 8 月底，该省尚有 6 家企业 10 条生产线许可排放浓度有误。

许可排放量核算错误。主要表现为排污单位对《排污许可证申请与核发技术规范　水泥工业》（HJ 847—2017）理解有误，HJ 847—2017 中将熟料库前、熟料库后均概化为一个排放口，用一个烟气量来统一计算颗粒物许可排放量，在技术规范相应表格中进行了备注说明，以安徽某公司为例，该公司在核算颗粒物许可排放量时，例如，熟料库前有 26 个排放口，将其按照 26 个排放口核算，未进行概化，导致该公司颗粒物许可排放量为 1 080.261 t/a，超过应许可排放量（275.9 t/a）2.9 倍之多。

二是执行报告填报内容不完整。已填报执行报告的企业中，除了部分企业填报信息不全（如未填报基本信息、原辅料用量），尚有部分企业填报执行报告均为空表。

三是执行报告中实际排放量核算错误。部分企业实际排放量非常大，与上传附件中实际排放量核算过程不相符。以浙江某公司为例，其 2020 年年报中显示氮氧化物、二氧化硫实际排放量分别为 2 649.62 t/a、316.77 t/a，而根据执行报告附件提供的 2020 年在线监测数据核算，氮氧化物、二氧化硫排放量分别为 84.13 t/a、8.44 t/a。

3．行业自动监控设施使用尚不规范

一是在线监测设备不规范和不正常运行现象明显。2021 年 5—7 月重点区域空气质量改善监督帮扶工作中，共检查了 135 家水泥熟料企业，检查出 100 家水泥熟料制造问题企业共有问题 178 个，其中在线监测设备不规范和不正常的为 49 个，占比为 27.5%，主要表现在：通标气系统响应时间和示值误差等不满足《固定污染源烟气（SO_2、NO_x、颗粒物）排放连续监测技术规范》（HJ 75—2017）要求、在线监测设施台账记录不规范、未按照规定进行运维校准、部分企业窑头未按规定安装在线监测设施等。

二是行业自动监测数据违法仍时有发生。本书通过生态环境部官网等渠道收集了水泥行业 CEMS 环境违法行为环境处罚情况（表 6-17）。

表 6-17　水泥行业典型 CEMS 环境违法行为

序号	名称	企业	具体内容
1	生态环境部公布重点排污单位自动监控弄虚作假查处典型案例（二）（2021 年 6 月）	安徽盘景水泥有限公司	企业为使上传至生态环境主管部门自动监控系统平台的污染物浓度达标，违规修改自动监测设备工控机软件量程参数，导致二氧化硫、氮氧化物自动监测数据分别减小了 75%、50%，与实际排放的污染物浓度严重不符
2	惠州光大水泥厂涉嫌违法篡改在线环境监测数据（2020 年 9 月）	惠州光大水泥厂	①窑尾在线监控工控机烟尘量程参数被修改的现象，导致在线监测结果比实际缩小 5 倍，涉嫌在线监控数据造假；②中控系统二氧化硫数据与在线监控不一致，相差 10 倍以上，涉嫌人工修改在线数据；③排气筒手工采样口位置不规范，在线监测设备等也达不到最新技术规范要求，导致无法进行执法比对监测；④工控机重要参数湿度设定不符合技术规范要求，压力量程设置不合理，导致烟气在线监测数据失真；工程师站电脑可以控制窑尾在线分析仪设备工控机，涉嫌远程修改数据造假等诸多问题
3	环境保护部严查环境监测数据弄虚作假（2015 年 6 月）	中国水泥厂有限公司	群众投诉中国水泥厂有限公司涉嫌排放废气超标、污染环境，但环保局监控平台上企业各项污染物排放指标全部达标。南京市环境监察支队到企业现场调查取证发现，该企业二号窑二氧化硫分析仪显示数据是 210 mg/m^3，超标 5%，但传至环保局的数据只有 23.27 mg/m^3；氮氧化物分析仪数据是 881 mg/m^3，但上传至环保局的是 300 mg/m^3。检查人员打开监控设备发现，负责数据采样的分析仪和数据传输的工控机之间接入了几根导线，并连接该公司办公室，可随意篡改监测数据

序号	名称	企业	具体内容
4	环保部通报多家水泥厂在线监测造假（2017 年 4 月）	山东省淄博市崇正水泥有限责任公司	烟气采样平台烟道截面积实际为 6.06 m^2，在线监测系统烟道截面积参数设置为 3.50 m^2，导致上传至监控平台的烟气排放量仅为实际排放量的 57.75%，上传烟尘、二氧化硫、氮氧化物等污染物排放量与实际排放量严重不符
5		山东省淄博市淄川区宝山水泥厂	窑尾排气筒实际截面积约为 12.5 m^2，在线监测仪截面积参数设置为 7 m^2，导致上传至监控平台的污染物排放总量与实际严重不符
6		河北省唐山市燕南水泥有限公司	关闭在线装置数采仪，逃避监管。烟气在线监测系统冷凝器温度低于正常温度，蠕动泵损坏，伴热管存在多处 U 形采样管路，氮氧化物转换系数、空气过剩系数、流速量程等参数未按要求设置，在线监测分析仪与工控机含氧量、氮氧化物数据不一致，传输误差较大，监测浓度低于实际浓度

4．行业超低排放改造亟须规范

（1）超低排放改造标准及要求尚未统一

不同于火电、钢铁行业超低排放政策，为国家自上而下推行，水泥行业超低排放目前国家尚无统一标准，由地方自行组织实施，目前河南、浙江、山西和宁夏 4 省（区）已发布了超低排放方案，也配套发布了超低排放评估监测技术指南，地方按照本省要求进行超低排放改造评估监测。但目前 4 省（区）方案在超低排放指标、有组织排放限值等方面均有差异，亟须统一。

一是超低排放指标不同。河南、浙江、山西 3 省水泥行业超低排放方案与《关于推进实施钢铁行业超低排放的意见》（环大气〔2019〕35 号）框架大体相同，3 省为全面的要求，包括有组织排放控制指标、无组织排放控制措施、大宗物料产品清洁运输要求等要求，并分别提出了细化的要求；而宁夏则偏重有组织排放要求，对无组织仅提出了笼统的要求，未对清洁运输提出要求。

二是有组织排放限值要求不同。从各地发布的方案来看，均对常规污染物提出了限值要求，以窑尾污染物为例，控制指标不同，浙江为颗粒物、二氧化硫和氮氧化物，而河南、山西和宁夏还包括氨。限值要求不同，颗粒物要求一致，均为 10 mg/m^3；二氧化硫、氮氧化物、氨则均为两种，二氧化硫分别为 35 mg/m^3、50 mg/m^3，氮氧化物分别为 50 mg/m^3、100 mg/m^3，氨分别为 5 mg/m^3、8 mg/m^3。

（2）主流脱硝技术氨排放浓度超标风险高

一是 SNCR 超低改造工艺氨水单耗高。本书通过许可证执行报告、在线监测数据长期污染物实际排放浓度等，获取了典型超低排放改造企业在采用不同脱硝技术情况下，氨水消耗、熟料实际产量、氮氧化物排放与氨逃逸监测浓度数据。按照实际执行限值（企业实际控制值，日常排放在该范围以内）进行分类，控制在 50 mg/m^3 时，采用不同脱硝技术组合时，氨水消耗量在 2.10～4.23 kg/t 熟料，未采取 SCR 技术时，氨水单耗普遍偏大；控制在 60～100 mg/m^3 时，氨水单耗平均值为 4.33 kg/t 熟料，仅采用 SNCR 的企业氨水单耗最大，达 5.55 kg/t 熟料（表 6-18）。

表 6-18 现行企业氨水单耗与污染物实际排放情况

企业名称	末端脱硝措施	氮氧化物/（mg/m^3）		氨水消耗量/（kg/t 熟料）[①]
		许可排放浓度	实际执行限值	
一、实际执行限值为 50 mg/m^3				
某企业 1（A 级）	SCR+SNCR+低氮燃烧器+分解炉分级燃烧	200	50	2.736
某企业 2（A 级）	SCR+SNCR+低氮燃烧器+分解炉分级燃烧	100	50	2.096
某企业 3[②]	SCR+SNCR	100	50	2.792
某企业 4（A 级）	SCR+SNCR+低氮燃烧器+分解炉分级燃烧	100	50	2.536
某企业 5[③]（A 级）	SNCR+低氮燃烧器+分解炉分级燃烧	100	50	2.376
某企业 6	SNCR+低氮燃烧器+分解炉分级燃烧	100	50	3.976
某企业 7（A 级）	SNCR+分解炉分级燃烧	100	50	4.224
某企业 8（A 级）	SNCR+分解炉分级燃烧	100	50	3.504
二、实际执行限值为 60～100 mg/m^3				
某企业 9	SNCR	100	60	5.552
某企业 10	SNCR+低氮燃烧器+分解炉分级燃烧	100	80	4.312
某企业 11	SNCR+低氮燃烧器	100	80	4.44
某企业 12	SNCR+低氮燃烧器+分解炉分级燃烧	100	100	3.304
某企业 13	SNCR+低氮燃烧器	260	100	4.032

注：①表格中氨水质量浓度均为 25%，氨水消耗量均为脱硝用氨水量，不包括企业氨法脱硫氨水消耗量。
②仅该企业为 2021 年第一季度数据，其余均为 2020 年全年企业所有生产线数据。
③该企业采用了德国洪堡技术，即窑尾烟气脱硝炉技术（窑尾烟室和分解炉之间增加一个燃料气化和 NO_x 还原装置）。

二是末端仅采用 SNCR 实现较低排放限值时存在氨排放浓度超标风险。不同于 SCR 技术 70%～90%以上的脱硝效率，SNCR 脱硝效率通常为 30%～60%，SNCR 脱硝效率与喷氨量密切相关，一般氨氮摩尔比为 1.3 时，效率为 60%时，氨逃逸较少；脱硝效率较高时，氨逃逸量会增加。四川对本省 13 条水泥熟料生产线氨排放浓度实测结果表明，6 条生产线不达标，其中有 3 条生产线已完成了超低排放改造（主体技术均为 SNCR），氨排放浓度分别为 13 mg/m^3、27 mg/m^3 和 55 mg/m^3，超过 GB 4915—2013 规定的 10 mg/m^3 要求（特排限值为 8 mg/m^3）。氨排放浓度与氨水用量总体为正相关，即氨水用量越大，氨排放浓度越高，有研究表明，氨排放浓度大于 10 mg/m^3 时，氨水用量基本均在 4 kg/t 熟料以上。而目前北京、河北等省（市）水泥熟料企业平均氨水单耗均大于 4 kg/t 熟料，水泥窑氨排放浓度存在超标的风险。

2021 年 5—7 月在重点区域空气质量改善监督帮扶工作中，有 3 家水泥熟料企业氨排放浓度超标，以河北保定某企业为例，企业承诺氮氧化物许可浓度执行 100 mg/m^3，脱硝技术为“低氮燃烧器+分解炉分级燃烧+SNCR”，现场检查时发现在线监控数据显示氨逃逸浓度均超过 10 mg/m^3，甚至高达 30～50 mg/m^3，现场检测氨逃逸浓度为 11.29 mg/m^3，超出河北地标限值 8 mg/m^3 的要求。

三是氨排放控制尚未得到重视。氮氧化物和氨都是雾霾的主要元凶，氨也是硝酸铵、硫酸铵等二次颗粒物的重要前体物。虽然国家和地方对企业氨排放浓度、氨逃逸在线监测、氨水单耗等方面均有规定，但是，国家尚未出台废气氨排放连续监测技术规范，氨在线监测设施建设安装仅可参考 HJ 75—2017。HJ 75—2017 中无氨等其他气态污染物在线监控设施的示值误差、响应时间、零点漂移等技术规定，部分省份（如河南）对水泥熟料企业虽然已安装联网多套氨排放在线监控设施，存在在线监控设施安装位置标准不统一、运行维护要求不明确等问题，无法保证氨排放在线监测数据质量。氨逃逸影响企业 CEMS 二氧化硫监测数据的准确性，采样环节水和氨（末端采用 SNCR 时氨逃逸）对二氧化硫吸附，会造成水泥企业二氧化硫数据长时间零值，影响在线监测数据的准确性。对氨水单耗（同一时间段的氨水消耗量/熟料产量）虽有指标要求，但未明确考核基准（应是任何时间段均满足要求），如河南超低排放改造实施方案中规定了氨水单耗 4 kg/t 熟料（25%质量浓度），该省 2021 年 6 月公布的完成了超低排放改造 50 家企业中，有 10 余家企业氨水单耗大于该值。

二、建议

1．结合行业特点分类施策，解决“批小建大”问题

分时段区别对待行业“批小建大”问题。《工业和信息化部关于做好部分产能严重过剩行业产能置换工作的通知》（工信部产业〔2014〕296 号）首次建立起了水泥窑窑径与企业生产规模的关系，如ϕ=4.8 m，对应生产规模为 5 000 t/d，在该文件出台之前，窑径与生产规模未建立真正联系。因此，地方生态环境主管部门在监管执法中，对于该文件印发之前的建设项目，如窑径与生产规模不对应，而按照后期文件属于“批小建大”的，建议按照工业和信息化部有关文件（表 6-19）不追溯的，免除项目环评手续，纳入排污许可管

理，在排污许可证中填报实际建设规模。对于该文件出台之后的建设项目，出现“批小建大”的，则一是应要求企业有地方工业和信息化部门认可的产能置换方案文件，二是应补充项目环评。

表 6-19　工业和信息化部有关产能置换的文件

序号	文件名称	主要内容
1	《工信部关于水泥产能置换政策有关问题的复函》（工原函〔2018〕383 号）	关于建成产能按产能换算表换算后大于批复产能的问题：产能换算是《工业和信息化部关于做好部分产能严重过剩行业产能置换工作的通知》发布后开始执行的政策。对该文件发布前核准的项目，原则上不再按该文件加以追溯。对该文件发布后《办法》发布前核准或备案的项目，产能置换还应执行 296 号文；对《办法》发布后备案的项目，产能置换必须执行《办法》，坚决惩处“批小建大”、失信违规新增产能行为［《办法》是指工业和信息化部关于印发钢铁水泥玻璃行业产能置换实施办法的通知（工信部原〔2017〕337 号）］
2	工信部《水泥玻璃行业产能置换实施办法操作问答》（2020 年 1 月）	明确了工信部产业〔2014〕296 号发布前由于窑径和产能对应不符导致问题的项目，“批小建大”情况的差额部分不需要进行产能置换

2．借力法规及“双百”任务，提升排污许可证后管理水平

一是严格按照《排污许可管理条例》进行许可证监管执法。建议结合 2021 年 5—7 月监督帮扶发现的水泥企业排污许可证问题情况，在后期的监督帮扶工作中，强化对行业排污许可证的检查，同时对本次排污许可证梳理中发现的“无证排污”、许可证过期未延续也未注销、应注销而未注销、实际排放量超许可排放量等情况进行核实，梳理、曝光一批无证排污、不按证排污的环境违法行为，发挥典型案例的震慑作用，使“持证排污，按证排污”的法律要求深入人心。

二是以“双百”目标任务，推动行业许可证和执行报告质量双提高。按照《固定污染源排污许可证质量、执行报告审核指导工作方案》提出的“双百”任务（3 年内排污许可证质量检查率 100%，1 年内执行报告提交率 100%），切实提质增效。排污许可证质量应重点关注许可排放限值取值的正确性，由于许可排放量与许可排放浓度有关联，因此，对于执行地标的，关注有效许可证中许可排放浓度情况；对于许可排放量，执行标准变化而重新申请或变更许可证的，重新申请或变更年份许可排放量的核算，应以执行标准的时间节点为界，分别核算前后两个时段污染物许可排放量，其和为该年度许可排放量，避免因核算错误造成的企业实际排放量大于许可排放量；此外，应要求企业上传许可排放量核算附件，对于附件内容进行核实，避免出现许可排放量核算有误、明显不合理的情况。在执行报告方面，提交是第一步，鉴于执行报告中主要污染物实际排放量数据作为总量减排核算依据，执行报告作为固定污染源统计的主要来源，执行报告质量才是最关键的内容。因此，一是应关注填报内容的完整性，提交的不能为空表，执行报告中的关键性内容，如水泥熟料产量、脱硝用氨水消耗量及氨水浓度、污染物实际排放量等不能有遗漏；二是应关注企业实际排放量核算情况，对于企业上传的实际排放量核算内容进行校核，应按照技术规范中实际排放量核算内容进行核算。

3．多种举措兼施并行，保障自动监控设施规范使用

一是充分发挥行业标记规则作用，防范弄虚作假行为。随着自动监测数据的应用逐步深入，排污单位篡改、伪造监测数据的手段也层出不穷，防范和打击造假违法行为已成为自动监控管理工作的重点和难点。企业按照标记规则进行标记后，反映生产设施工况、关键工况参数、自动监测设备异常标记等内容在系统中能够同步反映，而生产设施工况、关键工况参数和自动监测设备异常标记中有一定的关联性，可以作为判定是否有弄虚作假行为的辅助依据。

二是规范运行维护提升污染源自动监测水平。针对 CEMS 系统运维商较多、分布较分散、水平参差不齐等，且多是排污单位委托第三方进行运维（无资质要求）的实际情况，建议：①出台专门的运行维护技术规范，在国家要求未出台前，可参考山东省《固定污染源烟气在线监测系统运行维护技术规范》（DB 37/T 4011—2020）对 CEMS 系统进行维护，其中要求运维单位建立运行维护质量管理体系，制定运行维护制度章程，配备专业技术人员、仪器装备和保障设施，如规定“每 8 个监测点位至少 1 人负责现场运行维护”；②生态环境主管部门引导第三方运维市场健康发展，对第三方运维单位制止举报排污单位弄虚作假的，通过管理手段干预排污单位不得终止与第三方的合同，帮助规范、负责任的第三方运维单位开展第三方运维业务。

三是多手段开展自动监控设施相关培训。当前，生态环境部通过公布重点排污单位自动监控弄虚作假查处典型案例、监督帮扶中深入查找自动监测设施问题工作，对排污单位、运维单位形成了一定的震慑，但因为自动监控设施问题具有“三难”特点（问题难发现、证据难固定、案件难办理）以及违法行为易恢复、多数执法人员不具备自动监控业务知识，建议多手段开展针对排污单位、运维单位和管理人员的自动监控设施相关培训，通过云讲堂、抖音账号、小视频等方式，进行线上与线下培训，不断提升各方能力。

4．出台管理和技术政策，规范超低排放改造

一是出台超低排放方案，规范行业超低排放改造。针对现阶段各地尺度要求不统一的情况，建议生态环境部借鉴火电、钢铁超低排放改造经验，在评估各地超低排放改造的基础上，出台行业超低排放方案，同时需兼顾碳减排要求；同步配套出台行业超低排放评估监测技术指南，规范行业超低排放评估监测工作，统一超低排放评估监测程序和方法。例如，在有组织排放限值方面，建议与环办大气函〔2020〕340 号中 A 级指标一致，即窑尾颗粒物、二氧化硫和氮氧化物限值分别为 10 mg/m^3、35 mg/m^3、50 mg/m^3。避免部分省份走超低排放改造的弯路，造成重复投资，使企业既是省内“超低”，又是全国的“超低”。

二是组织开展脱硝超低技术评估，完善最佳可行技术体系。水泥企业超低排放的工艺技术路线多样，各有优、缺点，工程案例在我国处于起步阶段。这些技术的使用时间短、前置条件多，存在的问题尚未完全暴露。建议充分借鉴火电、钢铁行业超低排放评估的模式，结合我国不同区域资源、环境特征、经济发展需求及污染控制技术特点，选取超低排放主流技术路线的典型案例并开展评估工作，从技术经济性、技术成熟度、措施效果、协同减污减碳等因素方面完善水泥行业最佳可行技术体系。

三是多方位强化当前脱硝技术的管控。针对国内超低排放改造水泥企业主流技术仍为 SNCR 脱硝的情况，氨排放超标的情况，建议：①将环办大气函〔2020〕340 号中 A、B 级企业氨控制三方面的要求（氨排放浓度限值、氨水单耗以及氨在线监测）扩展至全国所有使用氨水、尿素等含氨物质作为还原剂去除烟气中氮氧化物的企业，通过监测企业氨排放浓度和统计企业氨水消耗量、熟料产量等数据，合理设定氨排放浓度限值、氨水单耗，不同地区可设定不同限值；②出台废气氨排放连续监测技术规范，明确其安装位置、运行维护要求，确保氨排放在线监测数据质量；③重视对脱硝技术的检查，在水泥熟料企业检查时，尤其是对于执行较为严格标准限值的地区（如氮氧化物限值为 100 mg/m^3 或 50 mg/m^3），而末端脱硝技术仅为 SNCR 时，重点对其运行情况进行检查，包括脱硝用还原剂氨水采购记录、消耗量、喷枪的日常检查维护情况以及氨排放监测数据情况等，熟料生产与脱硝系统同步运行情况，以及对脱硝还原泵的扬程功率、泵送能力检查（扬程功率、泵送能力需与喷氨量匹配，确保能将氨水泵送至喷枪位置）；④积极研发新的脱硝技术，推广联合脱硝技术，优化脱硝系统，提升脱硝效率。

参考文献

[1] 李叶青. 中国水泥工业减碳的途径和替代燃料利用实践[N]. 中国建材报，2021-07-29.

[2] 叶宏，冯小琼，陈军辉，等. 四川省水泥行业氨排放特征及超低排放建议[J]. 中国环境科学学会 2019 年科学技术年会——环境工程技术创新与应用分论坛论文集（三）. 2019：442-446.

[3] 李海波. 水泥炉窑烟气 SNCR 脱硝技术的研究与应用[D]. 西安：西安建筑科技大学，2015.

第七章　水泥行业超低排放脱硝技术评估报告

第一节　评估背景

燃煤电厂及钢铁行业超低排放改造有效地推动了两个行业主要污染物减排，为实现重点行业大气污染物减排探索出行之有效的路径。切实改善环境质量的管理要求，使水泥等其他非电行业超低排放成为新的大气污染物减排突破口，实施超低排放成为必然选择。目前，河北、河南、安徽、江苏、四川已发布最新水泥地标，浙江等省份正在制定水泥地标，河南、浙江、宁夏、山西和吉林等省（区）已（正在）出台水泥行业超低排放实施方案，上述标准政策的实施，极大地推动了水泥行业超低排放改造进程。2021 年 11 月 2 日，中共中央、国务院印发《关于深入打好污染防治攻坚战的意见》，在“深入打好蓝天保卫战”中也明确提出“着力打好臭氧污染防治攻坚战……推进钢铁、水泥、焦化行业企业超低排放改造”。水泥行业超低排放改造，除尘脱硫不是难点，最大重点和难点在窑尾烟气脱硝；本书所指超低企业，是指窑尾烟囱氮氧化物排放限值为 100 mg/m^3 及以下企业。

根据全国排污许可证管理信息平台信息，截至2021年11月底，水泥熟料企业共计1 209家、生产线 1 655 条，目前应执行超低排放的企业为 232 家，涉及生产线条数 362 条，占全国企业数、生产线条数比例分别为 19.2%和 21.9%。从排污许可证副本载明的污染防治技术来看，水泥行业脱硝超低排放技术呈现百花齐放的局面，有 265 条生产线（74.9%）采用 SNCR（含精准脱硝）结合分级燃烧、低氮燃烧器等技术进行脱硝，有 65 条生产线（18.4%）采用 SCR 结合 SNCR、分级燃烧、低氮燃烧等技术进行脱硝，有 15 条生产线（4.2%）采用窑尾烟气脱硝炉技术（PYROCLON®REDOX 水泥窑炉脱硝技术），其余技术则包括自还原脱硝、高效再燃脱硝（ERD）、液态催化剂脱硝（LCR）、热碳催化还原复合脱硝等，仍有较多生产线正在进行超低排放改造。而上述技术尚未进行系统评估，其适用性、运行稳定性、是否带来二次污染（氨逃逸）、能否协同减污降碳，是选择适用技术需要解决的问题。

本报告调研了国内外水泥行业氮氧化物治理相关环保政策要求和超低治理技术及应

用现状，选择典型工程案例开展了技术可行性、运行稳定性和经济合理性的评估工作，以期为推动水泥行业氮氧化物超低处理技术的健康发展和提升环境管理水平提供技术指导。需要说明的是，由于本评估报告中数据源于全国排污许可证管理信息平台、重点排污单位自动监控与数据库系统和调研收集数据，尚未进行实地现场测试工作，下一步需通过结合现场测试工作进行优化完善。

第二节　行业排放标准及超低标准政策现状

一、国内外水泥行业排放标准控制要求

我国现行的水泥行业排放标准为《水泥工业大气污染物排放标准》（GB 4915—2013），对一般地区和重点地区分别规定了排放限值和特排限值要求；对于窑尾烟囱，控制颗粒物、二氧化硫、氮氧化物、氟化物、汞及其化合物、氨共 6 项污染物，考核标准为小时均值。

美国关于水泥行业大气污染物排放控制的标准有两种，一种是针对常规污染物的新源特性标准（NSPS），列入联邦法规典 40 CFR 60 Subpart F；另一种是针对 189 种空气毒物的危险空气污染物国家排放标准（NESHAP），列入联邦法规典 40 CFR 63 Subpart LLL。无论是 NSPS 标准，还是 NESHAP 标准，均是基于污染控制技术而制定的，只是对应污染物不同，选择的控制技术不同，NSPS 是基于最佳示范技术（BDT），而 NESHAP 是基于最大可达控制技术（MACT）。水泥工业 NSPS 标准控制的常规污染物为 PM、SO_2 和 NO_x，NESHAP 标准控制的有毒污染物为 PM、二噁英、汞、总碳氢（THC）和 HCl，两者合计有 7 项污染物。美国标准主要采用“单位产品排放量”作为反映污染源环境特性的指标，以 30 天滑动平均值计。

欧盟发布了统一的工业污染综合防控指令 IPPC（2010/75/EU），IPPC 将工业生产活动划分为六大类共 38 个行业，对各典型行业（包括水泥行业）提出污染物排放要求。为配合 IPPC 以及许可证制度的实施，根据各成员国和工业部门的信息交流成果，欧盟委员会出版了 33 份行业最佳可行技术（BAT）参考文件，水泥行业 BAT 文件（CLM）最初发布于 2001 年 12 月，最新的文件发布于 2013 年 4 月。欧盟标准对于水泥窑 PM、SO_2 和 NO_x 的排放，以日均值计。德国在《联邦排放控制法》框架下，出台了《空气质量控制技术指南》（TA Luft）中规定了德国水泥企业的许可证排放限值（表 7-1）。

表 7-1　国内外水泥排放标准中窑尾主要污染物排放限值要求

名称		考核标准	窑尾污染物/（mg/m³）				氨水消耗量要求/（kg/t 熟料）	氨在线监测要求
			颗粒物	二氧化硫	氮氧化物（以 NO_2 计）	氨		
中国 GB 4915—2013	排放限值	小时均值	30	200	400	10	—	—
	特排限值		20	100	320	8	—	—
美国 NSPS 标准		30 天滑动平均值	0.02 磅/t 熟料①（～4）	0.4 磅/t 熟料①（～80）	1.5 磅/t 熟料①（～300）	—	—	—
欧盟		日均值	＜10～20	＜50～400	＜200～450	＜30～50②	—	是
德国		日均值/30 分钟均值	10/30	100（仅日均值）	200/400	30/60	—	是

注：①1 磅≈0.454 kg，按每吨熟料 2 000～2 500 m³ 烟气量计算；
②应用 SNCR 时烟气中 NH_3 的 BAT 相关排放水平。

与国外标准对比可知，就排放限值本身而言，我国国标规定的颗粒物限值与美国、欧盟、德国的要求还有少许差异，SO_2 基本相当，NO_x 与德国标准还存在一定差异，氨限值要求则最严。我国考核的是污染物小时均值，国外一般为日均值（美国是 30 天滑动平均值），因而相同基准水平下我国标准要求较为严格。

二、我国水泥行业超低排放相关要求

1．国家层面

2019 年，国家陆续提出对水泥行业实施超低排放改造的要求。中共中央、国务院印发《长江三角洲区域一体化发展规划纲要》，在“第六章　强化生态环境共保联治”，提出“联合制定控制高耗能、高排放行业标准，基本完成钢铁、水泥行业和燃煤锅炉超低排放改造，打造绿色化、循环化产业体系。”此为国家层面第一次提出水泥行业超低排放改造要求。2020 年《生态环境部关于在疫情防控常态化前提下积极服务落实“六保”任务坚决打赢打好污染防治攻坚战的意见》（环厅〔2020〕27 号）中“三、坚持精准治污，提高污染治理措施的针对性”，提出“稳步推进钢铁行业超低排放改造和评估监测，建材行业产能较大的地区因地制宜研究开展水泥、陶瓷等行业超低排放改造”。2021 年 5 月，七部门《关于提升水泥产品质量规范水泥市场秩序的意见》（国市监质监发〔2021〕30 号）中也提出“推动水泥行业实施污染物有组织、无组织排放深度治理，有条件的地区开展超低排放改造”。

2021 年 11 月，中共中央、国务院印发《关于深入打好污染防治攻坚战的意见》，在“深入打好蓝天保卫战”中，也提出了“着力打好臭氧污染防治攻坚战……推进钢铁、水泥、焦化行业企业超低排放改造”的要求。2021 年 11 月发布《“十四五”工业绿色发展规划》（工信部规〔2021〕178 号）中也提出了“深入推进钢铁行业超低排放改造，稳步实施水泥、焦化等行业超低排放改造”“实施水泥行业脱硫脱硝除尘超低排放”的要求。

目前国家尚未发布水泥行业超低排放实施方案，但 2020 年发布的《重污染天气重点行业应急减排措施制定技术指南 （2020 年修订版）》（环办大气函〔2020〕340 号），对重点区域水泥行业进行了细化分级，分为 A、B、C、D 四级，A、B、C 三级企业污染物排放浓度限值要求均严于现行 GB 4915—2013 特排限值，其中 A 级企业要求窑尾颗粒物、二氧化硫和氮氧化物排放限值分别为 10 mg/m^3、35 mg/m^3 和 50 mg/m^3，与国家要求的超低排放限值（不论行业，对于有组织排放，均要求达到燃气轮机的排放水平）一致；同时，为有效控制氨逃逸，对 A、B 级企业从氨排放浓度限值、氨水单耗以及氨在线监测三方面提出了要求。环办大气函〔2020〕340 号中对于 A、B 级企业的要求，在一定程度上为全国水泥行业实施超低排放改造指明了方向。

2021 年 4 月底，《中国环境报》就“‘十四五’如何推进超低排放？”专访生态环境部大气司副司长时，其明确提出“要在全国范围内推动技术、资金等条件成熟、污染物排放量大的水泥行业实施超低排放改造”（表 7-2）。

表 7-2　国家层面相关要求

序号	文件名称	主要内容摘录	备注
1	《长江三角洲区域一体化发展规划纲要》（中共中央、国务院，2019 年 12 月）	第六章　强化生态环境共保联治 联合制定控制高耗能、高排放行业标准，基本完成钢铁、水泥行业和燃煤锅炉超低排放改造，打造绿色化、循环化产业体系	国家层面第一次提出水泥行业超低排放改造要求
2	《关于在疫情防控常态化前提下积极服务落实“六保”任务坚决打赢打好污染防治攻坚战的意见》（环厅〔2020〕27 号，2020 年 6 月）	三、坚持精准治污，提高污染治理措施的针对性 稳步推进钢铁行业超低排放改造和评估监测，建材行业产能较大的地区因地制宜研究开展水泥、陶瓷等行业超低排放改造	—
3	《关于提升水泥产品质量规范水泥市场秩序的意见》（国市监质监发〔2021〕30 号，2021 年 5 月）	推动水泥行业实施污染物有组织、无组织排放深度治理，有条件的地区开展超低排放改造	—
4	《关于深入打好污染防治攻坚战的意见》（中共中央、国务院，2021 年 11 月）	三、深入打好蓝天保卫战 （十二）着力打好臭氧污染防治攻坚战……推进钢铁、水泥、焦化行业企业超低排放改造	—

序号	文件名称	主要内容摘录	备注
5	《“十四五”工业绿色发展规划》（工信部规〔2021〕178 号，2021 年 11 月）	①深入推进钢铁行业超低排放改造，稳步实施水泥、焦化等行业超低排放改造；②实施水泥行业脱硫脱硝除尘超低排放	—
6	《重污染天气重点行业应急减排措施制定技术指南 （2020 年修订版）》（环办大气函〔2020〕340 号，2020 年 6 月）	A、B、C 三级企业污染物排放浓度限值要求均严于现行 GB 4915—2013 特排限值，其中 A 级企业要求窑尾颗粒物、二氧化硫和氮氧化物排放限值分别为 10 mg/m^3、35 mg/m^3 和 50 mg/m^3，与国家要求的超低排放限值一致	对于 A、B 级企业的要求，在一定程度上为全国水泥行业实施超低排放改造指明了方向

2．地方层面

2017 年河南省推行《河南省绿色环保调度制度（试行）》，对于绿色环保引领企业，实施“给予错峰生产和污染天气管控豁免政策”，拉开了河南省水泥行业超低排放改造的序幕。之后，在各地政策引领下，河北、安徽、四川等地也纷纷开展了行业超低排放改造。

一是多地制定了水泥行业地标。我国多个省（区、市）制定了水泥行业地标，包括北京、山东、福建、贵州、重庆、河北、安徽、河南等省（市），河南、河北、安徽、江苏和四川 5 省于 2020 年、2021 年均发布了最新水泥地标，其中河北省《水泥工业大气污染物超标排放标准》（DB 13/2167—2020），是全国水泥工业第一个以“超低”命名的地方排放标准。此外，浙江省等正在制定水泥行业地标。各省（区、市）均规定了较为严格的氮氧化物排放限值。

二是多地出台或正在出台行业超低排放方案。截至目前，河南、浙江、山西、宁夏和吉林 5 省已发布或正在制定超低排放方案，已发布方案的河南、浙江、山西和宁夏，同步配套发布了超低排放评估监测技术指南，企业按照本省要求进行超低排放改造评估监测后认定为超低排放企业。

三是多地出台政策文件要求或激励行业实施超低改造。除已出台超低方案的省份中明确了当地实施超低改造的时限要求以外，其余省份中，山东省在《山东省深入打好蓝天保卫战行动计划（2021—2025 年）》明确“2023 年年底前，完成焦化、水泥行业超低排放改造”；四川、重庆联合发布《四川省经济和信息化厅等 4 部门关于做好川渝地区水泥常态化错峰生产工作的通知》（川经信材料〔2021〕149 号），根据深度治理排放改造情况，将水泥企业按照污染排放水平分为 A、B 类，在错峰生产基准天数基础上按相应比例减免。以窑尾主要污染物为例，目前相关要求见表 7-3。

表 7-3　当前国家及地方水泥企业窑尾污染物排放要求

<table>
<tr><th rowspan="2">名称</th><th rowspan="2" colspan="2">分类</th><th colspan="4">窑尾污染物/（mg/m³）</th><th rowspan="2">氨水消耗量要求/（kg/t 熟料）</th><th rowspan="2">氨排放在线监测要求</th></tr>
<tr><th>颗粒物</th><th>二氧化硫</th><th>氮氧化物（以 NO_2 计）</th><th>氨</th></tr>
<tr><td colspan="9">一、国标及地标</td></tr>
<tr><td rowspan="2">GB 4915—2013</td><td colspan="2">标准限值</td><td>30</td><td>200</td><td>400</td><td>10</td><td rowspan="14">—</td><td rowspan="14">—</td></tr>
<tr><td colspan="2">特排限值</td><td>20</td><td>100</td><td>320</td><td>8</td></tr>
<tr><td>河北
DB 13/2167—2020
（超低）</td><td colspan="2">现有（2021 年 10 月 1 日起），
新建（2020 年 5 月 1 日起）</td><td>10</td><td>30</td><td>100</td><td>8</td></tr>
<tr><td>河南
DB 41/1953—2020</td><td colspan="2">现有（2021 年 1 月 1 日起），
新建（2020 年 6 月 1 日）</td><td>10</td><td>35</td><td>100</td><td>8</td></tr>
<tr><td rowspan="2">安徽
DB 34/3576—2020</td><td colspan="2">现有（2020 年 10 月 1 日起）</td><td rowspan="2">10</td><td rowspan="2">50</td><td rowspan="2">100</td><td rowspan="2">8</td></tr>
<tr><td colspan="2">新建（2020 年 4 月 1 日起）</td></tr>
<tr><td rowspan="2">山东
DB 37/2373—2018</td><td colspan="2">2020 年 1 月 1 日之后，一般控制区</td><td>20</td><td>100</td><td>200</td><td>8</td></tr>
<tr><td colspan="2">2020 年 1 月 1 日之后，重点控制区</td><td>10</td><td>50</td><td>100</td><td>8</td></tr>
<tr><td rowspan="2">江苏
DB 32/414—2021</td><td colspan="2">现有（2023 年 7 月 1 日起）</td><td>10</td><td>35</td><td>100</td><td>8</td></tr>
<tr><td colspan="2">现有（2024 年 7 月 1 日起），
新建（2022 年 7 月 1 日起）</td><td>10</td><td>35</td><td>50</td><td>8</td></tr>
<tr><td rowspan="2">四川
DB 51/2864—2021</td><td>现有
（2023 年 7 月 1 日起），
新建
（2022 年 7 月 1 日起）</td><td>攀枝花市、阿坝、甘孜、凉山州</td><td>10</td><td>50</td><td>150</td><td>8</td></tr>
<tr><td>现有
（2023 年 7 月 1 日起），
新建
（2022 年 7 月 1 日起）</td><td>其他城市</td><td>10</td><td>35</td><td>100</td><td>8</td></tr>
<tr><td rowspan="2">浙江（征求意见稿）</td><td colspan="2">Ⅰ时段</td><td>10</td><td>50</td><td>100</td><td>8</td></tr>
<tr><td colspan="2">Ⅱ时段</td><td>10</td><td>35</td><td>50</td><td>5</td></tr>
<tr><td colspan="9">二、国家重污染天气应对</td></tr>
<tr><td rowspan="4">重污染天气应对（环办大气函〔2020〕340 号）</td><td colspan="2">A 级</td><td>10</td><td>35</td><td>50</td><td>5</td><td rowspan="2">4（25%浓度）</td><td rowspan="2">是</td></tr>
<tr><td colspan="2">B 级</td><td>10</td><td>50</td><td>100</td><td>8</td></tr>
<tr><td colspan="2">C 级</td><td>20</td><td>100</td><td>260</td><td>8</td><td>—</td><td>—</td></tr>
<tr><td colspan="2">D 级</td><td colspan="4">未达到 C 级</td><td>—</td><td>—</td></tr>
</table>

名称	分类	窑尾污染物/（mg/m³）				氨水消耗量要求/（kg/t熟料）	氨排放在线监测要求
		颗粒物	二氧化硫	氮氧化物（以 NO_2 计）	氨		
三、地方超低方案要求							
河南 豫环攻坚办〔2020〕24 号	2020 年年底前	10	35	100	8	4（25%浓度）	是
浙江 浙环函〔2020〕60 号	2022 年年底前	10	50	100	—	—	—
	2025 年 6 月底前	10	35	50	—		
山西 晋环发〔2021〕16 号	2021 年 12 月底前，大同、宿州	10	35	50	5	—	是
	2022 年 12 月底前，11 个城市规划区以及太原及周边“1+30”县（市、区）						
	2024 年 12 月底前，全面完成						
宁夏 宁环发〔2021〕4 号	各企业分时序	10	50	100	—	—	是
吉林（征求意见稿）	2023 年年底前	10	35	100	—	—	是
	2025 年年底前	10	35	50			
四、地方错峰生产文件							
四川、重庆 川经信材料〔2021〕149 号	A 类［减免错峰生产基准天数(110 天)的 60%］	10	35	50	5	4（25%浓度）	—
	B 类［减免错峰生产基准天数(110 天)的 20%］	10	50	100	8		

通过上述对比可知，从各地新近发布（待发布）的水泥地标、国家重污染天气应对文件（A、B 级）及各地发布（待发布）的超低排放实施方案或错峰生产文件来看，窑尾污染物中，颗粒物要求一致，均为 10 mg/m³；二氧化硫为 30 mg/m³、35 mg/m³、50 mg/m³ 三种情况；氮氧化物为 50 mg/m³、100 mg/m³、150 mg/m³ 三种情况；氨为 5 mg/m³、8 mg/m³ 两种情况；水泥地标中均未对氨水单耗、氨在线监测提出要求。国家重污染天气应对文件（A、B 级）、河南、四川和重庆文件中对单位熟料氨水消耗量提出了要求，河南、山西、宁夏和吉林超低方案文件中对氨在线监测提出了要求。

第三节　行业氮氧化物来源及主要脱硝技术

一、氮氧化物来源及分布情况

水泥生产主要是水泥生料在窑炉中煅烧成水泥熟料，具体工艺过程是生料在分解炉中进行碳酸盐分解和在回转窑中进行水泥熟料的煅烧。

水泥窑系统 NO_x 主要包括热力型 NO_x、燃料型 NO_x 和瞬时型 NO_x，以热力型 NO_x 和燃料型 NO_x 为主。水泥窑系统中产生的 NO_x 主要是 NO，但在较低温度下 NO 会与 O_2 反应生成 NO_2，由于反应速率低，NO、NO_2 约占比分别为 95%、5%。NO_x 产生位置主要为回转窑、分解炉，其中回转窑中 NO_x 以热力型为主，据估算，回转窑内 NO_x 产生量占水泥窑系统的 60%～80%，窑尾烟室 NO_x 浓度高达 900～1 100 mg/m^3；分解炉中以燃料型 NO_x 为主，产生量占窑系统的 20%～40%，分解炉可进行分煤、分风和分料操作的分级燃烧改造，对 NO_x 有部分脱除效果。

二、主要脱硝技术及其特点

目前，脱硝技术分为低氮燃烧技术和末端治理技术两大类。其中，低氮燃烧技术主要包括低氮燃烧器、分解炉分级燃烧、低氮燃烧器+分解炉分级燃烧、烟气脱硝炉技术等；末端治理技术主要包括选择性非催化还原技术（SNCR）和选择性催化还原技术（SCR）。

1. 低氮燃烧技术

（1）低氮燃烧器

通过增加回转窑窑头燃烧器风道，降低一次空气比例，使煤粉分级燃烧，可降低约 10% NO_x 产生量。

（2）分解炉分级燃烧

分解炉中 NO_x 控制主要指分级燃烧技术，该技术将分解炉所用的三次风或燃料分级送入分解炉，在一定区域内形成还原性氛围，增强分解炉对窑尾烟气中 NO_x 的还原能力，同时抑制自身 NO_x 的产生。分级燃烧又可分为空气分级燃烧、燃料分级燃烧以及两者的结合。采用该技术不增加运行成本，脱硝效率最大可达 45%。

空气分级燃烧技术是将分解炉底部原三次风分级送入分解炉的不同位置，以在分解炉特定区域建立还原区。理论计算还原区中空气过量系数为 0.8 左右，燃料在低温（850℃左右）低氧富燃料氛围下燃烧，产生大量的 CO 等气体以及焦炭等还原性物质，使窑尾烟气中部分 NO_x 得以还原，同时抑制分解炉中燃料型 NO_x 的产生。分级风的比例以及送入分解炉的位置通过合适的方法确定，其中分级风的比例可通过计算机数值模拟的方法进行优化改进，分级风送入炉膛的位置可通过热工计算确定，原则上以确保 NO_x 在还原区的停留时间大于 1 s 为宜。

燃料分级燃烧是将分解炉用煤分层送入分解炉不同位置，建立还原区，同时需要掌握好三次风位置以及分煤比例，否则容易出现高温结皮现象。

水泥行业采用的分解炉炉型有 30 多种，具有较低 NO_x 排放的分解炉大多采用分级燃烧的设计原理，常见的还原区位置有窑尾烟室、烟室上升烟道以及分解炉锥部等。

（3）窑尾烟气脱硝炉技术

窑尾烟气脱硝炉技术（PYROCLON®REDOX 水泥窑炉脱硝技术，由德国洪堡公司理论研究，天瑞水泥实施应用，合作推出的技术）是在原有窑尾烟室和分解炉之间增加烟气脱硝炉，将原分解炉用煤量的 30%～100%直接喂入脱硝炉中，煤粉经气化和不完全燃烧，产生的 CO 浓度不高于 5%，形成强还原气氛，可将回转窑内产生的 NO_x 完全还原为 N_2，对窑系统的总体脱硝效率可达 70%。为较好地控制温度，该装置同时对原分解炉进行分料（占生料比重的 10%～25%）。通过对原分解炉分煤、分料，起到分解炉外的预燃室和热风炉作用，相当于扩大了原分解炉的容积，有效地保障了石灰石分解能力，有助于提产。

2．末端治理技术

（1）选择性非催化还原技术（SNCR）

SNCR 脱硝技术是通过向高温烟气（850～1 100℃）中喷入还原剂（氨水或尿素），将烟气中的氮氧化物还原为氮气和水。水泥行业脱硝用还原剂一般采用氨水。

（2）选择性催化还原技术（SCR）

SCR 脱硝技术是将还原剂（氨水或尿素）喷入烟气，在催化剂的作用下，选择性地将烟气中的 NO_x 还原成 N_2 和 H_2O。SCR 脱硝技术目前已在煤电行业全面推广应用，为煤电行业实现超低排放奠定了基础。由于水泥行业烟气高粉尘和碱土金属易导致催化剂磨损、堵塞和中毒等特点，该技术在水泥厂一度被认为是不可行的技术。该技术最早由德国的 Solnhofen 水泥厂于 2006 年建成并投运，目前在欧美水泥工业得到广泛应用。我国于 2018 年开始学习国际先进技术。

水泥窑烟气从预热器 C1 筒出口排出时，温度为 280～350℃，烟气中粉尘浓度为 80～100 g/m^3，烟气经过余热锅炉进行余热回收发电，排出时温度降为 160～220℃，含尘浓度约为 55g/m^3；烟气再通过生料粉磨系统，进行物料烘干，最终经袋式收尘器除尘后排放，排出时温度为 80～120℃，含尘浓度可小于 10 mg/m^3。水泥窑窑尾烟气特点及走向如图 7-1 所示。

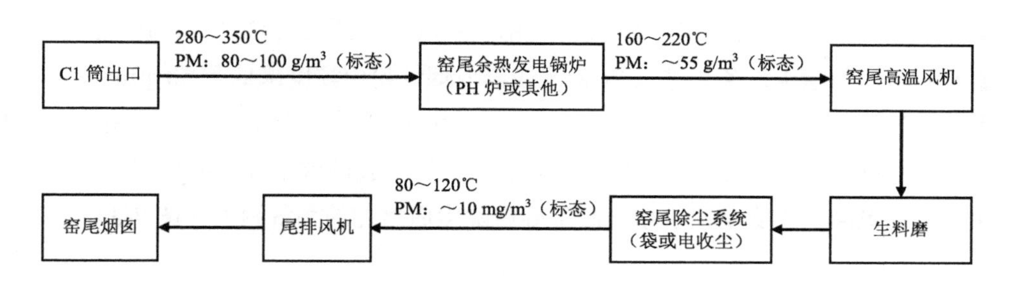

图 7-1　水泥窑窑尾烟气特点及走向

针对水泥窑炉烟气排放过程，SCR 脱硝工艺也可分为“高温布置”“中低温布置”“超低温布置”三种形式，即分别位于预热器 C1 筒出口后、余热锅炉高温风机后和窑尾收尘系统后，其中“高温布置”又分为高温中尘布置和高温高尘布置。由于水泥窑炉烟气湿含量较大，低温条件下易在催化剂材料表面冷凝结露，再加上硫胺的影响，“超低温布置”尚未得到实际工程应用。由于目前最为成熟的钒钛类催化剂最佳反应温度为 300～420℃，我国发展最快的是高温布置，与国外一致（主要的布置方式也是高温布置）。

高温高尘布置：该布置方案是将 SCR 脱硝系统放置于预热器 C1 出口与余热锅炉之间，此处烟气温度满足催化剂的最佳反应窗口，但烟气中粉尘浓度高，催化剂堵塞风险大，且粉尘中的碱性物质易造成催化剂中毒，降低催化剂使用寿命。相较于不采取末端 SCR 技术，高温高尘布置增加窑系统能耗，体现在三方面：一是增加 SCR 系统后导致系统阻力增大，为降低系统阻力增大对窑系统的影响，窑尾高温风机功率增大；二是清灰系统电耗，清灰系统电表记录包括罗茨风机、离心风机、空压机、清扫器行走电机、拉链机等设备用电量；三是 SCR 系统进出口温降，导致余热发电每小时发电量降低（图 7-2）。

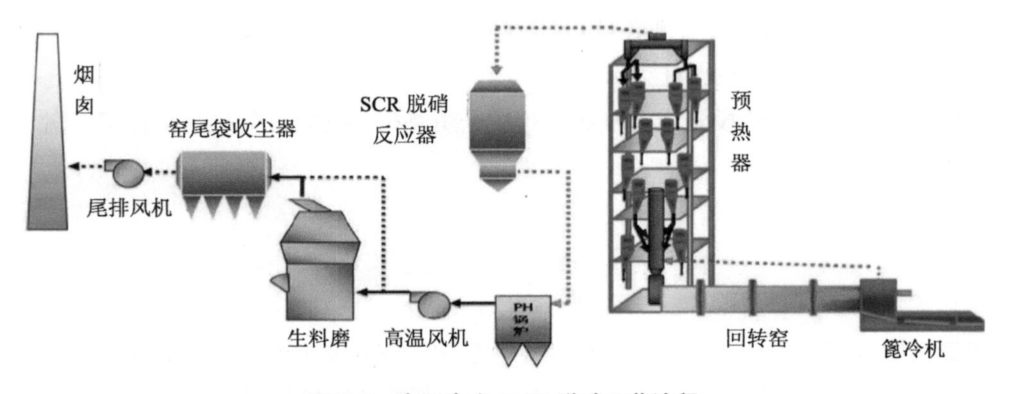

图 7-2　高温高尘 SCR 脱硝工艺流程

高温中尘布置：该布置方案是将 SCR 脱硝系统放置于预热器 C1 出口与余热锅炉之间，反应器前端增加预除尘设备，进入 SCR 反应器内烟气粉尘浓度降低至 50 g/m^3 以下，仍选用较大节距的催化剂，为避免催化剂堵灰，采用声波+耙式组合吹灰方式。相较于高温高尘布置，减小进入 SCR 反应器的高粉尘对催化剂材料脱硝效率及长期使用寿命的影响，但窑系统能耗更高，主要是由于增设高温静电除尘而增加的系统阻力（图 7-3）。

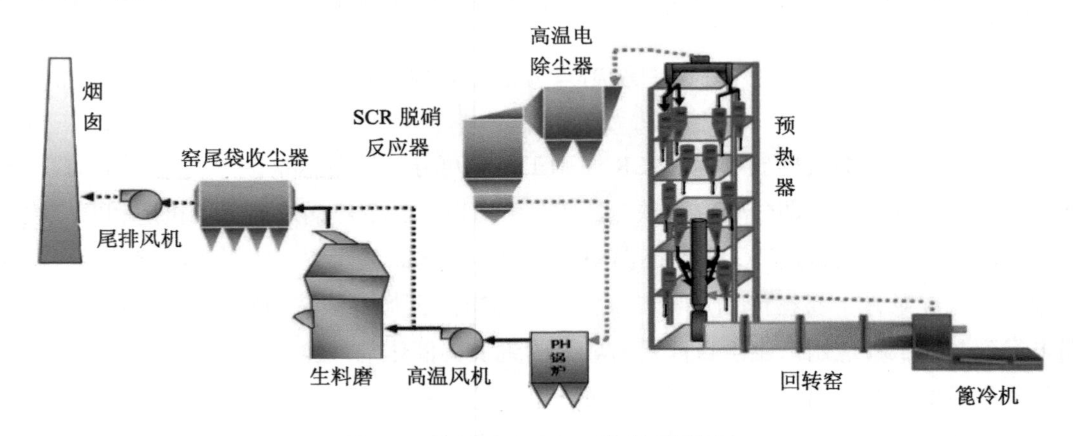

图 7-3　高温中尘 SCR 脱硝工艺流程

中低温中尘布置：“中低温布置”结合了高温中尘布置和高温高尘布置两种形式的特点，即 SCR 反应器置于余热锅炉高温风机后，这样对窑炉运行及余热锅炉发电效率都没有任何影响；由于余热锅炉中烟气粉尘的自然分离沉降，进入 SCR 反应器的烟气粉尘浓度仅为 55 g/m^3，与“高温中尘布置”基本相当，可以将烟气粉尘对催化剂材料脱硝效率及长期性能的不利影响降到最低，但中低温催化剂目前在研发试验中，还未大面积推广应用。低温中尘布置设计脱硝系统反应温度为 180～240℃，烟气走向：C1 筒出口→余热锅炉→高温风机→SCR 系统→生料磨 OR 布袋除尘器→尾排风机→烟囱。

（3）SNCR+SCR 联合脱硝技术

考虑到脱硝催化剂的投资成本较高，一般采用 SCR 技术的企业，均会与前端 SNCR 结合起来使用。

第四节　超低脱硝技术现状

根据全国排污许可证信息管理平台信息，我国 1 209 家水泥熟料企业 1 655 条生产线中，97.8%熟料生产线采取了脱硝措施。本书对全国超低脱硝技术现状的梳理，基于两个方面：一是已经评定为 A、B 级以及地方评估已达超低企业。通过各省生态环境主管部门官网公开信息的检索结果，截至 2021 年 11 月底，重点区域 11 个省（市）中，除北京尚未公开重污染天气重点行业绩效评级结果以外，其余 10 个地区均公开了结果（上海无熟料企业），非重点区域的四川也公开了其绩效评级结果。公开结果显示，11 个省（市）中，A 级、B 级企业分别为 18 家、128 家，对应生产线分别为 24 条、223 条。此外，河南于 2021 年 6 月公开了其超低排放监测评估结果，显示 50 家水泥熟料企业达到河南超低排放要求（除去同时满足国家 A、B 级的以外，仍有 23 家企业 31 条生产线）；浙江也于 2021 年 9 月公开了 1 家企业 1 条生产线经过了超低评估监测；上述合计 170 家企业 279 条生产线。二是由于安徽、河北和河南 3 省已于 2020 年发布地标，按照地标规定，目前全省水泥熟料企业氮氧化物限值均应执行 100 mg/m^3，因此本书拟将 3 省剩余水泥企业脱硝措施一并梳理。考虑两方面因素后，合计企业数量为 232 家涉及生产线为 362 条，占全国企业数量、生产线数量比例分别为 19.2%和 21.9%（表 7-4）。

表 7-4　全国超低脱硝技术企业分布情况

省份	已评定超低企业					应执行地标的剩余企业		合计	
	重污染天气重点行业绩效评级结果				通过省内超低评估监测				
	A 级		B 级						
	企业数量/家	生产线/条	企业数量/家	生产线/条	企业/生产线	企业数量/家	生产线/条	企业数量/家	生产线/条
山西	2	2	19	21	—	—	—	21	23
河南	4	4	23	31	50/66[①]	17	27	67	93
安徽	1	1	24	70	—	17	25	42	96
河北	8	14	28	39	—	28	31	64	84
山东	1	1	10	20	—	—	—	11	21
江苏	1	1	10	21	—	—	—	11	22
天津	1	1	0	0	—	—	—	1	1
陕西	0	0	2	4	—	—	—	2	4
四川	0	0	12	17	—	—	—	12	17
浙江	—	—	—	—	1/1	—	—	1	1
合计	18	24	128	223	—	62	83	232	362

注：①河南省通过省内超低评估监测的企业共 50 家，生产线 66 条，除掉已评为国家 A、B 级的 27 家 35 条生产线以外，剩余尚有 23 家 31 条生产线。

上述生产线中，除山东省某 JT 窑企业未采取脱硝措施为 B 级企业、河北省某特种水泥企业未采取脱硝措施以外，其余 354 条生产线均采取了脱硝措施。354 条生产线中，细分脱硝技术组合包括 16 种，SNCR 脱硝为主体技术的共 265 条生产线，占比为 74.9%；SCR 技术共 65 条生产线，占比为 18.4%；烟气脱硝炉技术的 15 条生产线，占比为 4.2%；其余技术则包括自还原脱硝、ERD、LCR、热碳催化还原复合脱硝等，占比为 2.5%（表 7-5）。需要说明的是，脱硝技术来自全国排污许可证信息管理平台中许可证副本、执行报告中污染治理设施信息以及调研收集，与实际情况可能存在偏差。

表 7-5 超低排放企业脱硝技术现状

脱硝技术		生产线数量		占比/%	
SNCR	低氮燃烧器+分解炉分级燃烧+SNCR	265	85	74.9	24.0
	低氮燃烧器/分解炉分级燃烧+SNCR		121		34.2
	SNCR		48		13.6
	低氮燃烧器和（或）分解炉分级燃烧+精准 SNCR		11		3.1
SCR[①]	SCR	65	1	18.4	0.3
	SNCR+SCR		7		2.0
	低氮燃烧器/分解炉分级燃烧+SNCR+SCR		20		5.6
	低氮燃烧器+分解炉分级燃烧+SNCR+SCR		37		10.5
烟气脱硝炉	低氮燃烧器和（或）分解炉分级燃烧+烟气脱硝炉+SNCR	15	15	4.2	4.2
ERD	ERD	4	3	1.1	0.8
	低氮燃烧器+分级燃烧+SNCR+ERD		1		0.3
LCR	低氮燃烧器+分解炉分级燃烧+SNCR+LCR	1	1	0.3	0.3
蒸汽低氮燃烧+SNCR		1	1	0.3	0.3
低氮燃烧器+自还原脱硝+SNCR		1	1	0.3	0.3
热碳催化还原复合脱硝		1	1	0.3	0.3
低氮燃烧		1	1	0.3	0.3
合计		354		100.00	

注：①我国目前 SCR 技术路线主要包括高温高尘、高温中尘两种，中低温中尘路线目前也在试点示范中。

从各省情况来看，脱硝技术种类较多，超低推行较快的省份中，安徽海螺集团采用了SCR 技术（高温高尘，包括蒂森克虏伯技术和海螺设计院国产化技术），其余企业均未采用该技术，而是采用 SNCR 为主体的脱硝技术（含精准 SNCR）；河南技术类型较为多样化，烟气脱硝炉技术、SCR、LCR 以及 SNCR 为主体的技术并存，以烟气脱硝炉技术、SCR 技术（西矿环保高温中尘、河南康宁特高温中尘、福建远致高温中尘）为主；河北技术包括 SCR 技术（西矿环保高温中尘）、SNCR 为主体的技术（智能精准 SNCR 等）。

从水泥大型企业集团来看，各大型水泥企业集团均在开展水泥行业超低排放改造，安徽海螺集团脱硝技术路线以高温高尘 SCR 为主，天瑞集团以烟气脱硝炉为主，中国建材集团和金隅冀东则技术路线多样、涉及精准脱硝等技术。

第五节　典型技术应用及工程案例

鉴于目前技术种类较多，结合各省（区、市）和大型企业集团脱硝技术分布情况来看，超低主流技术为 SCR、烟气脱硝炉以及 SNCR 结合低氮燃烧、分级燃烧技术，本书针对各技术特点，采用资料调研、收集长期运行数据等方式，对上述三种技术，结合典型案例对技术实施前后企业运行稳定情况、氨水单耗以及能耗情况等方面进行评估，以总结成功经验，分析潜在问题，推动超低排放超低技术的科学发展，为行业推荐可行的脱硝技术路线提供技术和案例支撑。此外，对于 SCR 技术，由于目前应用较多的高温中尘与高温高尘 SCR 技术原理一致，本书仅进行高温高尘 SCR 系统的评估。

一、高温高尘 SCR 系统结合 SNCR 技术

1．技术应用情况

该技术目前主要在安徽海螺集团企业 13 家企业 35 条生产线投入使用，在台泥等其他集团水泥企业也有应用。该技术由水泥窑预热器出口（C1 筒）风管引烟气进入 SCR 反应器进行脱硝反应，出 SCR 反应器的烟气重新回预热器烟气风管。在预热器汇总风管和入 SCR 反应器的风管上分别设有阀门，用来实现 SCR 系统运行、脱开和检修。在预热器 C2 筒出口或 C5 旋风筒位置设置喷氨水装置（一般采用 20%氨水作为还原剂）。在 SCR 反应器底部设置拉链机，将沉降下来的粉尘送入生料均化库。SCR 脱硝工艺流程如图 7-4 所示。

在该技术实施过程中，同步对预热器 C1 筒实施改造，使之发挥预收尘作用，将窑尾烟气颗粒物从 100 g/m^3 降至 60 g/m^3，预收尘后的窑尾烟气进入 SCR 系统。同时，对 SCR 系统设置旁路挡板，一旦 SCR 发生故障，烟气不进入 SCR 系统。

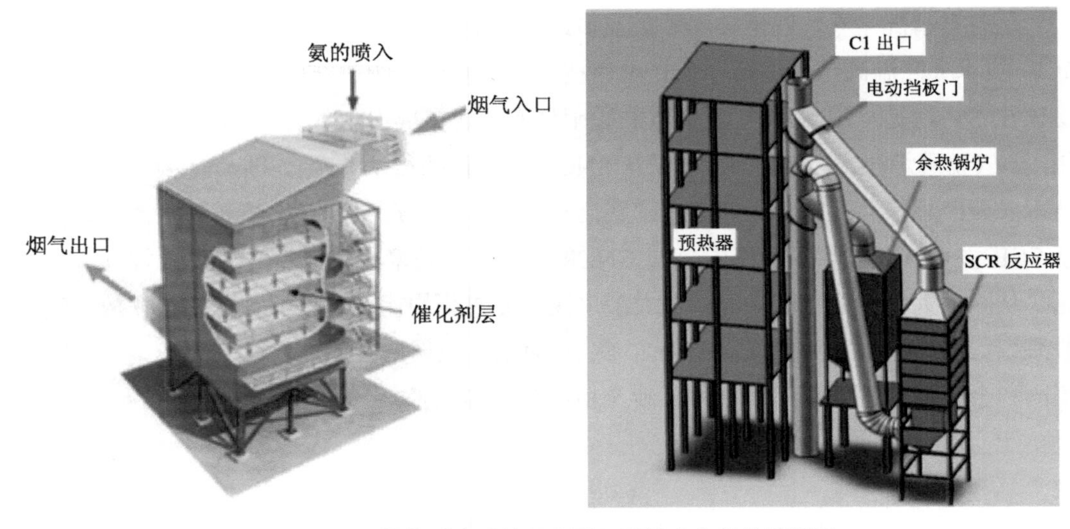

图 7-4　SCR 催化反应系统示意图及系统中安装位置情况

2．监测与评估结果

本报告根据企业在全国排污许可证信息管理平台上填报执行报告数据完整性等情况，选取实施该技术的 10 家典型企业（均于 2017 年首次申领了排污许可证），兼顾企业氮氧化物执行不同限值的情况，其中“某企业 1”为 A 级企业，其余 9 家均为 B 级企业，获取了 2018—2021 年水泥熟料产量、氨水消耗量（能反映一定周期内变化情况）；并通过重点排污单位自动监控与数据库系统获取了 2021 年典型季度企业小时在线监测数据；此外，通过调研收集到了其中部分企业 SCR 系统性能考核验收监测资料。通过上述数据来评估企业实施该技术后的情况。

（1）氮氧化物排放情况

氮氧化物排放浓度情况：本报告通过重点排污单位自动监控与数据库系统查看了 10 家典型企业中部分生产线（多条生产线的选择其中一条生产线）配置 SCR 后，2021 年典型季度氮氧化物小时均值排放浓度情况。氮氧化物排放浓度均稳定保持在应执行限值以下，小时均值浓度满足限值要求数据量占比均在 98%以上，满足参照的《关于推进实施钢铁行业超低排放的意见》（环大气〔2019〕35 号）中“达到超低排放的钢铁企业每月至少 95%以上时段小时均值排放浓度满足要求”中 95%以上时段的要求（表 7-6）。

氮氧化物绝对减排量情况：SCR 技术实施后，企业绝对减排量非常可观，以 10 家企业中的“某企业 9”为例，该企业有 2 条生产线，规模均为 5 000 t/d，2018 年、2019 年氮氧化物排放量相当，从 2020 年第四季度开始（两条生产线 SCR 系统投运），氮氧化物排放量大幅削减，到 2021 年，第一—第三季度排放量之和小于 2020 年第三季度排放量。这些季度中，2019 年第二季度与 2021 年第三季度熟料产量相当，但前者氮氧化物排放量为后者的 15.5 倍（表 7-7、图 7-5）。

表 7-6　典型企业一定时间段内氮氧化物排放浓度情况

企业名称	级别	生产线	数据时间段	氮氧化物限值/(mg/m³)	氮氧化物小时均值/（mg/m³）		
					范围	平均值	小时均值浓度在执行限值的数据量占比/%
某企业 1	A 级	1#	2021 年 4—6 月	50	28～249	40	99.1
某企业 2	B 级	4#		100	17～93	55	100.0
某企业 3		1#			13～452	64	99.9
某企业 4		1#			20～187	71	99.9
某企业 5		1#			25～568	75	98.7
某企业 6		4#			3～92	27	100.0
某企业 7		3#			5～144	55	99.9
某企业 8		1#			5～206	64	99.7
某企业 9		A#			10～122	30	99.9
某企业 10		1#	2021 年 7—9 月		11～376	69	99.8

注：各企业生产线均已投运，根据 SCR 投运时间确定的数据时间段。

表 7-7　2018—2021 年“某企业 9”熟料产量和氮氧化物排放量情况

时间段	熟料产量/t	氮氧化物排放量/t	时间段	熟料产量/t	氮氧化物排放量/t
2018-一季度	908 565	712.38	2020-一季度	662 709	328.74
2018-二季度	1 060 491	767.09	2020-二季度	1 063 746	456.53
2018-三季度	824 057	613.87	2020-三季度	1 082 336	458.34
2018-四季度	940 641	520.77	2020-四季度	1 035 342	201.06
2018 年	3 733 754	2 614.12	2020 年	3 844 133	1 444.67
2019-一季度	977 601	772.24	2021-一季度	820 845	155.06
2019-二季度	1 071 590	818.75	2021-二季度	1 045 177	62.75
2019-三季度	947 136	646.23	2021-三季度	1 074 042	52.67
2019-四季度	949 516	606.14	三季度合计	2 940 064	270.48
2019 年	3 945 843	2 843.36			

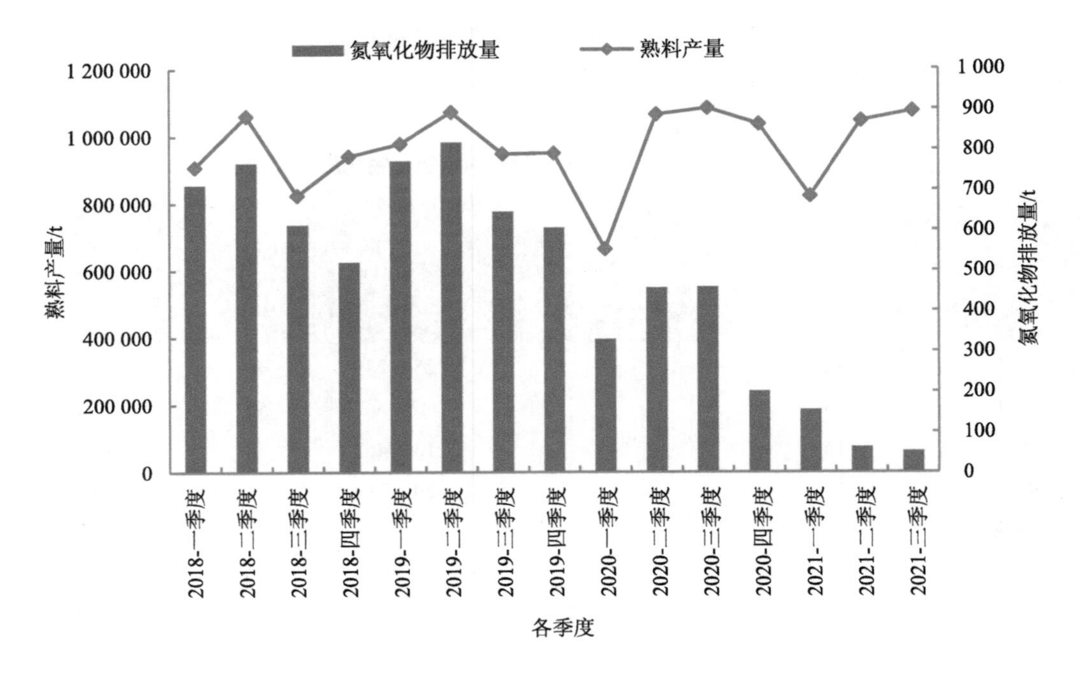

图 7-5 “某企业 9”2018—2021 年各季度相关情况

（2）SCR 投运前后氨水单耗和氮氧化物排放强度情况

总体上，2018—2021 年，各企业均为氮氧化物强度越低、氨水单耗越高。2018 年各企业氮氧化物排放强度高，氨水单耗较低；10 家企业先后于 2019—2021 年进行了脱硝环保设施改造（其中“某企业 2”“某企业 7”“某企业 8”尚有部分生产线尚未进行改造），末端配置高温高尘 SCR 系统后，氮氧化物排放强度降低。2021 年最小的为某企业 1，仅 0.071 kg/t 熟料［按照《排污许可证申请与核发技术规范 水泥工业》（HJ 847—2017）中基准烟气量 2 500 m^3/t 熟料折算，排放浓度为 28.4 mg/m^3］，相应地，2021 年氨水单耗有所上升；2021 年氨水单耗最大的为“某企业 2”（该公司 7 条生产线，尚有 3 条生产线未改造），为 3.846 kg/t 熟料，2018—2021 年氨水单耗均低于目前国家重污染天气 A、B 级要求的 4 kg/t 熟料（25%质量浓度）。由于目前尚有部分企业部分生产线尚未配置 SCR 系统，且氨水消耗与各企业环保管理水平、前端低氮燃烧技术控制、SNCR 喷枪位置等都有关联，现有数据仅能大体反映两者趋势关系，尚不能非常精准地建立氮氧化物排放与氨水单耗的对应关系（表 7-8、图 7-6）。

表 7-8　10 家典型企业氮氧化物排放和氨水单耗情况

企业名称	年份	氮氧化物平均排放强度/（kg/t 熟料）	氨水平均单耗/（kg/t 熟料，25% 浓度）	企业名称	年份	氮氧化物平均排放强度/（kg/t 熟料）	氨水平均单耗/（kg/t 熟料，25% 浓度）
某企业 1	2018	0.275	2.549	某企业 6	2018	0.546	2.323
	2019	0.233	2.926		2019	0.490	2.488
	2020	0.203	2.736		2020（二—四季度）	0.406	2.773
	2021	0.071	2.792		2021（二—三季度）	0.094	2.552
某企业 2	2018	0.774	2.592	某企业 7	2018	0.574	2.070
	2019	0.627	2.433		2019	0.508	2.057
	2020	0.345	2.729		2020	0.396	2.182
	2021（仅第三季度）	0.103	3.846		2021	0.155	2.919
某企业 3	2018	0.744	2.284	某企业 8	2018	0.483	1.938
	2019	0.553	2.360		2019	0.511	2.037
	2020	0.315	2.937		2020	0.466	3.028
	2021	0.124	2.856		2021	0.155	3.723
某企业 4	2018	0.845	1.659	某企业 9	2018	0.700	2.001
	2019	0.711	1.752		2019	0.721	2.024
	2020	0.328	2.460		2020	0.376	2.717
	2021	0.169	2.454		2021	0.092	2.942
某企业 5	2018	0.635	2.610	某企业 10	2018	0.682	2.444
	2019	0.357	2.941		2019	0.634	2.512
	2020	0.280	3.308		2020	0.324	3.338
	2021	0.111	3.083		2021	0.167	3.444

注：2021 年数据中，除特别标明的内容以外，其余均为一—三季度的平均数。

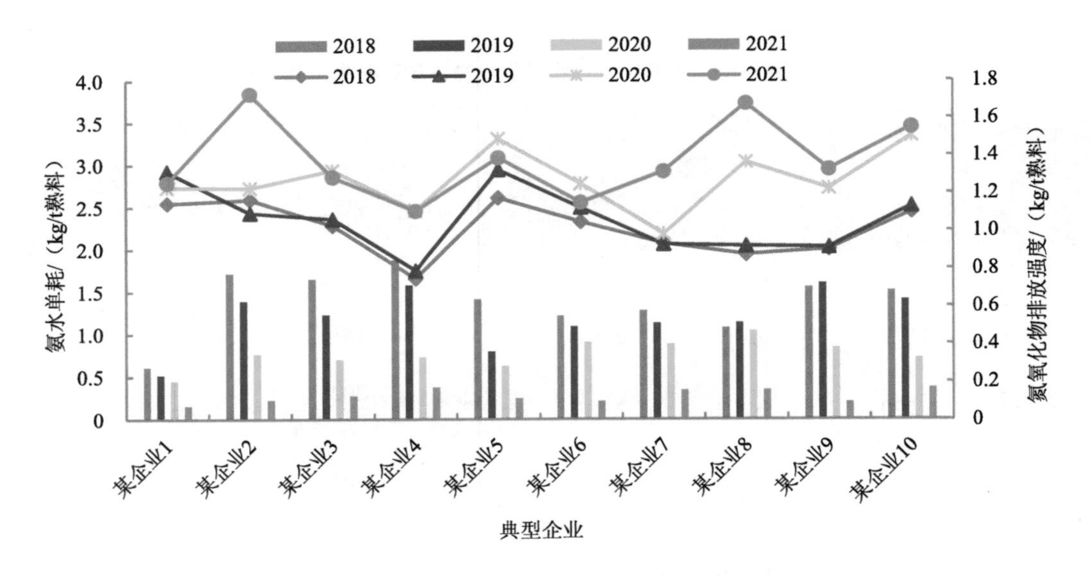

图 7-6　10 家企业 2018—2021 年氮氧化物强度与氨水单耗关系

仍以“某企业 9”为例，来说明 2018—2021 年各季度氮氧化物排放强度与氨水单耗之间的关系。可以看出，各季度间，氮氧化物排放强度由 2018 年第一季度的 0.784 kg/t 熟料降至 2021 年第三季度的 0.049 kg/t 熟料，前者为后者的 16 倍，而由于企业配置了 SCR 系统，氨水单耗虽然仍有所上升，但仅为 2018 年第一季度的 1.5 倍；企业 2020 年第四季度（2020 年 11 月）SCR 系统投运后，氮氧化物排放强度下降趋势较为明显，2021 年第一季度氨水单耗达峰值，说明系统投运初期，仍有不稳定的情况，第二—第三季度，氨水单耗持续下降（图 7-7）。

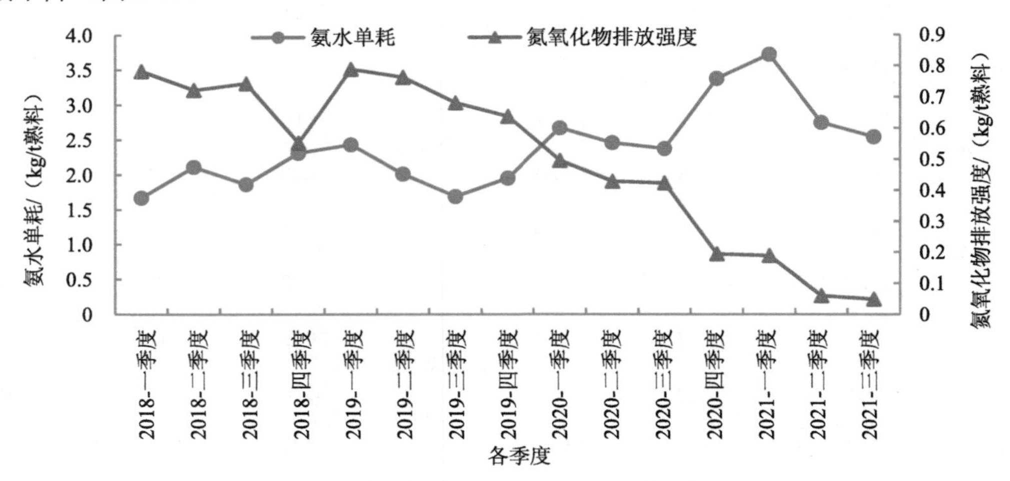

图 7-7　“某企业 9”各季度氮氧化物强度与氨水单耗关系

（3）SCR 系统脱硝效率

本报告同步收集了 10 家企业中部分企业的 SCR 系统性能考核验收监测资料，性能考核期间，SNCR 系统停止运行，仅 SCR 系统运行。对 SCR 系统入口、出口氮氧化物均进行了监测。监测结果表明，SCR 系统脱硝效率为 90.6%～96.1%。

（4）窑系统电耗增加情况

增设 SCR 后，窑系统电耗增加。性能考核验收监测资料显示，SCR 系统进出口压差平均在 480～590 Pa，窑尾高温风机功率需扩大，电耗增加；清灰系统增减电耗平均为 1.13～1.55 kW·h/t 熟料；SCR 系统进出口降温可控制在 10℃以下，使后端余热发电锅炉小时发电量降低；上述数值均小于该技术设计指标要求。据测算，“某企业 1”配套 SCR 系统后，窑系统电耗增加 3.53 kW·h/t 熟料。

（5）环境经济效益分析

安徽海螺集团首先引进国外全套装置，建立了国内首套高温高尘 SCR 装置，成本较高，总投资约为 5 800 万元，运行成本约为 4.48 元/t 熟料（含氨水、用电量、催化剂等）；在控制氮氧化物同等排放水平情况下，氨水单耗有较大幅度下降。该技术国产化后总投资有大幅度下降，约为 2 500 万元（5 000 t/d 熟料生产线），运行成本也降为 3.58 元/t 熟料。

3．评估结论

高温高尘 SCR 系统结合 SNCR 技术，在线监测数据显示，氮氧化物排放可控，98%以上氮氧化物排放浓度均稳定保持在应执行限值以下；在控制氮氧化物同等排放水平情况下，氨水单耗下降，且氨水单耗峰值小于环办大气函〔2020〕340 号中 A、B 级 4 kg/t 熟料（25%质量浓度）的要求。

但是，该套技术对 SCR 系统设置了旁路挡板（SCR 堵塞后，切换至只使用末端 SNCR），且目前稳定运行时间均不足 3 年，对 SCR 系统稳定运行情况、催化剂更换情况（催化剂设计使用寿命为 2.4 万 h）还未进行系统总结；同时，该套技术增加窑系统能耗，在当前“30 • 60”双碳目标、能耗双控背景下，对其也应进行综合评估；此外，废催化剂处置问题也需引起重视。上述工作需通过跟踪评估进一步掌握情况。

二、烟气脱硝炉结合 SNCR 技术

1．技术应用情况

该技术主要在天瑞集团、湖波集团、金隅冀东等水泥企业使用，已在 10 余家企业生产线投入使用。该技术在原有窑尾烟室和分解炉之间增加烟气脱硝炉，将原分解炉用煤量的 30%～100%直接喂入脱硝炉中，煤粉经气化和不完全燃烧，产生的 CO 浓度不高于 5%，形成强还原气氛，可将回转窑内产生的 NO_x 完全还原为 N_2，对窑系统的总体脱硝效率可

达 70%。为较好地控制温度，该装置同时对原分解炉进行分料（占生料比重的 10%～25%）。分解炉产生的燃料型 NO_x 则仍依靠 SNCR 技术进行去除。

2．监测与评估结果

本书根据企业在全国排污许可证信息管理平台上填报执行报告数据完整性等情况，选取实施该技术的 3 家典型企业（均于 2017 年首次申领了排污许可证，均为 A 级企业），获取了 2018—2021 年水泥熟料产量、氨水消耗量（能反映一定周期内变化情况）；并通过重点排污单位自动监控与数据库系统获取了 2021 年典型季度企业小时在线监测数据。通过上述数据来评估企业实施该技术后的情况。

（1）氮氧化物排放情况

氮氧化物排放浓度情况：本书通过重点排污单位自动监控与数据库系统查看了 3 家典型企业中各生产线（3 家企业均为一条生产线）配置烟气脱硝炉后的氮氧化物一个季度小时均值排放浓度情况，“某企业 11”和“某企业 12”按照当地要求，除对窑尾污染物除颗粒物、二氧化硫和氮氧化物安装在线监测设施以外，对氨也安装了在线监测设施（已联网）。可以看出，氮氧化物排放浓度均稳定保持在应执行限值以下，小时均值浓度满足限值要求数据量占比均在 96%以上，满足参照的《关于推进实施钢铁行业超低排放的意见》中“达到超低排放的钢铁企业每月至少 95%以上时段小时均值排放浓度满足要求”中 95%以上时段的要求；氨排放浓度满足均当地地标标准限值要求（8 mg/m^3）（表 7-9）。

表 7-9　典型企业一定时间段内氮氧化物排放浓度情况

企业名称	级别	生产线	数据时间段	氮氧化物限值/（mg/m^3）	氮氧化物小时均值/（mg/m^3）			氨/（mg/m^3）	
					范围	平均值	小时均值浓度在执行限值的数据量占比/%	范围	平均值
某企业 11	A 级	1#	2021 年 4—6 月	50	15～81	38	97.1	0.69～7.92	3.86
某企业 12		1#			19～354	42	98.4	0.01～5.28	1.38
某企业 13		1#	2021 年 7—9 月		10～643	40	96.6	—	—

氮氧化物绝对减排量情况：该技术实施后，企业绝对减排量较为可观，以其中的“某企业 13”为例，该企业有 1 条生产线，规模均为 5 000 t/d，该企业 2020 年 2—3 月，采用烟气脱硝炉改造，同年 6 月完成验收。可以看出，配置烟气脱硝炉技术后，在当季熟料产量增加情况下，氮氧化物排放量有大幅度削减（表 7-10、图 7-8）。

表 7-10　2018—2021 年各季度“某企业 13”相关情况

时间段	熟料产量/t	氮氧化物排放量/t	时间段	熟料产量/t	氮氧化物排放量/t
2018-一季度	275 290	200.86	2020-一季度	299 716	148.94
2018-二季度	350 584	188.6	2020-二季度	513 034	62.69
2018-三季度	486 586	207.66	2020-三季度	515 863	65.65
2018-四季度	463 818	235.41	2020-四季度	449 186	57.3
2018 年	1 576 278	832.53	2020 年	1 777 799	334.58
2019-一季度	330 049	155.93	2021-一季度	277 161	32.27
2019-二季度	513 006	229.57	2021-二季度	590 553	67.79
2019-三季度	482 448	223.92	2021-三季度	613 924	64.41
2019-四季度	496 548	242.47	三季度合计	1 481 638	164.47
2019 年	1 822 051	851.89			

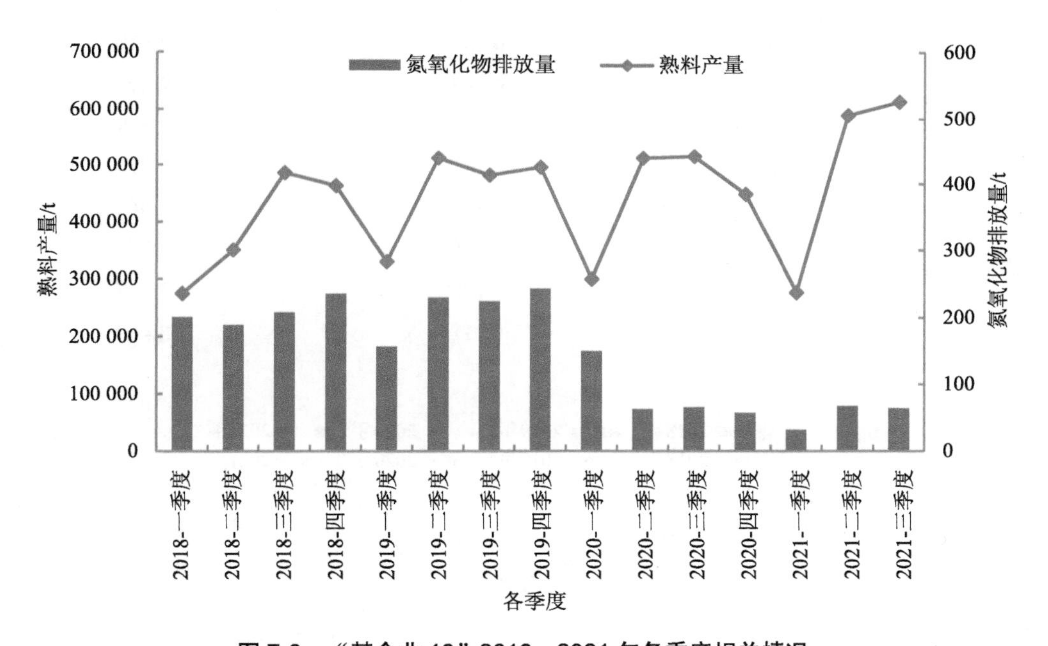

图 7-8　“某企业 13”2018—2021 年各季度相关情况

（2）烟气脱硝炉技术投运前后氨水单耗情况

总体上，2018—2021 年，各企业均为氮氧化物强度越低、氨水单耗越高。2018 年各企业氮氧化物排放强度高，氨水单耗较低；“某企业 11”“某企业 12”“某企业 13”分别于 2020 年 9—10 月、2018 年 10 月—2019 年 1 月、2020 年 2—3 月进行了烟气脱硝炉技术改造。进行技术改造后，氮氧化物排放强度下降，氨水单耗在整体上维持较低水平，呈下降趋势，2021 年氨水单耗均低于目前国家重污染天气 A、B 级要求的 4 kg/t 熟料（25%质量浓度）。按照烟气脱硝炉的技术原理，其形成强还原性气氛将回转窑（占整个窑系统的 60%～80%）内产生的氮氧化物完全还原为氮气，公司配套的 SNCR 措施只是处理分解炉部分产生的燃料型氮氧化物。从氨水消耗情况来看，烟气脱硝炉尚不能对回转窑部分产生的氮氧化物完全还原，烟气脱硝炉效果有待进一步论证（表 7-11、图 7-9）。

表 7-11　3 家典型企业氮氧化物排放和氨水单耗情况

企业名称	年份	氮氧化物平均排放强度/（kg/t 熟料）	氨水平均单耗/（kg/t 熟料，25%浓度）
某企业 11	2018	0.498	2.729
	2019	0.218	3.812
	2020	0.137	4.020
	2021	0.127	3.524
某企业 12	2018	0.287	2.638
	2019	0.085	2.894
	2020	0.094	2.378
	2021	0.101	2.776
某企业 13	2018	0.528	2.042
	2019	0.468	1.752
	2020	0.188	3.577
	2021	0.111	3.460

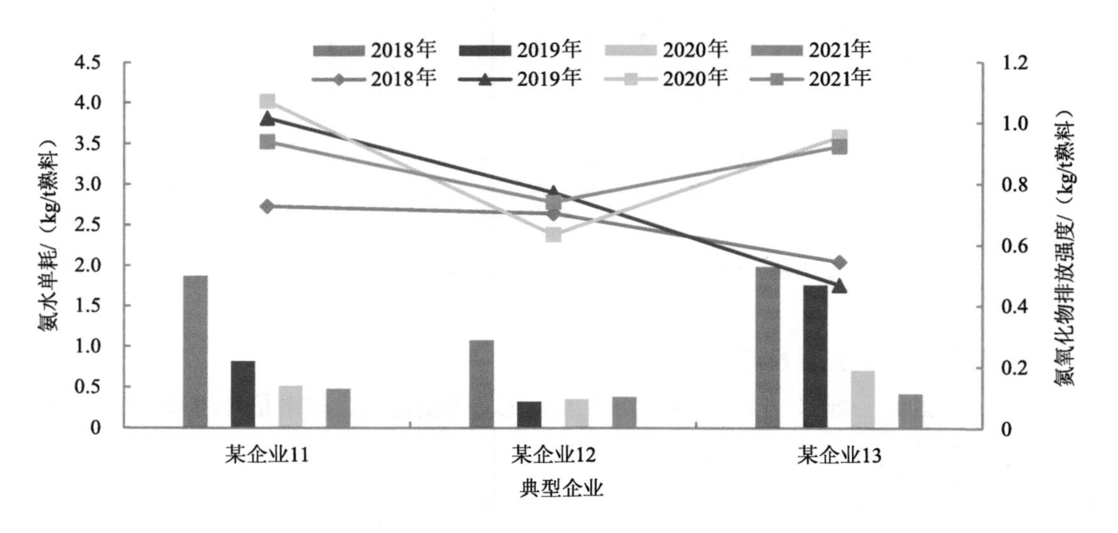

图 7-9　3 家企业 2018—2021 年氮氧化物强度与氨水单耗关系

仍以“某企业 13”为例，来说明 2018—2021 年各季度氮氧化物排放强度与氨水单耗间的关系。可以看出，各季度间，氮氧化物排放强度由 2018 年第一季度的 0.730 kg/t 熟料降至 2021 年第三季度的 0.105 kg/t 熟料，前者为后者的 7 倍，而由于企业配置了烟气脱硝炉，氨水单耗虽然仍有所上升，但仅为 2018 年第一季度的 1.3 倍；企业 2020 年第二季度烟气脱硝炉系统投运后，氮氧化物排放强度下降趋势较为明显，2021 年第三季度氨水单耗达峰值，说明系统投运初期，仍有不稳定的情况，到 2021 年，氨水单耗较为稳定，呈下降趋势（图 7-10）。

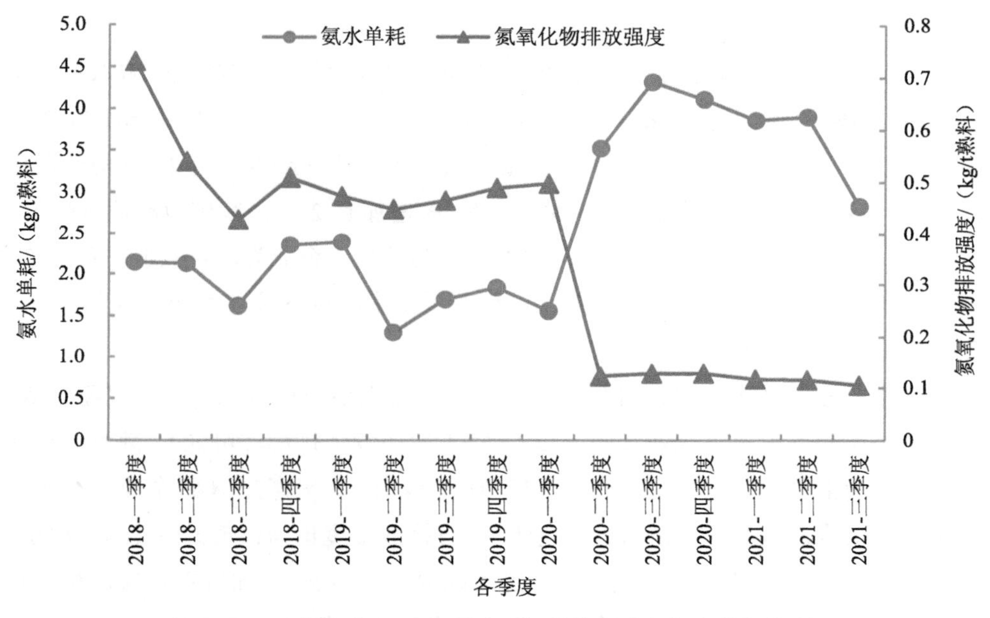

图 7-10　“某企业 13”各季度氮氧化物强度与氨水单耗关系

（3）环境经济效益分析

烟气脱硝炉为源头治理技术，总投资约为 3 000 万元，因该技术不使用催化剂、不增加电耗，其运行成本低于 SCR 技术。但安装烟气脱硝炉，由于分解炉锥部拆除需要停窑进行对接，该技术投运调试期对生产操作人员要求较高（如应关注并控制脱硝炉温度，以调整分煤量和分料量；根据窑尾、分解炉出口及 C1 筒出口烟气成分，分析判断各部位燃烧状态，指导生产操作）。

3．评估结论

烟气脱硝炉结合 SNCR 技术，在线监测数据显示，氮氧化物排放可控，96%以上氮氧化物排放浓度均稳定保持在 50 mg/m^3 以下；运行稳定后，氨水单耗均小于环办大气函〔2020〕340 号中 A、B 级 4 kg/t 熟料（25%质量浓度）的要求。

但是，由典型企业近年来氨水单耗情况梳理来看，采用该技术后，氨水单耗有近两个季度维持在较高水平，说明该技术在运行初期对窑尾氮氧化物去除有限、SNCR 喷氨量较大，可能存在生产操作不当等问题，该技术要大面积推广，尚需进一步跟踪监测、积累经验。此外，由于该技术增加烟气脱硝炉，在脱硝炉内发生不完全燃烧产生大量的 CO，应关注系统中 CO 的浓度，确保脱硝系统的技术安全性。

三、SNCR 结合低氮燃烧器、分解炉分级燃烧技术

1. 技术应用情况

本报告梳理结果表明，超低排放企业中 70%以上生产线末端仅配置 SNCR 技术。不同于 SCR 技术 70%～90%的脱硝效率，SNCR 脱硝效率通常为 30%～60%。SNCR 脱硝效率与喷氨量密切相关，采用 SNCR 技术时，最佳氨氮摩尔比（NSR）为 1.3（对应脱硝效率 60%），随着 NSR 增加，脱硝效率随之增大，NSR 增加到 2 时，脱硝效率达到峰值 80%，再增大 NSR，脱硝效率无明显变化，但增加了氨逃逸量。企业为满足较低排放标准限值，过量喷氨现象严重，氨水利用率低，多余的氨对下游生产设备及环境均造成危害。

2. 监测与评估结果

本报告根据企业在全国排污许可证信息管理平台上填报执行报告数据完整性等情况，选取实施该技术的 6 家典型企业（均于 2017 年首次申领了排污许可证），兼顾企业氮氧化物执行不同限值的情况，其中“某企业 14”为 A 级企业，4 家为 B 级企业，另外 1 家为按照当地地标要求应执行 100 mg/m^3 的企业（许可排放浓度也为该值）。获取了 2018—2021 年水泥熟料产量、氨水消耗量（能反映一定周期内变化情况）；通过重点排污单位自动监控与数据库系统获取 2021 年典型季度企业小时在线监测数据。通过上述数据来评估企业实施该技术后的情况。

（1）氮氧化物排放情况

本报告通过重点排污单位自动监控与数据库系统查看了 6 家典型企业中部分生产线（多条生产线的选择其中一条生产线）2021 年第三季度氮氧化物小时均值排放浓度情况，可以看出，氮氧化物排放浓度均稳定保持在应执行限值以下，小时均值浓度满足限值要求数据量占比均在 99%以上，满足参照的《关于推进实施钢铁行业超低排放的意见》中“达到超低排放的钢铁企业每月至少 95%以上时段小时均值排放浓度满足要求”中 95%以上时段的要求（表 7-12）。

表 7-12　典型企业 2021 年第三季度氮氧化物排放浓度情况

企业名称	级别	生产线	氮氧化物限值/（mg/m³）	氮氧化物小时均值		
				范围/（mg/m³）	平均值/（mg/m³）	小时均值浓度在执行限值的数据量占比/%
某企业 14	A 级	1#	50	7～174	39	99.2
某企业 15	B 级	2#	100	4～596	31	99.1
某企业 16	B 级	1#	100	25～519	60	99.7
某企业 17	B 级	3#	100	12～182	38	99.4
某企业 18	B 级	2#	100	7～817	50	99.3
某企业 19	—	1#	100	26～259	68	99.9

氮氧化物绝对减排量情况：企业实行超低要求后，企业有一定的减排量，以 6 家企业中的“某企业 17”为例，该企业有 3 条生产线，规模分别为 1 000 t/d、2 500 t/d 和 2 500 t/d，2018 年、2019 年各季度氮氧化物排放量相当，从 2020 年第四季度开始（绩效评级为 B 级），氮氧化物排放量大幅削减。该公司 2018 年第二季度与 2021 年第二季度熟料产量基本相当，但前者氮氧化物排放量为后者的 5 倍（表 7-13、图 7-11）。

表 7-13　2018—2021 年各季度“某企业 17”相关情况

时间段	熟料产量/t	氮氧化物排放量/t	时间段	熟料产量/t	氮氧化物排放量/t
2018-一季度	312 120.19	193.9	2020-一季度	412 724.68	148
2018-二季度	479 586	245.2	2020-二季度	488 063.94	159.8
2018-三季度	355 622.62	171.3	2020-三季度	472 529.76	135.1
2018-四季度	394 293.19	160.33	2020-四季度	356 794.57	66
2018 年	1 541 622.17	770.73	2020 年	1 730 112.95	508.9
2019-一季度	—	—	2021-一季度	411 350.3	47.4
2019-二季度	—	—	2021-二季度	505 954.83	49.37
2019-三季度	448 673.85	173.6	—	—	—
2019-四季度	435 075.28	187.7	—	—	—
2019 年	—	—	—	—	—

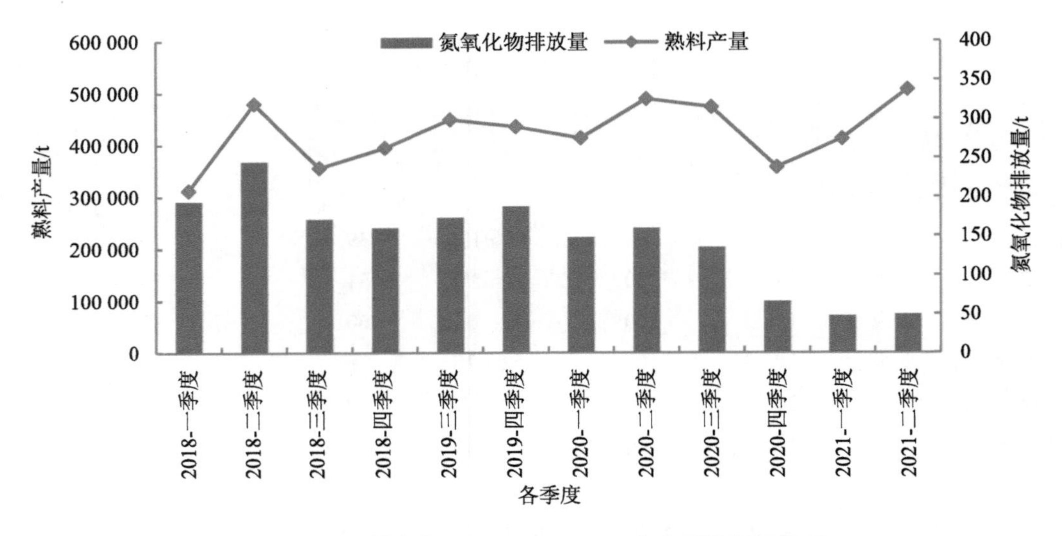

图 7-11 “某企业 17”2018—2021 年各季度相关情况

（2）企业氨水单耗情况

在 6 家企业中，2018—2021 年，仅“某企业 19”氨水单耗均低于国家重污染天气 A、B 级要求的 4 kg/t 熟料（25%质量浓度）。但可以看出，随着氮氧化物排放强度降低，氨水单耗成倍上升，对应关系非常明显；其余 5 家企业中，氨水单耗均有超出 4 kg/t 熟料的时段，其中“某企业 14”和“某企业 18”，在氮氧化物排放强度不同时，氨水单耗均大于 4 kg/t 熟料，尤其是“某企业 18”，2018 年氮氧化物强度为 0.667 kg/t 熟料（按照 HJ 847—2017 中基准烟气量 2 500 m^3/t 熟料折算，排放浓度为 266.8 mg/m^3），氨水单耗也高达 5.457 kg/t 熟料。总体上，氮氧化物排放强度越低，氨水单耗越高，且氨水单耗上升趋势明显，凸显出企业为达到较低氮氧化物排放限值，加大喷氨量（表 7-14、图 7-12）。

表 7-14 6 家典型企业氮氧化物排放和氨水单耗情况

企业名称	年份	氮氧化物平均排放强度/（kg/t 熟料）	氨水平均单耗/（kg/t 熟料，25% 浓度）	企业名称	年份	氮氧化物平均排放强度/（kg/t 熟料）	氨水平均单耗/（kg/t 熟料，25% 浓度）
某企业 14	2018	0.233	4.629	某企业 17	2018	0.500	2.209
	2019	0.221	4.716		2019（三—四季度）	0.409	3.601
	2020	0.102	4.146		2020	0.294	3.426
	2021	0.075	4.359		2021	0.098	6.040

企业名称	年份	氮氧化物平均排放强度/（kg/t 熟料）	氨水平均单耗/（kg/t 熟料，25% 浓度）	企业名称	年份	氮氧化物平均排放强度/（kg/t 熟料）	氨水平均单耗/（kg/t 熟料，25% 浓度）
某企业 15	2018	0.309	3.178	某企业 18	2018	0.667	5.457
	2019	0.169	4.096		2019	0.513	7.050
	2020	0.105	6.773		2020	0.321	6.049
	2021（仅第三季度）	0.096	5.806		2021	0.144	6.325
某企业 16	2018	0.340	3.751	某企业 19	2018	0.475	1.031
	2019	0.185	4.184		2019	0.468	1.038
	2020（二—四季度）	0.106	4.411		2020	0.333	2.069
	2021（二—三季度）	0.080	5.366		2021	0.141	3.210

注：2021 年数据中，除特别标明的内容以外（因部分季节未提交执行报告），其余均为一—三季度的平均数；计算强度时氮氧化物排放量、氨水消耗量与熟料产量是对应关系。

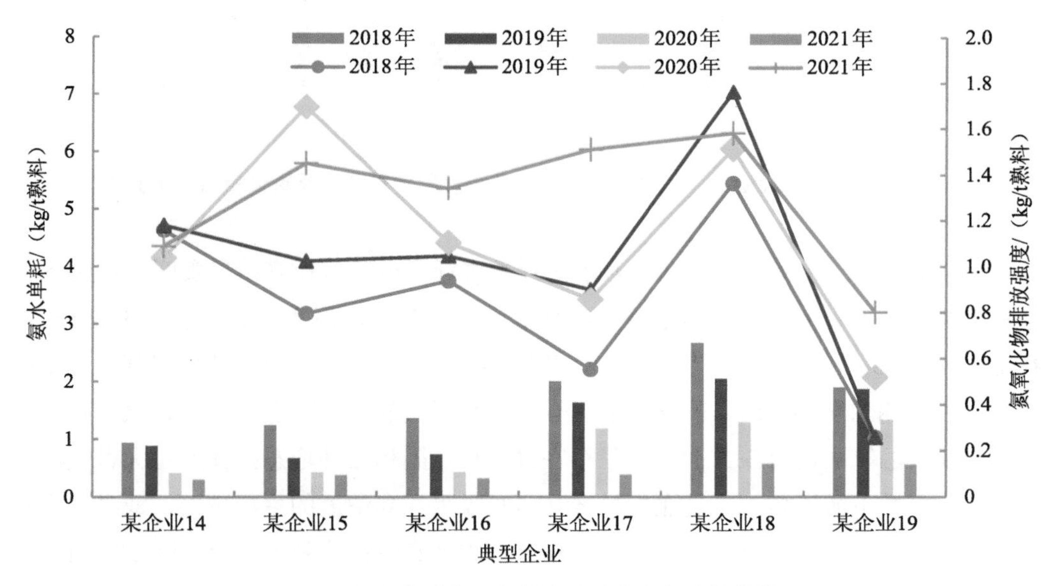

图 7-12　6 家典型企业氮氧化物排放和氨水单耗情况

仍以“某企业 17”为例，来说明 2018—2021 年各季度间氮氧化物排放强度与氨水单耗间的关系。可以看出，各季度间，氮氧化物排放强度由 2018 年第一季度的 0.621 kg/t 熟料降至 2021 年第二季度的 0.098 kg/t 熟料，前者为后者的 6.3 倍，而氨水单耗上升非常明显，为 2018 年第一季度的 3.86 倍。企业 2020 年第三季度前，氨水单耗、氮氧化物排放强度相差不大，进入第四季度（绩效评级为 B 级），氮氧化物排放量大幅减少，氨水单耗突升。2021 年，氮氧化物排放强度持续减少，而氨水单耗则仍处于上升趋势，2021 年第二季度达到峰值 6.04 kg/t 熟料，大于 A、B 级 4 kg/t 熟料。在现有 SNCR 治理条件下，企业通过加大氨水喷入量，实现较低氮氧化物排放的趋势较为明显（图 7-13）。

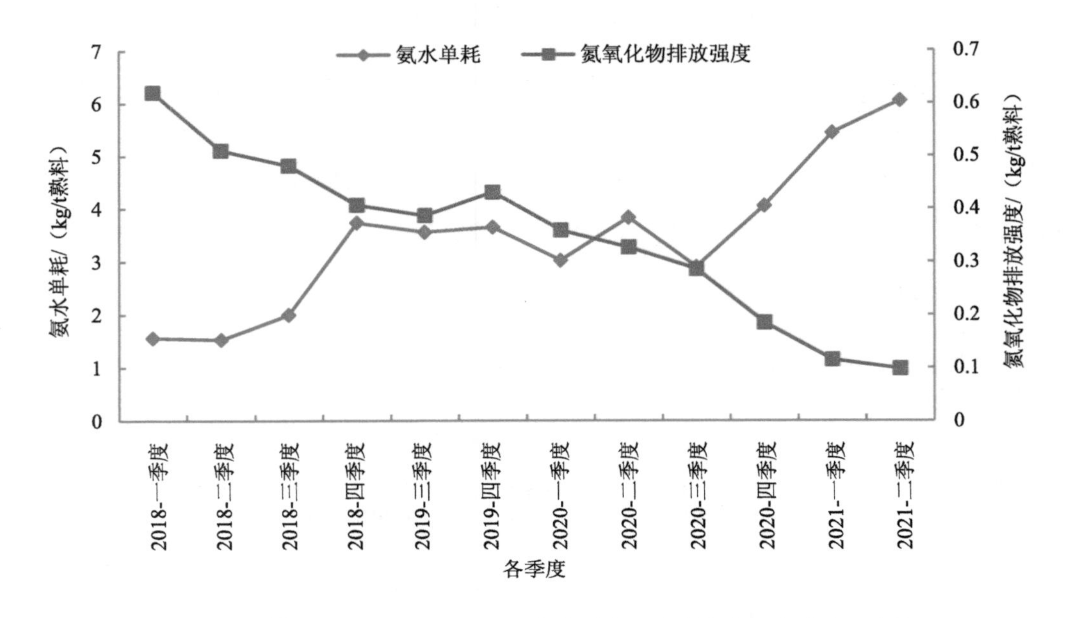

图 7-13 “某企业 17”2018—2021 年各季度氨水单耗和氮氧化物强度情况

本报告对 2021 年第二季度理论氨水消耗量进行了试算，计算结果表明，按照 SNCR 理论最大脱硝效率为 80%计，氨水理论消耗量应为 1 742 t，而实际消耗量为 3 820.6 t，氨水利用率为 46%。在 SNCR 工艺控制中，若反应温度窗口不佳、反应停留时间短、喷枪雾化效果和混合均匀度不好时，采取过量喷氨以达到更低的排放限值时会导致氨得不到有效利用，未反应的氨去向有三方面：一是存在气、液、固相三种形态，并产生大量气溶胶及铵盐沉积，腐蚀下游设备；二是在生料磨开启时吸附在高浓度的生料表面，或吸附在除尘器内的粉尘颗粒上随粉尘排出，在生料运输过程中或存储在生料库中时，随时间而缓慢挥发至大气中；三是氨形成可见白色烟羽从窑尾烟囱排放。这些未反应的氨中，少部分会随生料重新入窑，大部分氨最终还是释放到大气中，对环境产生二次污染。

（3）氨排放情况

2021 年 5—9 月重点区域空气质量改善监督帮扶工作中，发现包括“某企业 14”和“某企业 17”在内的 5 家水泥熟料企业氨排放浓度超标，4 家企业脱硝技术均为“低氮燃烧器

+分解炉分级燃烧+SNCR”。“某企业 14”和“某企业 17”氨排放浓度分别达 40 mg/m^3、55.26 mg/m^3，远超出应执行标准限值 8 mg/m^3 的要求（表 7-15）。

表 7-15　以 SNCR 为主体的超低企业氨排放浓度超标情况

企业名称	级别	问题描述	备注说明	
			脱硝措施	执行标准及限值
某企业 17	B 级	窑尾在线监测平台氨逃逸在线采样阀门没有开启，氨显示 0.15 mg/m^3 左右，打开采样阀门后显示 55.26 mg/m^3。企业表示该套氨逃逸在线监测设备为 2020 年年底安装，数据尚未联网上传，采样阀门的开启度确实小，影响氨在线监测设备的数据显示	低氮燃烧器+分解炉分级燃烧+SNCR	氮氧化物和氨执行 GB 4915—2013 特排限值要求（320 mg/m^3、8 mg/m^3）
某企业 14	A 级	开一台水泥磨生产线时氨逃逸浓度为 18 mg/m^3，超过 8 mg/m^3；开两台水泥磨生产线时氨逃逸浓度为 8 mg/m^3 左右。调阅 3 个月中控氨逃逸浓度历史记录，发现氨逃逸现在比较突出，大多数时段氨逃逸浓度均超标，最高值达 40 mg/m^3		氮氧化物和氨，按照当地地标要求，分别执行 100 mg/m^3、8 mg/m^3 的限值
河北某企业	B 级	在线监控数据显示氨逃逸浓度均超过 10 mg/m^3 以上，甚至高达 30～50 mg/m^3，现场检测氨逃逸浓度为 11.29 mg/m^3，超出标准限值 8 mg/m^3 的要求		氮氧化物和氨，按照当地地标要求，分别执行 100 mg/m^3、8 mg/m^3 的限值
	B 级	中控显示实时氨逃逸浓度 80 mg/m^3，调阅历史曲线显示从 7 月开始氨逃逸均超过排污许可和标准限值 8 mg/m^3		

（4）环境经济效益分析

该技术不需增加一次性投资，但增加运行成本，以“某企业 17”2020 年、2021 年第二季度为例，按照氨水单价 700 元/t（各地价格有差异，随市场波动，如广东价格在 1 000 元/t 以上）核算，2020 年第二季度 SNCR 运行费用为 3.346 元/t 熟料，而 2021 年第二季度则为 5.285 元/t 熟料，1 t 熟料运行费用增加 1.939 元。

3．评估结论

采用“低氮燃烧器+分解炉分级燃烧+SNCR”技术，可使氮氧化物排放保持在 100 mg/m^3 甚至 50 mg/m^3 以下的水平，该技术仅增加运行成本（氨水消耗量增加引起），但氨水单耗有明显上升，且监督帮扶工作中发现其氨排放浓度超标，在当今氨排放控制日益受重视的情况下，仅依靠该技术达到超低排放不可持续。

四、我国水泥行业超低排放脱硝技术初步建议

采用“低氮燃烧器+分解炉分级燃烧+SNCR”脱硝技术，水泥窑尾氮氧化物排放浓度

可达到 100 mg/m³ 以下，但需要喷过量的氨，会造成氨排放超标，不建议采用该技术。要使 NO_x 排放浓度稳定达到 100 mg/m³ 或 50 mg/m³ 以下，且氨水单耗也满足国家政策规定要求，建议采用“低氮燃烧器+分解炉分级燃烧+SNCR+SCR”或“低氮燃烧器+分解炉分级燃烧+烟气脱硝炉+SNCR”等技术。

第六节 结论与建议

一、评估结论

水泥行业超低排放是切实改善环境质量的管理要求，是不断趋严的排放标准和政策的要求，也是豁免一定比例错峰生产和重污染天气应急限停产激励政策下企业的必然选择。基于资料收集、实地调研，结合典型工程案例评估了以高温高尘 SCR、烟气脱硝炉、SNCR 为主体的 3 种典型技术。整体而言，采用高温高尘 SCR 技术、德国洪堡烟气脱硝炉技术，配套企业原有的 SNCR 和低氮燃烧器、分级燃烧技术，可稳定实现氮氧化物排放限值低于 50 mg/m³，且在控制氮氧化物较低排放限值要求下，该两种技术氨水单耗均低于环办大气函〔2020〕340 号中 A、B 级 4 kg/t 熟料（25%质量浓度）的要求。但须关注高温高尘 SCR 技术窑系统能耗、催化剂堵塞情况以及德国洪堡技术的安全性；另外，采用 SNCR 为主体的脱硝技术达到超低排放不可持续。

二、问题与建议

1．现有超低技术稳定运行均不足 3 年，技术的适应性仍需进一步跟踪评估

虽然近年来各地在探索水泥行业超低排放改造，部分工程已经从引进国外技术发展为自主创新，但由于目前技术稳定运行均不足 3 年，技术的适应性仍需进一步跟踪评估。以高温高尘 SCR 系统为例，针对该系统稳定运行情况、催化剂更换情况（催化剂设计使用寿命为 2.4 万 h）还未进行系统总结；同时，该套技术增加窑系统能耗，在当前“30·60”双碳目标、能耗双控背景下，增加该套系统能否达到《关于严格能效约束推动重点领域节能降碳的若干意见》（发改产业〔2021〕1464 号）中的水泥熟料能效基准水平，也应进行综合评估；废催化剂处置问题也需引起重视；此外，该套技术对 SCR 系统设置了旁路挡板，旁路挡板拆除的可行性也需要进一步研究确定。

2．行业氨排放问题备受关注，需探索推动氨排放控制

氨是大气中重要的微量气体，同时也是硝酸铵、硫酸铵等二次颗粒物的重要前体物，对灰霾污染的形成有重要贡献。水泥行业烟气脱硝技术的进步，取得了很好的减排成果，

也引发出一些新的问题，其中氨排放问题得到越来越多的关注。2021 年 11 月发布的《关于深化生态环境领域依法行政 持续强化依法治污的指导意见》（环法规〔2021〕107 号）“三、重点领域和重要手段”的“（十八）依法深入打好蓝天保卫战”中，也提出“探索推动大气氨排放控制”的要求。

一方面，氮氧化物排放与氨水消耗的关系不明晰，需进行专题研究确定。理论上氮氧化物本底浓度、排放浓度和氨水用量有直接相关关系，但是 SNCR 脱硝系统设计布局、工艺装备水平、原辅燃料特性、操作水平等对氮氧化物的产生、排放和末端治理效果产生影响，且氨在分解炉内的氧化率、水泥窑系统漏风、烟气中颗粒物和水分等因素均会影响氨水用量，因此氨水用量并不一定与氮氧化物遵循严格的线性相关关系。需结合典型企业多点位实测等工作进行专题研究，以建立氮氧化物排放与氨水消耗的关系。

另一方面，出台废气氨排放连续监测技术规范，明确其安装位置、运行维护要求，以及氨比对监测方法，确保氨排放在线监测数据质量。目前河南、河北等省份要求安装水泥熟料企业安装氨在线监测装置并进行联网，本次课题研究过程中，试图通过“重点排污单位自动监控与数据库系统”收集典型企业氨在线监测数据，来说明氨排放达标情况，但发现该系统中虽然显示氨排放数据，但数据质量参差不齐、普遍较差，目前形同虚设。这主要是由于国家尚未出台废气氨排放连续监测技术规范，氨在线监测设施建设安装仅可参考 HJ 75—2017，该规范无氨等其他气态污染物在线监控设施的示值误差、响应时间、零点漂移等技术规定，部分省份如河南对水泥熟料企业虽然已安装联网多套氨排放在线监控设施，但存在在线监控设施安装位置标准不统一、运行维护要求不明确等问题，无法保证氨排放在线监测数据质量；而目前手工监测方法和比对监测方法均采用《环境空气和废气　氨的测定　纳氏试剂分光光度法》（HJ 533—2009），由于该方法在污染源采样阶段容易发生氨的损失，导致监测数据普遍偏低，且该方法测试周期长，不适用于现场比对监测。

参考文献

[1] 李海波. 水泥炉窑烟气 SNCR 脱硝技术的研究与应用[D]. 西安：西安建筑科技大学，2015.

[2] 李海波，雷华，李凌霄，等. 水泥窑烟气 SCR 脱硝技术应用[J]. 水泥，2019（2）：84-86.

[3] 汪澜. 水泥窑炉烟气 NO_x 减排技术及评述[J]. 水泥，2021（3）：42-45.

[4] 汪澜. 水泥窑炉烟气中低温 SCR 脱硝技术评述[J]. 水泥，2021（2）：40-45.

[5] 范潇，杨宁，雷华，等. 水泥窑氨法脱硝氨逃逸问题及运行经济性分析[J]. 水泥，2021（9）：26-28.

[6] 宋思航，苏航，李洪枚，等. 水泥工业大气污染物超低排放防治技术[J]. 水泥，2021（10）：83-88.

[7] 周荣，韦彦斐，吴建，等. 水泥工业 SCR 脱硝技术经济分析[J]. 水泥，2018（10）：62-66.

[8] 李乐意. 水泥窑高温高尘 SCR 烟气脱硝系统的应用[J]. 建材发展导向（下），2021，19（6）：4-5.

[9] 刘鹏飞，刘卫民，黄海林，等. 3 200 t/d 生产线氨逃逸理论值与实测值的对比分析[J]. 水泥，2020（9）：63-66.

[10] 周延伶，春日贵史，Nagl Thomas，等. SCR 技术在欧洲水泥工业的应用及脱硝催化剂介绍[J]. 水泥，2015（12）：46-50.